京都の伝統産業に生きた在日朝鮮人

——西陣織と京友禅

安田昌史

明石書店

京都の伝統産業に生きた在日朝鮮人

目次

序章 7

　⑴　研究目的と背景──伝統産業と「見えない人々」　7
　⑵　本研究における用語の定義　9
　　　「在日朝鮮人」　9
　　　「労働」　10
　　　京都の「伝統産業」　10
　⑶　先行研究の検討　11
　　　京都の繊維産業に関する先行研究　12
　　　京都の繊維産業と在日朝鮮人に関する先行研究　14
　⑷　研究視角と研究方法　20
　　　研究視角　20
　　　研究方法　21
　⑸　本書の構成　22

第1章　1945年以前の京都の繊維産業と朝鮮人 ··25

　第1節　韓国併合前後の日本各地における朝鮮人労働者　26
　第2節　西陣織産業と朝鮮人　27
　　⑴　西陣織産業の概要　27
　　⑵　朝鮮人の就労黎明期　28
　　⑶　朝鮮人の増加と居住　32
　　⑷　相互扶助団体と争議活動　37
　　⑸　朝鮮での報道　西陣での成功　41
　第3節　京友禅産業と朝鮮人　42
　　⑴　京友禅産業の概要　42
　　⑵　朝鮮人の就労黎明期　44
　　⑶　京友禅産業における朝鮮人の生活　47
　　⑷　朝鮮での報道　苦境に陥る朝鮮人　55
　　⑸　戦後の同業者組合「京都友禅蒸水洗工業協同組合」への萌芽　57
　小括　60

第2章　京都の繊維産業における朝鮮人の同業者組合
　　　　──1945年から1959年までを中心に ···63

　第1節　西陣織産業における朝鮮人の同業者組合　65
　　⑴　朝鮮人の同業者組合の結成　65

⑵　朝鮮人に対する偏見と朝鮮人の同業者組合の活動　72
　　　⑶　朝鮮人織物組合、相互着尺組合の組合員数推移と組合員の分布　87
　　第2節　京友禅産業における朝鮮人の同業者組合　89
　　　⑴　蒸水洗組合の結成　92
　　　⑵　蒸水洗組合の活動　93
　　　⑶　蒸水洗組合の組合員数推移と組合員の分布　105
　　小括　111

第3章　西陣織産業における在日朝鮮人　117

　　第1節　資料とインタビューの整理　119
　　第2節　朝鮮での生活　122
　　　⑴　困窮化する朝鮮農村　122
　　　⑵　渡日の経路　125
　　第3節　西陣織産業に就くまで　127
　　　⑴　生きるために織る　127
　　　⑵　技術の習得　130
　　第4節　成長期　131
　　第5節　西陣織産業の盛衰　134
　　小括　138

第4章　京友禅産業における朝鮮人労働者　141

　　第1節　工場Mの創業前史　142
　　　⑴　創業者KW氏の略歴　142
　　　⑵　堀川蒸工場とM　143
　　第2節　蒸水洗工場での労働　143
　　　⑴　一般的な労働工程　143
　　　⑵　「きつい」、「汚い」、「危険」な労働　145
　　第3節　Mの厚生年金台帳における労働者の類型　147
　　　⑴　経営者家族と、在日朝鮮人の紹介で就労するようになった者　151
　　　⑵　「流れ」の労働者　154
　　第4節　Mの成長期における労働者　156
　　　⑴　京都での仕事探し　156
　　　⑵　労働者の生活　157
　　第5節　Mにおける機械の導入　158
　　　⑴　機械導入による単純労働の消滅と「流れ」の労働者　158
　　　⑵　機械導入への二世の思い　159
　　第6節　京友禅産業斜陽の中で　160
　　　⑴　労働者の減少　160

　　　　(2)　家族と少数の労働者による工場運営　162
　　小括　163

第5章　在日朝鮮人女性の労働と生活
　　――京友禅産業で働いてきた女性の生活史（life history）を通して……………167

　　第1節　川崎での生活　169
　　　　(1)　幼少期、学生時代　169
　　　　(2)　KC氏との出会い　171
　　第2節　女性の家族労働者の役割　172
　　　　(1)　労働者の生活を支える　172
　　　　(2)　家事と工場での労働　174
　　第3節　女性の家族労働者の労働の変化　174
　　　　(1)　工場での肉体労働へ　174
　　　　(2)　干し場での仕事　175
　　　　(3)　「イルクン」の妻　176
　　　　(4)　染色工場の臭い　177
　　小括　178

第6章　在日朝鮮人労働者の衣食住生活――蒸水洗工場Mを事例に …………181

　　第1節　住生活、労働者の住環境　182
　　　　(1)　改築までの工場M　182
　　　　(2)　改築後の工場M　184
　　　　(3)　「密航者」の生活空間　186
　　第2節　食生活、労働者たちの食事　187
　　　　(1)　食事の準備　187
　　　　(2)　日常的な飲酒　188
　　　　(3)　給料日、冬至、ソルラル　189
　　第3節　衣生活、労働での作業着と私生活での衣服　190
　　　　(1)　労働での作業着　190
　　　　(2)　私生活での衣服　192
　　小括　193

第7章　京都の繊維産業に従事した在日朝鮮人の 民族的アイデンティティ …………………………………………197

　　第1節　民族的アイデンティティから民族的活動へ　199
　　　　(1)　「錦衣還郷」　199
　　　　(2)　日本での生活基盤の獲得　202

第2節　再構成されるアイデンティティ　204

　⑴　「ダブル」という意識　205

　⑵　「日本人扱い」を受けるということ　206

第3節　民族名で生きるのか、日本名で生きるのか　207

　⑴　民族名を出すことの難しさ　208

　⑵　民族名で「伝統工芸士」認定を受ける　210

第4節　労働者のアイデンティティと民族アイデンティティの交錯　213

　⑴　「生」そのもの　213

　⑵　「人間らしく生きる」ために　214

　⑶　織ることの喜びと、完成した着物　215

小括　216

終章 219

　⑴　各章の要約　219

　⑵　在日朝鮮人の「労働」の三類型　225

　⑶　西陣織産業と京友禅産業に置かれた在日朝鮮人の位相　227

　⑷　「見えない人々」から見る西陣織、京友禅　230

　⑸　今後の課題　232

あとがき 235

文献一覧 （アルファベット順・発表年度順） 243

　⑴　単著　243

　⑵　共編著　244

　⑶　学術論文　246

　⑷　パンフレット、学会・研究会会報、資料解説　247

　⑸　個人記録（自叙伝、回顧録、卒業論文、報告書など）　248

　⑹　同業者組合、関連機関資料　248

　⑺　民族団体、教会資料　249

　⑻　各種省庁、市町村行政資料　249

　⑼　京都府立京都学・歴彩館所蔵行政文書　251

　⑽　教育機関資料　251

　⑾　新聞　251

　⑿　辞典　251

　⒀　年表　252

　⒁　映画　252

　⒂　参考ウェブサイト　252

索引 253

序章

(1) 研究目的と背景——伝統産業と「見えない人々」

　本書では、京都の繊維産業に従事する在日朝鮮人の「労働」を考察する。京都における在日朝鮮人を最も特徴づけるものとして、彼らがいわゆる日本の「伝統[1]」産業として考えられている、西陣織や京友禅を製造する繊維産業に従事してきたということではないだろうか。だが、一般的に日本社会の中で実際に在日朝鮮人は存在するにもかかわらず、日本人にとって在日朝鮮人は「見えない人々[2]」であり続けた。なぜなら西陣織産業や京友禅産業においても、在日朝鮮人が存在したのであるが、これらの産業が着物を製造する産業、つまり「日本の伝統産業である」という認識のために、一般の日本社会以上に在日朝鮮人は「見えない人々」として扱われてきたと言えるだろう。

　以上の問題意識を立てながら、本書では京都の繊維産業（西陣織産業、京友禅産業）に従事した在日朝鮮人の労働に注目する。彼らの、それら産業への就労経緯と就労形態、繊維産業内における技術の習得過程、および当時の朝鮮人が繊維産業内において作り出した組織について論じる。また、本書ではある工場における労働者の労働形態や性別役割分業のあり様や、家族労働の実情について考察を行う。それら労働を支える部分を労働者の衣食住生活として考え、彼らの労働と衣食住生活がどのような関係であったのかを論考する。最後、彼らが成長する過程

1　E. ホブズボウムや H. トレヴァー=ローパーらは、イギリスにおいて儀礼や文化などの「伝統」が創造されるという現象が 19 世紀以降に現れたことに着目した。そして、ヨーロッパの諸国では第一次世界大戦の 30 〜 40 年前から、公式にも非公式にも伝統の大量生産と大量消費が行われるようになった。E. ホブズボウム「伝統の大量生産——ヨーロッパ、1870–1914」（前川啓治訳）E. ホブズボウム・T・レンジャー編『創られた伝統』（紀伊國屋書店 1992）2016 年第 12 刷発行 407–470 頁。本研究で扱う西陣織や京友禅などの「着物」は、明治維新以降、日本人の「伝統」と見なされるようになり、同時に「産業」として近代化が積極的に進められた。それら西陣織や京友禅が伝統産業として近代化する過程で大量生産されるようになり、低賃な労働力として朝鮮人が雇用された。

2　飯沼二郎『見えない人々 在日朝鮮人』（日本基督教団出版局 1973）9 頁。

で芽生えた「自身が在日朝鮮人である」という感覚を民族的アイデンティティと評価し、それら民族的アイデンティティと、「労働者である」という労働者のアイデンティティがどのように関連するのかを論じる。

ここでは研究の背景として、世界規模で進行するグローバリゼーションについて触れておきたい。イタリアのフィレンチェ郊外の都市プラト（Prato）は中世から鋳物産業が盛んで、現代ではイタリア・ファッションの先端でもある繊維製品が伝統産業として有名である。しかし、長い歴史をもつプラトの場合もグローバル化という時代の波と無関係ではなかった。1980年代よりイタリアから、はるか遠く離れた中国の農村からの多くの移民が、労働者としてこの都市に居住するようになった。しかも、プラトの基幹産業の繊維産業の、とりわけ下層労働に従事するようになった。以上のように、近年の中国人移民の増加が、中世からの伝統ある都市と考えられてきたプラトの地域社会を大きく変容させていった。そして、このことはプラトというイタリアの小都市だけでなく、ヨーロッパ諸国全体にグローバリゼーションの象徴的な出来事として大きなインパクトを与えた。[3]

以上は、イタリアのプラトの繊維産業に従事する中国人労働者の事例である。これは、1980年代からのヨーロッパにおける中国人移民の増加を受けてのことであるが、1990年代以降のグローバリゼーションの進行とともに、人の移動が世界レベルでより活発になっている。日本においても、少子高齢化による労働力不足を外国人の労働者で補おうとする議論も頻繁に登場するようになり、政府の「外国人管理政策」を代替する「移民政策」が必要であるという意見も出始めている。[4]

しかしながら、そうした国家間での人の移動が増大しても、その国家を代表する伝統産業に外国人は従事しないと考えられがちである。なぜなら、それら伝統産業は通常、その国家の「国民」によって担われているという先入観があるからではないだろうか。ここでは、そうした認識を示すいくつかの事例を列挙しておく。まず、京都市のホームページでは伝統産業を「伝統的な技術と技法で、日本の文化や生活に結びついている製品などを作り出す産業」と定義し、伝統産業が「日本の文化を形作るうえでも重要な基礎」となったと強調している。[5]

---

3 Grame Johanson, Russell Smyth and Rebecca French *"Living Outside the Walls: The Chinese in Prato"* (Cambridge Scholars Publishing 2009)。

4 李洙任「日本企業における「ダイバーシティ・マネジメント」の可能性と今後の課題――「外国人材」活用の現状と問題点を通して」李洙任編『在日コリアンの経済活動――移住労働者、起業家の過去・現在・未来』(不二出版 2012) 239頁。

5 京都市情報館HP「京都の伝統産業」(http://www.city.kyoto.lg.jp/sankan/page/0000041366.html (2017年10月26日取得))。

より顕著な「伝統産業」観を示す例をここで提示しておく。2005年の京都市伝統産業活性化検討委員会では、以下の通り提言を行っている。この委員会では、「伝統産業のいうところの『伝統』は、私たち日本人の『伝統』に深く関係している[6]」とし、「伝統産業の活性化は市民の幸福、日本人の豊かさにつながる[7]」ことなどが言及されている。この委員会の理解では、伝統産業は「日本人」の精神性やアイデンティティに直結するものであるとされている。だが、この理解の中で伝統産業の製品の作り手の範疇には、日本人以外の外国人が介在する余地はまったくといって含まれていない。

　ここで明言しておくが、京都市の場合、実際は日本人の伝統産業である西陣織産業と京友禅産業において、戦前から現在に至るまで日本人ではない在日朝鮮人が数多く就労してきた。ただ、そうした在日朝鮮人の存在があったにもかかわらず、京都府や京都市の公的資料や、西陣織産業や京友禅産業の表向きの資料の中では、在日朝鮮人の存在に言及されることがなかったのは前述した通りである。その流れの中で、一般の日本社会以上に「日本の伝統産業である」と考えられてきた西陣織産業や京友禅産業において在日朝鮮人は、より一層「見えない人々[8]」として扱われてきたと言える。

　そこで、本書では「見えない人々」と扱われてきた在日朝鮮人と京都の繊維産業での労働を戦前から戦後の現代にいたるまでを見ることで、通常、結びつかないと考えられてきた伝統産業と外国人労働者との関係について論究していく。その意味で本書が、「日本人」という視点から捉えられることの多い地域史や地域研究の分野において、在日朝鮮人を始めとした定住外国人の観点から地域の歴史を再考する契機になることを期待する。

(2) 本研究における用語の定義
　ここでは、本書で用いる「在日朝鮮人」と「労働」、および「伝統産業」の定義をしておく。

「在日朝鮮人」
　研究の対象となる人々の民族的ルーツが朝鮮半島にあることを、国籍にかかわ

6　京都市伝統産業活性化検討委員会『伝統産業の未来を切り拓くために──京都市伝統産業活性化検討委員会提言』（京都市産業観光局商工部伝統産業課 2005）32頁。
7　京都市伝統産業活性化検討委員会 前掲書13頁。
8　飯沼二郎『見えない人々 在日朝鮮人』（日本基督教団出版局 1973）9頁。

らず表現するために、本書では「在日朝鮮人」という名称を用いる。それは大韓民国、朝鮮民主主義人民共和国の国籍者のいずれかを指すものではなく、日本の外国人登録制度上の韓国籍・朝鮮籍を指すものでもない。本書における「在日朝鮮人」の範疇に韓国籍・朝鮮籍の者や後に婚姻などによって日本国籍を取得した者、日本国籍者と在日朝鮮人の両親を持ち日本国籍者として生活してきた者なども含まれるものと考える。

「労働」

「在日朝鮮人」と同様に、ここでは「労働」という用語もキーワードになる。ここでの「労働」とは、ある時は経営者として工場を経営するが、ある時には工場で労働者として就労するなど、在日朝鮮人が生活するために何かを生産するという営為を「労働：work」と定義する。換言するならば、「労働」を在日朝鮮人の「生業」と言うことも可能かもしれない。本研究では労働者の行う労働だけでなく経営者が行う経済活動も、この「労働」の範疇に含む。

京都の「伝統産業」

また、本書における重要な用語となる京都の「伝統産業」について、ここで定義しておく。1950年代、西陣織や京友禅、京染など、いわゆる京都の繊維産業群の研究を行っていた宗藤圭三・黒松巌・三戸公によれば、「伝統産業」という言葉は第二次世界大戦以降に広く用いられるようになったものであり、学術的用語として使用されたものではないとしている。そして、この当時、既に広く普及していた「伝統産業」という用語をどのように定義するのかに関して、著者の宗藤圭三や黒松巌を始めとした研究者らはかなり苦労したようである[9]。時代が下り2020年代以降、日常用語として「伝統産業」という言葉が存在するものの、その定義がはっきりしないという点において、宗藤圭三・黒松巌が定義に苦心した1950年代の情況と変わっていないのかもしれない。

では、日本の法律において「伝統産業」はいかに解釈されているのだろうか。1974年施行の「伝統的工芸品産業の振興に関する法律」（伝産法）では、「伝統工芸品」として、第二条で「三　伝統的な技術又は技法により製造されるものであ

9　宗藤圭三・黒松巌・三戸公「緒論」宗藤圭三・黒松巌『傳統産業の近代化――京友禅業の構造』（有斐閣 1959）1頁。京都の繊維産業に関する先行研究では、E. ホブズボウムの「伝統の大量生産」や「創られた伝統」議論の登場以前から、民族や歴史と深く結びついた「伝統」と、近代性を念頭に置く「産業」が結合した「伝統産業」という用語をどう解釈するのかが議論された。

ること」、そして「五　一定の地域において少なくない数の者がその製造を行い、又はその製造に従事しているものであること」と定義している。[10] この「伝産法」の「伝統工芸品」として、京都府では「西陣織」や「京友禅」、「清水焼」、「京人形」、「京くみひも」などが経済産業省より指定を受けている。[11] 本書では、「伝統産業」に関する明確な学術的定義がないという状況を踏まえ、この「伝産法」の「伝統工芸品」を生産する産業を「伝統産業」であると定義しておく。本書の主な研究対象となる在日朝鮮人らが従事した西陣織産業や京友禅産業は、この「伝統産業」の定義の範疇に該当する。

(3) 先行研究の検討

　日本の地域社会に居住する在日朝鮮人と、彼らが就業した産業に関する研究は、大都市を中心に多数行われてきた。たとえば、日本最大の朝鮮人人口を抱える大阪では、戦前から鉄鋼工業やゴム工業に従事した朝鮮人の生活過程や、[12] 戦後、そこでの日本人と朝鮮人の民族関係などが論じられてきた。同様に、神戸であればゴム工業やケミカルシューズ産業に従事する在日朝鮮人と、彼らの居住地に関する研究が多数存在する。[13] また、東京の場合、戦前の河川改修工事や鉄道敷設工事、飛行場整備などの首都圏の都市建設事業に朝鮮人が多数従事したことなどが研究されてきた。[15]

　以上、大阪や神戸、東京など大都市を中心に、地域社会に居住する在日朝鮮人とその地域特有の産業と、そこで行われた労働や生活に関する研究が行われてきた。これら大都市の在日朝鮮人の労働の事例と、本研究での京都における在日朝鮮人の労働の事例と共通している点として、その社会の中で在日朝鮮人が置かれ

10　法令データ提供システム「伝統工芸品産業の振興に関する法律」(http://elaws.e-gov.go.jp/search/elawsSearch/elaws_search/lsg0500/detail?lawId=349AC1000000057&openerCode=1 (2017年11月3日取得))。
11　伝統的工芸品産業振興協会『伝統的工芸読本　現代に生きる伝統工芸』(伝統的工芸品産業振興協会 1998) 32–33頁。
12　佐々木伸彰「1920年代における在阪朝鮮人の労働＝生活過程──東成・集住地区を中心に」杉原薫・玉井金五編『増補版 大正・大阪・スラム　もうひとつの日本近代史』(新評論 2008) 161–212頁。
13　谷富夫「民族関係の都市社会学」谷富夫編『民族関係における結合と分離 社会的メカニズムを解明する』(ミネルヴァ書房 2002) 1–61頁、「猪飼野の工場職人とその家族」前掲書62–200頁、『民族関係の都市社会学──大阪猪飼野のフィールドワーク』(MINERVA社会学叢書 2015)。
14　堀内稔「神戸のゴム工業と労働者」『在日朝鮮人史研究』第14号 (在日朝鮮人運動史研究会 1984) 1–17頁、本岡拓哉「神戸市長田区「大橋の朝鮮人部落」の形成──解消過程」『在日朝鮮人史研究』No.36 (緑蔭書房 2006) 207–230頁。
15　朴慶植「多摩川と在日朝鮮人──［東京］地域にみる近代の在日朝鮮人生活史」『在日朝鮮人研究・強制連行・民族問題』(三一書房 1992) 124–190頁。

たその階層性である。後述するが、京都の在日朝鮮人の場合も、他都市のように、朝鮮人が都市下層に流入し、その地域の産業の底辺部分に流入することが就労の契機となったという点で類似している。

だが同時に京都と、大阪や東京などの他の都市に定住した在日朝鮮人の職業の差異として、在日朝鮮人が就労した産業を指摘しておく。それは、京都の在日朝鮮人の場合、西陣織産業や京友禅産業など日本の「伝統産業」と考えられる産業に就労する者が多かったという点で、他都市の在日朝鮮人の労働と様相が大きく異なっていた。

ここでは、京都の繊維産業に関する研究の中で在日朝鮮人がどのように扱われていたのかに言及しておく。そして、京都の繊維産業に従事した在日朝鮮人に関する研究を、戦前の事例と戦後の事例に区分して検討を行う。

京都の繊維産業に関する先行研究

西陣織産業に関する研究として、1950 年代から同志社大学経済学部教授の黒松巌が中心となり、明治から 1950 年代までの西陣織産業の産業史や[16]、1950 年代の西陣織産業構造の分析[17]などを行ってきた。これら 1950 年代の研究を踏まえ、1965 年には黒松巌編の、『西陣機業の研究』が出版された。そこでは西陣織産業の生産構造の分析や[18]流通構造の分析[19]、労働者の実態分析がなされた。また、補論部分では当時の労働者が置かれた労働環境の実態分析なども扱われている[20]。

このように、1950 年代から 1960 年代の西陣織産業の研究において、西陣織産業における生産構造や流通構造、労働者の労働環境などに研究の視覚が向けられていた。しかしながら、これらの先行研究において、西陣織産業において存在したであろう在日朝鮮人に関しては、一切言及されていない。

1960 年代後半から社会学や文化人類学の分野において、西陣織産業における日本人労働者や彼らの作り出した同郷団体に関する研究も行われることもあった。たとえば、松本通晴は西陣織産業における分業体制と、その中の代表的な工程である撚糸工程[21]に従事する富山県利賀村出身者の同郷団体を論考している[22]。

16　黒松巌「西陣機業史の一斷面」『同志社大學經濟學論叢』第 2 巻 6 号（同志社大学経済学会 1951）545–564 頁。
17　黒松巌「西陣着尺機業の産業構造」『同志社大学人文科学研究所紀要』1 号（同志社大学人文科学研究所 1957）67–113 頁。
18　前川恭一「生産構造の分析」黒松巌編『西陣機業の研究』（ミネルヴァ書房 1965）48–121 頁。
19　出石邦保「流通構造の分析」同編者前掲書 122-181 頁。
20　中条毅「福利厚生施設と労働環境の実態分析」同編者前掲書 334–343 頁。

序章　13

　西陣織産業で就労する労働者や経営者に関して、外国語で紹介されることも
あった。1980年代、西陣織産業の一般的労働者について、Tamara K Haeven が
10年以上の歳月をかけて西陣でフィールドワークを行いながら、西陣織産業に
従事する人々の生活やアイデンティティを描こうとした[23]。ただ、彼女がインタ
ビュー調査をした当時、調査の対象者の中に在日朝鮮人がいたかもしれないが、
西陣織産業に存在したはずの朝鮮人に関して特別な関心は払われていない。実際
に彼女は戦前の資料[24]の中で現れる「朝鮮半島出身者」を知覚していたしていたよ
うである[25]。同様に、Hareven が行った西陣織産業経営者へのインタビューの中で
も、朝鮮人経営者[26]や朝鮮人の「織子[27]」が登場することもあった。ただ、Hareven
の研究の主要対象は常に日本人であり、存在したであろう在日朝鮮人に関して論
じられることはなかった。

　西陣織産業ほど活発ではないが、京友禅産業についても1950年代、先述した
黒松巌や宗藤圭三が中心となって研究が行われた。1959年に出版された『傳統
産業の近代化—京友禅業の構造』においては、染色産業としての京友禅産業の産
業史や分業体制[28]、生産構造や流通構造[29]などが分析された。また、京都の染色産業
の中でも一般的な洋服生地を生産する広幅染色[30]や、より現代的な機械捺染などの
産業分析[31]や労働問題[32]についても広範に考察が行われた。

　西陣織産業に関する研究とは異なり、『傳統産業の近代化—京友禅業の構造』
では、朝鮮人について触れられることがあった。三戸公は「むし水洗業及びその
労働者の特徴は、かかる不熟練・重労働を基礎として第三国人（韓国・朝鮮人）

21　糸に圧力と水蒸気を与えることで撚りをかける工程。撚りの具合によって西陣織生地の独特な
　　感触が生まれる。臼井喜之介・松尾弘子『西陣　カメラ・シリーズ1』（白川書院 1963）32–33頁。
22　松本通晴「西陣機業者の地域生活——とくに西陣機業を規定する地域生活の特質について」『人
　　文学 社会学科特集』第109号（同志社大学人文学会 1968）1–31頁）。
23　Tamara K. Hareven "The Silk Weavers of Kyoto Family and Work in a Changing Traditional Industry"
　　(University of California Press 2002).
24　京都府方面事業振興会『西陣賃織業者に関する調査』（京都府學務部社會課 1934）第二部調査
　　統計6–13頁。
25　Tamara K. Hareven 前掲書 63頁。
26　Tamara K. Hareven 前掲書 229–230頁。
27　Tamara K. Hareven 前掲書 161頁。「労働者」と同義であるが、原文では"weaver"と表記され
　　ている。
28　笹田友三郎「京都染色業の沿革と地位」宗藤圭三・黒松巌『傳統産業の近代化 —京友禅業の構造』
　　（有斐閣 1959）7–29頁。
29　黒松巌「仕入友禅業」同編者前掲書 61–82頁。
30　出石邦保「広巾友禅業」同編者前掲書 147–186頁。
31　黒松巌「機械捺染業」同編者前掲書 187–202頁。
32　島弘「労働問題」同編者前掲書 228–241頁。

によってしめられている」として、朝鮮人が京友禅産業の一工程に集中的に従事していたことに触れている[33]。そして、染業者の経営難のしわよせを蒸水洗業者に被せるとし、その加工代金の遅払や踏み倒しが横行している現状が指摘されている[34]。ただ、三戸公の研究において朝鮮人はその中心的な研究対象ではなく、そこでの問題関心は、あくまで京友禅産業界における蒸水洗工程の分業体系であった。

　ここまでは、京都の繊維産業（西陣織・京友禅）に関する先行研究を整理した。かつて積極的に行われた京都の繊維産業に関する研究は、そこで就労する労働者や経営者などの研究対象を暗に日本人に限定してしまっており、一貫して「一国史」的な視点から抜け出すことができなかった。当時の研究者らは在日朝鮮人の存在に気づきながらも、産業構造や労働問題、また、問屋と工場という階層性に注目が行くのみであった。加えて、それら産業に存在したであろう朝鮮人の存在や、彼らが置かれた状況、日本人と朝鮮人との関係については描かれることはほとんどなかった。いわば、当時の研究者らにとって在日朝鮮人の存在は「見えない人々」だったのである。その後、京都の繊維産業に関する研究自体が、これら産業の衰退に伴い、かつてほど活発に行われなくなった。

京都の繊維産業と在日朝鮮人に関する先行研究

1．戦前の京都の在日朝鮮人に関する研究

　ここからは、戦前の京都の朝鮮人に関する先行研究を整理する。河明生は、戦前に日本の行政機関によって実施された在日朝鮮人に関する調査資料を一次資料として使用し、京阪神地域に流入した朝鮮人労働者の工業就労実態を考察した[35]。戦前、日本に渡航した朝鮮出身者の大部分は「無計画渡日者」であり、特定工場への就労は彼ら自身が各工場を個別に訪問するという「自己申し込み」によってなされたと指摘している[36]。京都市に流入した朝鮮人の場合、渡日初期に不良住宅地区近隣の中小零細工場へ「自己申し込み」を行い、結果、先駆的就労者となったと考察している。そして、彼らの就いた産業はメリヤス工業、西陣織産業、京友禅産業などであったと指摘した[37]。

　西陣織産業の場合、賃織制度[38]という低賃金で長時間労働を強いられ、かつ織元によって織手が不利な条件で製造を強いられるという就労形態により、一般の日

33　三戸公「誂友禅業」同編者前掲書 111 頁。
34　三戸公 前掲書 111 頁。
35　河明生『韓人日本移民社会経済史 戦前編』（明石書店 1996）9–17 頁。
36　河明生 前掲書 71 頁。
37　河明生 前掲書 77–79 頁。

本人労働者は西陣織の生産作業を下層労働とみなし、その就労を忌避した。しかし、無計画に渡日した朝鮮人は、就職先と当面の滞在先、および食料が確保することができたため、西陣織産業での就労を選んだと考察している。鼻緒に利用されるビロード織の場合、必要な技術を半年で習得できるほど平易であったため、不熟練労働者が西陣織産業に就労することができたと指摘している。[39]

　京友禅産業の場合、河明生は京都市北部の洛北の養正地区（田中部落）を事例に、朝鮮人の京友禅産業への参入についての仮説を立てている。渡日初期の朝鮮人は養正地区に流入し、洛北の京友禅の工場に「自己申し込み」を行ったのではないかと示唆的に述べている。その結果、一部の朝鮮人が雇用され、洛北の京友禅産業の先駆的就労者になったと推測しつつ、「無計画渡日者の洛北友禅染工業への先駆的就労は、「田中部落」の就労実績によって門戸が開かれていたことになる」と主張する。[40] 以上のように、河明生は一部で被差別部落の住民が媒介となって、朝鮮人が京友禅産業に参入したと仮説を立てている。

　その一方、高野昭雄は河明生が指摘する被差別部落の住民が媒介となって朝鮮人が京友禅産業に参入したという仮説について、批判的な立場をとっている。もともと、洛北の養正地区は京友禅の盛んな地域ではなく、被差別部落住民と京友禅産業の関係も強くなく、朝鮮人が被差別部落住民を介して京友禅産業に従事したのではないとし、河明生の主張に異議を唱えている。[41] そして、戦前において河明生が事例として言及した養正地区と、京友禅産業との結びつきは強くなかったと主張している。[42]

　朝鮮人の京友禅産業への参入方法に関して、高野昭雄は「不良住宅地区」や市域拡張に関連させ、旧市域の「不良住宅地区」と「不良住宅地区周辺部」、新市域それぞれに流入した朝鮮人の就業状況を分析した。旧市域の「不良住宅地区」に流入した朝鮮人は、土木建築業や日傭などの自由労働者の比率が高かったのに対し、旧市域の「不良住宅地区」周辺部に流入した朝鮮人は、京友禅産業や関連する染色関連産業に従事する各種職工の比率が高いことを指摘している。そのうえ 1931 年に京都市に編入された新市域は社会基盤の整備事業が活発に展開され

38　織元から製織に必要な加工を終えた原料や機具を受けて、自宅で製織し、それによって一定の工賃を受け取る業者。黒松巌「序章総論」黒松巌編『西陣機業の研究』（ミネルヴァ書房1965）13 頁。

39　河明生 前掲書 85–88 頁。

40　河明生 前掲書 106–113 頁。

41　高野昭雄『近代都市の形成と在日朝鮮人』（人文書院 2009）116 頁。典拠資料は京都市教育部社会課『不良住宅密集地区に関する調査』（京都市教育部社会課 1929）108–118 頁。

42　高野昭雄 前掲書 112–118 頁。

ていたこともあり、流入した朝鮮人は「土工」や「日傭」などの自由労働者の比率が高かった[43]。

また、高野昭雄は戦前、西陣織産業に就労した朝鮮人について言及している。まず新聞記事より、京都市に流入した朝鮮人は韓国併合前後から西陣織産業に従事しているのを確認している[44]。1920年代、京都に居住する朝鮮人の親睦や相互扶助を目指して、西陣地域に「京都朝鮮人労働共済会」が結成されたとし、朝鮮人の西陣織産業への就労に際し、この京都朝鮮人労働共済会の役割が大きかったとして指摘している[45]。

そして、京都府の行政資料をもとに、1930年代になると賃織業に「傭人」として従事するだけでなく、自ら家を借りて賃織業を営む朝鮮人も出現したことを指摘している[46]。同時期の1931年と1932年、西陣織産業においてビロード製造に従事した朝鮮人らが中心となって、二度の大規模な争議が行われたことを新聞記事や内務省資料をもとに紹介している。争議後も朝鮮人はビロード製造に従事し続けたとし、戦前における朝鮮人の就労経験が、戦後のビロードブームを始めとする西陣景気を支えたという[47]。

このように1945年以前は「大日本帝国臣民」の一員として朝鮮人も社会政策や警察による管理の対象となっていたため、戦前の朝鮮人に関する統計資料は比較的豊富に残されている。これらの資料を用いた河明生や高野昭雄らの研究により、1945年以前の京都における朝鮮人の経済社会的な状況が次第に明らかになってきた。

２．戦後の京都の繊維産業と在日朝鮮人に関する研究

戦後の在日朝鮮人に関する公的な資料は1945年以前ほど豊富ではなく、統計の数値なども誤差が大きい。ゆえに、1945年以降の京都の在日朝鮮人の労働や経済活動に関する研究は、これら統計資料の制約のため1945年以前のものほど多くはない。

しかし、2000年代に入り少数ではあるが実証的な研究が発表され、戦後の京

43　高野昭雄 前掲書126頁。
44　高野昭雄「京都の伝統産業、西陣織に従事した朝鮮人労働者 (1)」『コリアンコミュニティ研究』vol.3（こりあんコミュニティ研究会 2012）74–75頁。
45　高野昭雄 前掲書75–78頁。
46　高野昭雄「京都の伝統産業、西陣織に従事した朝鮮人労働者 (2)」『コリアンコミュニティ研究』vol.4（こりあんコミュニティ研究会 2013）68頁。
47　高野昭雄「京都の伝統産業、西陣織に従事した朝鮮人労働者 (3)」『コリアンコミュニティ研究』vol.5（こりあんコミュニティ研究会 2014）83–91頁。

都の在日朝鮮人の状況も注目されるようになってきた。まず、経営学の分野において韓載香は1945年以降に京都の在日朝鮮人の経営者や企業が、いつどのような歴史的条件のもとで京都の繊維産業に参入し、成長してきたのか、その過程において民族コミュニティがどのように機能し、また影響を与えたのかを考察している。[48]

　韓載香は、この民族コミュニティ（在日朝鮮人同士の民族的繋がり）の役割に関して、在日朝鮮人が京都の繊維産業の参入する局面と退出する局面において強く、在日朝鮮人の企業が成長する局面において相対的に弱いと指摘した。在日朝鮮人が繊維産業へ新規参入する際、戦前から蓄積された資源が民族コミュニティを経由した情報伝播の中で共有され、他産業への参入への機会を容易にしたとしている。しかし、この民族コミュニティは個別の在日朝鮮人企業の成長まで約束するものではなく、個別事業の成長に必要な資源は分業化された競争的取引関係によって各企業に蓄積され、在日朝鮮人企業同士の横断的共有は見られないとした。[49]

　同時に、在日朝鮮人の民族コミュニティに蓄積された情報を通じたビジネスチャンスの発見は、新規産業への転換を相対的に容易にしたとし、斜陽化する京都の繊維産業からの退出を促す機能も持っていたと指摘している。[50]韓載香は、調査した4事例より「パチンコホールをビジネスチャンスとして認識することと参入までの一連の流れ、そして結果として特定産業への集中において、在日コミュニティの役割があった」[51]とし、繊維産業からパチンコ産業への転業の際に再びこの民族コミュニティが機能したことを示唆的に指摘している。

　だが、韓載香の研究では調査対象が在日朝鮮人の経営者や、彼らが経営する企業が中心的である。結果として、労働者として京都の繊維産業に就労していた在日朝鮮人は描かれておらず、この民族コミュニティが労働者にどのように機能したのかは扱われていない。また、韓載香が焦点を当てる繊維産業からパチンコホール経営への事業転換の事例は、経営者として成功した者のいわば「成功談」と見なすことができるだろう。他方、京都の繊維産業の中で資本蓄積ができなかった零細な経営者や労働者は、その後どうなったかについて不明である。

　また、韓載香は在日朝鮮人が経営した京友禅産業と西陣織産業とを、同一の

48　韓載香『「在日企業」の産業経済史 その社会的基盤とダイナミズム』（名古屋大学出版会 2010）70–103 頁。
49　韓載香 前掲書 102 頁。
50　韓載香 前掲書 103 頁。
51　韓載香 前掲書 101 頁。

「京都の繊維産業」として分析を行っている。しかし、「先染め」（織物）の西陣織産業と「後染め」（染色）の京友禅産業では、その産業構造と工場の立地は当然ながら、各産業内で在日朝鮮人が置かれた状況や、日本人と朝鮮人との関係も異なるだろう。それゆえ、この二つの産業の中で民族コミュニティの機能や、その意味も異なっていたことが予想される。

　文化人類学の分野では、李洙任がオーラルヒストリーの手法を用いて、西陣織産業に携わった在日朝鮮人のエスニシティを考察している。李洙任の研究では、零細な経営者を対象に彼らの生活や西陣織産業への労働観を詳細に描き出そうとしている。具体的には、西陣織産業に従事した在日朝鮮人一世２人へインタビュー調査を行い、彼らの朝鮮での生活や渡日理由、職工としての修業時代、独立するまでの経緯、就労する際の日本人と朝鮮人との関係、そして彼らが西陣織産業に携わる中で持った労働観を論じている[52]。

　しかしながら、李洙任の研究は経営者として西陣織産業に携わった事例研究であった。それゆえ研究対象となった在日朝鮮人は、たとえ規模の小さな経営者であったとしても、「経営者」になることができた事例であったと見なすことができる。よって経営者になることができなかった者や、経営者になるという考えすら持たなかった在日朝鮮人の事例は、李洙任の研究の中では論じられていないのではないか。

　戦前の京都の在日朝鮮人の労働や居住地などを分析した高野昭雄であるが、自身の研究を戦後まで延長させ、1950年代の京都の在日朝鮮人についても扱っている。高野昭雄は各種統計資料や1957年版の『在日本朝鮮人商工便覧』[53]を利用することで、1950年代までの西陣地域における朝鮮人の事業所の分布状況を詳細に分析している[54]。

　高野昭雄の戦後の在日朝鮮人に関する研究では1950年代までの京都市の在日朝鮮人の西陣織産業経営者の分布の状況が中心であり、高野昭雄自身「さらなる史料調査を行い、朝鮮人定住の要因や日本人と朝鮮人の労働や生活における関係などについて、分析を進めることを今後の課題としたい[55]」と述べている。ま

52　李洙任「京都西陣と朝鮮人移民」李洙任編『在日コリアンの経済活動——移住労働者、起業家の過去・現在・未来』（不二出版 2012）36–60 頁、「京都の伝統産業に携わった朝鮮人移民の労働観」同編者前掲書 61–80 頁。

53　在日本朝鮮人商工連合会編『在日本朝鮮人商工便覧 1957 年版』（在日本朝鮮人商工連合会 1957）16–20 頁。

54　高野昭雄「戦後一九五〇年代の京都市西陣地区における韓国・朝鮮人」『社会科学』第 44 巻 44 号（同志社大学人文科学研究所 2015）1–33 頁。

55　高野昭雄 前掲書 30 頁。

た、戦後の在日朝鮮人全体を考察するのであれば、1960年代から現在に至るまで、西陣織産業に従事した在日朝鮮人についても研究する余地があるだろう。

　ここまでは、日本国内で発表された在日朝鮮人と京都の繊維産業との関係を論じた研究であるが、2010年代に入り、韓国においても京都の繊維産業に従事した在日朝鮮人の事例が紹介され始める。韓国の文化人類学者の權肅寅（권숙인）は、京都の繊維産業に従事した在日朝鮮人の事例として既存研究を紹介している[56]。彼女が京都で独自に調査を行った事例として、三代続く在日朝鮮人の西陣織産業経営者の労働と彼らの民族意識を扱っている[57]。

　權肅寅の研究は、韓国国内で京都の繊維産業に就労した在日朝鮮人の労働の事例を発表したという点で評価することができる。だが、実際に彼女が調査した事例は一事例のみであり、それ以外の部分では既存の研究の紹介に留まっている。また、研究タイトルを「日本の伝統、京都の繊維産業を支えた在日朝鮮人」としているものの、そこでは西陣織産業が扱われているのみで、京友禅産業に就労した在日朝鮮人について具体的な考察が行われていない。

　全面的に京都の繊維産業に従事した在日朝鮮人を扱ったわけではないものの、同じく韓国の文化人類学者であり日本人の生活文化に詳しい文玉杓（문옥표）も西陣織について、その文化的意味や世界観、歴史などを考察し、韓国内で紹介している。2012年から2013年にかけて、文玉杓は京都に居住しながら資料収集を行い、また西陣織製品の生産者や消費者に対してもインタビュー調査を丹念にし、それら結果を整理した。そこでは、西陣織産業の実態や一般の日本人がどのように西陣織製品を始めとした着物を認識し、消費しているのかといった部分にまで言及がなされている[58]。

　文玉杓の研究では、西陣織産業従事者の多様な事例を紹介している。日本人の経営者5事例とともに、在日朝鮮人経営の業者も2事例が扱われている[59]。2012年当時、経営を行う規模の大きな経営者から、中規模ながら現在も経営を続ける業者、また西陣織産業からパチンコ業へと転業した在日朝鮮人業者の事例など[60]、多様な西陣織産業従事者の事例が論じられている。そして、彼女は西陣織に携

56　권숙인（權肅寅）「일본의 전통，교토의 섬유산업을 뒷받침해온 재일조선인（日本の伝統、京都の繊維産業を支えてきた在日朝鮮人）」『사회와 역사』第91輯（한국사회사학회 2011）325–372頁。

57　權肅寅 前掲書 361–364頁。

58　문옥표（文玉杓）『교토 니시진오리（西陣織）의 문화사 – 일본 전통공예 직물업의 세계（京都西陣織の文化史——日本の伝統工芸織物業の世界）』（일조각 2016）。

59　文玉杓 114–176頁。

60　문옥표（文玉杓）170–174頁。

わった在日朝鮮人を念頭に置き、在日朝鮮人が日本の伝統産業を下支えしてきた
ことを強調している[61]。同研究では、経営者だけでなく労働者としての職工や下請
けを行う業者の事例を扱っている[62]。西陣織に携わった4人の事例が彼らのライフ
ヒストリーとともに紹介されており、そのなかの一人は在日朝鮮人女性であった[63]。
ただ、文玉杓の研究では西陣織に携わった在日朝鮮人が一部で紹介されているも
のの、西陣織産業全体の動向やそこで就労する労働者、また同業者組合と労働
者の問題、日本人の着物文化について韓国で紹介する内容であることに留意した
い。

　ここまで先行研究を整理した通り、2000年代以降、経営学や歴史学、文化人
類学などの分野において、戦後の京都の繊維産業に従事した在日朝鮮人に関する
研究成果が発表され始めている。また、これら事例が日本の伝統産業を下支えし
た在日朝鮮人として、韓国においても注目を集めている。ただ、戦後の京都の繊
維産業における在日朝鮮人に関する先行研究を検討した場合、研究の対象が経営
者の事例に集中し、労働者として繊維産業に就労していた事例は多くない。また、
京都の繊維産業といっても「織物」を生産する西陣織産業に就労した在日朝鮮人
の事例が中心的であり、「染色」である京友禅産業に従事した在日朝鮮人につい
ての事例研究は皆無に等しい。

(4) 研究視角と研究方法

研究視角

　先述した通り、戦後の京都の繊維産業に従事した在日朝鮮人の先行研究では主
に経営者に研究の焦点が向けられてきた。それら先行研究に対し、本書では在日
朝鮮人の経営者だけでなく労働者も研究の対象とする。

　そのため、ここで焦点となる「労働」をここで整理しておく。本書では、「労
働」を朝鮮人労働者が行った生産活動に限定するのではなく、朝鮮人経営者が
行った経営活動をも含むものと考える。一般的に経済学や経営学の研究分野にお
いて「労働」といった場合、労働者が行った 'lobor' と英訳されることが多い。だ
が、本研究では「労働」を単純に労働者の行うものに限定するのではなく、経営
者や労働者が生存するために行った営為と捉える。そのため、本書における「労

61　문옥표（文玉杓）176頁。
62　문옥표（文玉杓）177–211頁。
63　문옥표（文玉杓）189–192頁。ちなみに、その在日朝鮮人女性とは本書第3章第7章で登場す
　　るL2氏である。

働」の英訳は 'work' がより相応しいのかもしれない。この「労働：work」を見ることで、ある時は経営者として工場を運営するが、ある時には工場で労働者として就労するなど、在日朝鮮人が生活するために何かを生産するという側面を、「労働者」あるいは「経営者」として限定することなく、その双方を見ることができるのではないか。

　また、先行研究では西陣織産業の事例が多数を占め、京友禅産業に従事する在日朝鮮人の事例研究は少なかった。本書では西陣織産業だけでなく、京友禅産業の事例も扱いながら、西陣織産業と京友禅産業との事例を別個に分析する。この二つの産業に就労した在日朝鮮人を比較することにより、同じ京都の繊維産業ではあるが、西陣織産業で在日朝鮮人が置かれた位置と、京友禅産業で在日朝鮮人が置かれた位置の相違点が明らかになるだろう。

研究方法

　本書では総体的、歴史的な研究として、個々人の個別的、具体的経験を通じて京都の繊維産業に従事した在日朝鮮人を考察する。そのため、研究方法として歴史学的アプローチと社会学・文化人類学的アプローチを採用する。

　まず、歴史学的なアプローチとして、新聞・雑誌記事や各種行政が残した歴史資料を使用することである。先行研究で用いられてきた新聞・雑誌記事や統計資料を、本研究でも資料として使用するが、外村大は、それら資料が「日本人が自分たちの目的に基づいて作成されたもの」であり、在日朝鮮人社会の姿そのものを映し出したものではないと指摘している[64]。そこで、それら資料と同時に在日朝鮮人が残した自叙伝や回想録などの記録、また、彼らの子どもや孫が残した記録も重要な資料として使用する。新聞に関しても日本側の新聞だけでなく、戦前期に朝鮮で発行されていた新聞や、戦後の韓国で発行されていた新聞、在日朝鮮人が日本で各民族組織を通して発刊していた新聞を資料として用いる。

　続いて、社会学・文化人類学的アプローチとして、インタビュー調査を行う。本書において、在日朝鮮人が京都の繊維産業でどのような労働を実践していたのか考察するためにも、彼らへのインタビュー調査で得られた語りを使用する。同時に、在日朝鮮人らと関係した日本人にもインタビューを行い、そこで得られた「語り」を日本人と在日朝鮮人との関係を考える際の重要な資料として使用する。これら個人の記録や語りには、歴史的事実とは異なる部分が多々存在することが

64　外村大『在日朝鮮人社会の歴史学的研究』（緑蔭書房 2004）16 頁。

予想される。それらが事実かどうかを知ることは基本であるが、筆者は個人の記録であれインタビューによる語りであれ、彼らがなぜそのように語るのかも重要であると考え、本研究における主要な資料として用いる。

(5) 本書の構成

　ここでは、本書の構成について整理しておく。まず第1章では、在日朝鮮人が就労した京都の繊維産業（西陣織・京友禅）について説明する。戦前の在日朝鮮人と京都に関する先行研究を整理しながら、西陣織産業と京友禅産業にどのように朝鮮人が参入したのかを考察する。続いて彼らの居住地と、西陣織と京友禅の生産集積地の関連性を論じる。

　そして、西陣織産業内で1920年代に誕生した朝鮮人の相互扶助団体や、1930年代に朝鮮人が中心となって起こした労働争議を扱う。1930年代後半から1940年代前半にかけて、京友禅産業内に誕生した同業者組合について考察する。最後に、警察側資料や日本や朝鮮で発刊されていた新聞で、京都の繊維産業に従事する朝鮮人がいかに認識されていたのかを論考する。本書において、この1章は戦前の京都の繊維産業に従事した朝鮮人を扱うものであり、続く2章から7章までの戦後の在日朝鮮人の労働を考察するための、「前史」と位置付ける。

　2章では、朝鮮人の同業者組合を中心に整理することで、1945年から1959年までの京都の繊維産業（西陣織、京友禅）における在日朝鮮人について考察する。ここで論じようとする組合とは、西陣織産業の朝鮮人の同業者組合（「朝鮮人織物組合」、「第二組合」、「相互着尺組合」）、および、京友禅産業の蒸水洗工程をになった同業者組合（「蒸水洗組合」）である。

　京都の主要新聞である『京都新聞』や、在日朝鮮人組織の機関紙『解放新聞』や『朝鮮民報』、各組合が作成した資料、また、個人が作成した資料などをもとに、京都の繊維産業における朝鮮人の同業者組合を論じる。西陣織産業内で朝鮮人の同業者組合がどのように結成されたのかを考察するとともに、これら同業者組合がどのような活動を行っていたのかを論考する。また、京友禅産業内において蒸水洗組合がどのような活動を行っていたのかを取り上げるとともに、西陣織産業とは異なり、京友禅産業では朝鮮人だけの同業者組合がなぜ誕生しなかったのかを推察する。

　3章では、西陣織産業に従事した在日朝鮮人の経営者・労働者の労働について、個人の記録などの資料やインタビューでの語りをもとに考察する。西陣織産業における在日朝鮮人の労働の様相として、戦前の朝鮮人がどのように京都に暮らす

ようになり、西陣織産業で就労するようになったのか、また西陣織産業の中で彼らは、いかに技能を習得したのかを見ていく。

そして西陣織産業の盛衰を受け、在日朝鮮人は経営者・労働者として対応したのかを考察する。西陣織産業における在日朝鮮人について、この産業に従事した7人の事例を通して、考察を行う。具体的には7人に関係する記録や、本人、関係者へのインタビューで得られた語りを用いて、彼らの西陣織産業での労働について分析する。

4章では京友禅産業の蒸水洗工程に従事した在日朝鮮人労働者について論じる。具体的には1960年から2006年まで、操業していた蒸水洗工場Mにおける朝鮮人労働者の就労状況の事例を見ていく。具体的には、Mの厚生年金台帳に記載された労働者の労働期間から、彼らの労働形態を分析する。また、Mの労働者数の推移や当時の工場の状況について、厚生年金台帳と経営者からのインタビュー調査で得られた語りをもとに論じる。

それらを踏まえて、京友禅産業の盛衰の中でMの朝鮮人労働者の労働はいかなる様相を示していたのかを考察する。そして彼らの労働の様相を明らかにすることで、Mの経営者や労働者らが、どのように、この産業の変化に対応していたのかを分析する。

5章では約40年間、工場Mにおいて経営者の家族として、また、労働者として就労してきた一人の在日朝鮮人女性の歴史を通して、京都の在日朝鮮人の労働と生活を論じる。彼女がどのようにして、工場を訪れ、働くようになったのか。また、そこでの彼女の労働が変容していくのか。同時に彼女が就労していた工場Mと経営者家族についても考察する。例えば、どのような人が工場で働いていたのか。その当時の工場はどのような状況であったのか。以上のような在日朝鮮人の労働者や、経営者の労働と日常生活を分析する。

通常、女性や民族的マイノリティーは自身の記録を残すことが難しいために、そうした人々の経験や言葉を取り出すため、ライフヒストリーが一般的に用いられている。この5章では、この在日朝鮮人女性のライフヒストリーを見ることで、彼女らの生活を描き出すことができると考える。また、現在まで男性中心に構成されてきた在日朝鮮人社会に女性の視角を加えることによって、男性をも含めた詳細な在日朝鮮人の家族史を描き出すことも可能になるだろう。

6章では4章5章で扱ってきた工場Mの労働者の労働と衣食住生活に着目し、Mが操業を始める1960年代から廃業する2000年代までの時代経過を経て、それらがどのように変容するのかを論考する。6章における衣食住生活とは、在日

朝鮮人の労働を下支えするものと考え、工場 M を中心に営まれていた彼らの衣食住生活を、「住」、「食」、「衣」の分野に分けて分析を行う。また、「住」、「食」、「衣」のそれぞれの生活がどのように関連しているのか、京友禅産業の盛衰や工場 M の対応などを踏まえつつ、在日朝鮮人の衣食住生活がいかに変遷していくのかを論じる。

　合わせて、工場 M における労働者の労働や衣食住生活以外の他の部分として、休日や労働時間外の余暇生活に注目する。最後、在日朝鮮人の労働や衣食住生活、余暇といった生活の諸局面を通じ、在日朝鮮人らは日本人社会においてどのようなものを獲得しようとしていたのかを論考する。

　西陣織産業や京友禅産業は一般的に日本の伝統衣装を製造する「伝統産業」と見なされてきた。それでは、そうした伝統産業に従事するかたわら、在日朝鮮人はいかに自身が「在日朝鮮人である」という民族的アイデンティティを持ったのであろうか。最後 7 章では、在日朝鮮人が西陣織産業や京友禅産業で労働する中で持った民族的アイデンティティに注目する。ここでの在日朝鮮人の民族的アイデンティティとは、多様な社会関係の中で、在日朝鮮人が自己を「在日朝鮮人である」と確認する意識やその作業であると言えるだろう。具体的に繊維産業における在日朝鮮人の民族的アイデンティティがどのように現れ、民族的な活動へと繋がっていくのか。また、ある在日朝鮮人の事例を通じて、民族的アイデンティティの形成過程を論じる。

　例えば、京都の繊維産業の中で在日朝鮮人らがどのような名前を使って生きていたのか、各産業に置かれた彼らの状況とともに論考を試みる。また、その中で、どのような民族的アイデンティティが表出するのかを論じる。京都の繊維産業に携わった在日朝鮮人が民族的な意識を持ちながら、これらの産業での労働に関して、どのような思いを持ったのかを扱う。

　終章では、これらを踏まえ京都の繊維産業に就労した在日朝鮮人の労働を考察する。西陣織産業や京友禅産業に従事した在日朝鮮人の労働は、いかなる様相を示していたのかを分析するとともに、両産業に置かれた在日朝鮮人の位置がどのように異なるかを論じる。最後に、在日朝鮮人を通じて見る伝統産業（西陣織と京友禅）とはどのようなものであったのかを検討する。

第1章　1945年以前の京都の
　　　　繊維産業と朝鮮人

　本章では、1945年以前の京都の繊維産業と朝鮮人を論じる。序章で扱ったように、先行研究においては河明生や高野昭雄らによって、戦前の京都の朝鮮人の職業や経済的社会的状況が論じられてきた。その中でも、京友禅産業への朝鮮人の参入に関して議論が交わされてきた。河明生は戦前、京都の洛北の京友禅工場に、被差別部落の住民を媒介として、在日朝鮮人が「自己申し込み」を行い、先駆的就労者になったのではないかと指摘する[1]。

　その一方、高野昭雄は洛北の養正地区（田中部落）は京友禅の盛んな地域ではなく、被差別部落住民と京友禅産業の関係も薄く、朝鮮人が被差別部落住民を介して京友禅産業に従事したのではないと主張している[2]。ただ、上記の河明生と高野昭雄の議論は、養正地区の朝鮮人を中心に論争したものであり、京都市全体でどうであったのかは、未だはっきりとはしていない。このように、戦前の西陣織産業や京友禅産業などの繊維産業に、どのような経路で朝鮮人が就労するようになったのか不明瞭な部分が多く、この議論の他にも、彼らがこれら産業の中でどのように働き、京都のどの地域で生活していたのか未だ分からない部分が多い。

　そこで、1章では戦後の京都の繊維産業に従事した在日朝鮮人の労働を考察するためにも、戦前の在日朝鮮人と京都に関する先行研究を整理しながら、1945年以前の西陣織産業と朝鮮人、また、京友禅産業と朝鮮人との関係を、それぞれ別個に考察する。いわば本章を、2章以降の戦後の在日朝鮮人の労働と生活に関する事例を考察するための、「前史」と位置付ける。まず1節では、韓国併合前後における日本各地の朝鮮人労働者について、先行研究をもとに概説的に説明する。

　2節から1945年以前の西陣織産業における朝鮮人について先行研究や各種統計や新聞記事をもとに論じる。西陣織産業の概要を説明するとともに、渡日初期の朝鮮人が西陣織産業にどのように参入したのかを考察する。そして西陣織産

1　河明生『韓人日本移民社会経済史 戦前編』（明石書店 1996）106–113 頁。
2　高野昭雄『近代都市の形成と在日朝鮮人』（人文書院 2009）112–118 頁。

業に従事する朝鮮人の増加と、彼らの居住地について分析する。1920年代初頭、この産業の中で朝鮮人が作り出した組織とその活動を論考する。また、1930年代に朝鮮人を中心にして起こった労働争議活動について、その後の活動にいかに影響を与えたのかを見ていく。

3節では1945年以前の京友禅産業における朝鮮人について論じる。京友禅産業の概要を説明するとともに、同産業における朝鮮人の就労黎明期はどのようなものであったのか、先行研究での議論を中心に本書でも再検討を行う。京友禅産業に従事する朝鮮人の増加と、彼らの居住地について分析する。続いて、戦後の「京都友禅蒸水洗工業協同組合」の萌芽となる朝鮮人の同業者組合を考察する。

また、西陣織産業と京友禅産業の共通の問題として、戦前、京都の繊維産業に従事した朝鮮人に関して、京都市や警察側がどのように認識していたのかを考察する。そして、西陣織産業や京友禅産業に従事する朝鮮人が朝鮮内では、どう報道されていたのかを論じる。

第1節　韓国併合前後の日本各地における朝鮮人労働者

朝鮮半島から日本への渡日者の歴史は、1910年の日本による韓国併合よりも古く、19世紀の後半まで遡ることができる。当初の移住者としては、主に留学生が東京を中心に多かった。1880年代には九州の炭鉱や鉄道敷設工事に朝鮮半島からの労働者が流入していたことが確認されている[3]。1905年の大韓帝国の保護国化以降、西日本中心に朝鮮人労働者は増加する。この時期の渡日は、未だ「出稼ぎ」的な性格が強く、単身の男性労働者が中心であった。

京都府内での最古の朝鮮人労働者の事例は、1907年の園部から綾部の鉄道工事であったことが、当時の新聞記事で確認されている[4]。1908年から1913年の宇治川の電力開発工事において、水路掘削の工事に朝鮮人労働者が従事していた。また、韓国併合直後の1912年に桃山御陵が建設された際にも、宇治川の工事に従事していた朝鮮人労働者が携わることになった[5]。以上のように、韓国併合前後

3　金英達「在日朝鮮人社会の形成と一八九九年勅令第三五二号について」小松裕・金英達・山脇啓造編『「韓国併合」前の在日朝鮮人』（明石書店 1994）15-35頁、および小松裕「肥薩線工事と中国人・朝鮮人労働者」小松裕・金英達・山脇啓造編 前掲書37-80頁。

4　水野直樹「京都における韓国・朝鮮人の形成史」『KIECE民族文化教育研究』（京都民族文化教育研究所 1998）70-81頁、典拠資料は『京都新聞』の前身『京都日出新聞』（1907年6月30日）。

5　川瀬俊治「『韓国併合』前後の土木工事と朝鮮人労働者——宇治川電気工事と生駒トンネル工事」小松裕・金英達・山脇啓造編 前掲書235-277頁。

の京都における朝鮮人労働者は、土木工事で働く者が中心的であった。

1911年に警察により調査が実施されたと考えられる「京都府在住朝鮮人調べ」（『清国人朝鮮人及革命党関係者調』）によれば、当時の京都市内で学生13人、店員9人、土木建築業22人、繊維業関係14人、その他職工5人であった。この繊維業関係の中には、繊維関係の店で働く人を含んでいる[6]。1920年に入り、繊維産業に従事する朝鮮人が増加する。この繊維産業での就労が、後に京都の在日朝鮮人の労働を特徴づけるようになる。

1920年『国勢調査』によれば、京都市在住朝鮮人713人中、繊維産業従事者が393人（55%）、そのうち224人が男性であり、土木建築業に従事する朝鮮人は55人であった[7]。この1920年時点では土木建築関連産業よりも多くの朝鮮人が、西陣織産業や京友禅産業などの繊維産業に従事するようになっていた[8]。

第2節　西陣織産業と朝鮮人

(1) 西陣織産業の概要

京都の織物の起源は、794年の平安京が遷都された時、都の西北に織部司を設けて、織物を作らせたことから始まる。その後、12世紀半ば朝廷が衰え、織部司は廃絶して機織りは官営から民業へと移った。そして1467年、応仁の乱で京都は荒廃してしまい、職工たちは堺やその他の地域に四散するが、1477年の戦乱の終息により、織業は復活する[9]。

当時、応仁の乱で山名宗全ら西軍が本陣を張った地域で織物が生産され始め、その地にちなんで「西陣織」として呼ばれるようになった。また、江戸時代に町人文化が台頭すると、西陣織は京都の富裕町人の支持を受け、さらなる発展を遂げた。明治期に入り京都府は当時の殖産興業政策を背景として、京都府は従来から存在した産業を近代化させる方策をとった。その産業の代表として、織物を生産する西陣織が採用された。西陣織産業では、1872年にフランスからジャカード織機の導入によって、織工程の機械化がなされた[10]。同時に、各生産工程の分業

6　水野直樹　講演録「戦前の韓国・朝鮮人の京都における生活」『第三回　公開シンポジウム報告　京都「在日」社会の形成と生活・そして展望』（京都民族文化教育研究所 2000）9頁。
7　内閣統計局『大正九年 国勢調査報告 府縣の部 第二巻 京都府』（内閣統計局 1923）194–195頁。
8　髙野昭雄「京都の伝統産業、西陣織に従事した朝鮮人労働者 (1)」『コリアンコミュニティ研究』vol.3（こりあんコミュニティ研究会 2012）76頁。
9　辻合喜代太郎・大塚清吾『カラーブックス504　染織紀行』（保育社 1980）54頁。
10　西陣織工業組合「西陣の歴史」（https://nishijin.or.jp/whats–nishijin/history/（2015年9月26日取得））

図 1-1　西陣織製品生産の工程[11]

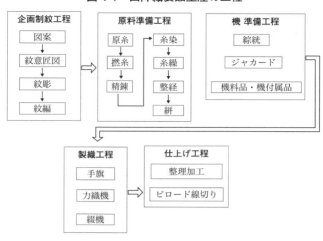

化（図 1-1 参照）により、製品の大量生産が可能になった。

　大正から昭和初期にかけて高級絹織物の大衆化が進み、西陣織産業でも手織技術の高度化や図案の洗練が行われた。第二次世界大戦中、高級贅沢工芸品を生産する西陣織産業は休機や休業により壊滅的な打撃を受け、1945 年の敗戦当時は少数の製造業者が細々と生産を続ける状況であった。だが、1950 年代後半からの高度経済成長期、生活の安定や消費水準の向上や高級着物製品の需要増大により、西陣織産業は復活する。[12]

　1960 年代まで同産業は活況を呈するが、同時期に日本の服装文化に変化が起こり、着物に対する需要は相対的に低くなる。さらに 1973 年、オイルショックにより生産に必要な原材料の価格が高騰し、1990 年代初頭のバブル経済の崩壊や消費不況により、西陣織産業の生産量は急激に減少する。西陣織産業の出荷額は、ピーク時の 1983 年と比べ 2000 年に 18.7% にまで落ち込んでいる。[13]

(2) 朝鮮人の就労黎明期

　西陣織と朝鮮人との関係の中で最古の事例は、1908 年の新聞記事から確認で

11　中江克己「西陣織」『日本の伝統染織辞典』（東京堂出版 2013）82 頁を参考に、筆者が作成。通常、綴機にはジャカードを利用しない。
12　原田伴彦「日本経済の動き」『組合史――西陣織物工業組合二十年の歩み（昭和二十六年～昭和四十六年）』（西陣織物工業組合 1972）21–22 頁。
13　京都市伝統産業活性化検討委員会『伝統産業の未来を切り拓くために――京都市伝統産業活性化委員会提言』（京都市産業観光局商工課伝統産業課 2005）9 頁。

きる。高野昭雄によれば、西陣織に携わった朝鮮人の最初期の事例は染織学校で学ぶ朝鮮人学生であるという。『大阪朝日新聞京都附録』の記事では「染織学校在学者計八名（清国人二、韓国人六）[14]」とあり、韓国併合の直前の1908年、朝鮮人が染織学校で留学する学生として初めて登場した。これが現在のところ、確認可能な、西陣織に関わる最も早い朝鮮人であると考えられている[15]。この染織学校とは、1895年から1911年に釜座椹木町北に所在した「京都市立染織学校[16]」の釜座校舎である。

また、1910年9月1日の『大阪朝日新聞京都附録』では、「京都在住の朝鮮人」というタイトルで「朝鮮人の京都に在住するもの…（中略）…上長者町署部内には織屋の雇人三名あり、十名の学生等は染織学校、清和中学、同志社等の普通中学程度に学ぶ者[17]」と記録されている。この記事より、韓国併合以前から織屋の雇用者として、3人の朝鮮人が就労していたことを確認することができる[18]。そして、先の染織学校で就学する朝鮮人留学生も存在していた。ただし、1908年8月の記事で登場する朝鮮人留学生と、この1910年8月記事の朝鮮人労働者がいかなる関係にあったのかは分からない。

1914年から1918年までの第一次世界大戦の好況を機に、日本の産業構造が変化する。具体的には、工業生産額が農業生産額を追い越し、工場労働者の増加と人口の都市集中を招いた。労働者不足は深刻で、この頃から日本の工場で働く朝鮮人が増え始める。新聞記事においても、「近頃内地各工場の男女工の不足は依然たるもので此の状態が持続すれば日本内地では職工が得られないと云ふ時期が早晩到来するだろうとは従前からの観測であったが現に其の時期が到来して昨今は朝鮮人の職工労働者の輸入が盛んに行はれるようになつて来た[19]」とし、日本人の労働力不足を補うため、朝鮮人が工場での労働力として用いられている様子を描写している。

---

14 『大阪朝日新聞京都附録』1908年8月6日。
15 高野昭雄「京都の伝統産業、西陣織に従事した朝鮮人労働者（1）」『コリアンコミュニティ研究』vol.3（こりあんコミュニティ研究会 2012）74–75頁。
16 1886年、「京都染工講習所」として、油小路下立売上る近衛町に創立する。1894年染工講習所を基礎として「京都市立染織学校」となった。1895年に釜座通椹木町上る東裏辻町に校舎を竣工し移転する。その後、この染織学校は1911年3月に烏丸通上立売上相国寺門前町へ移転し、1919年4月に「京都市立工業学校」へと改称する。戦後、1948年4月「京都市立洛陽工業高等学校」へと改称する。京都市立洛陽工業高等学校閉校記念誌編集委員会『京都市立洛陽工業高等学校閉校記念誌』（京都市立洛陽工業高等学校閉校記念誌編集委員会 2018）19–20頁。
17 『大阪朝日新聞京都附録』1910年9月1日。
18 高野昭雄 前掲書74–75頁。
19 「流れ込む朝鮮労働者　内地工業界の新しい現象　朝鮮女は以ての他の好評」（『大阪朝日新聞本社版』1917年6月5日）。

ところで、実際のところ京都の繊維産業において、どのような経緯で朝鮮人が参入したのかについて明確ではない。先行研究の検討で述べた通り、河明生は渡日初期の朝鮮人は不良住宅地区近隣の西陣織や京友禅などの工場へ「自己申し込み」をし、「先駆的就労者」となったと指摘している[20]。

　そこでここでは、本研究における朝鮮人の西陣織産業への就労パターンとして、河明生が指摘した「自己申し込み」ではない、もう一つの可能性を提示する。それは、在朝日本人[21]を介した朝鮮人労働者の就労である。在朝日本人の藤井彦四郎[22]は、1895 年に 20 歳で朝鮮に渡り、元山の「宮原嘉兵衛商店」[23]に入店した。李東勲によれば、1880 年 5 月、元山に日本専管居留地が設定され、元山での日本人移住が本格化したという[24]。また藤井彦四郎が朝鮮に渡った 1895 年、元山に居留した日本人は 1362 人であったという記録[25]からも、当時の元山には千人規模の在朝日本人社会が存在していていたことが分かる。

　その後、藤井彦四郎は繊維商品の販売で朝鮮各地を回るようになる[26]。彼は日本に戻るが、韓国併合後の 1911 年 2 月、彼は再び朝鮮へ渡り、釜山の土地 8020 坪を購入し、朝鮮人向家屋を 48 戸新築するなど不動産事業に注力した[27]。後に京城でも「藤井京城出張所」を開設し、絹糸や人造絹糸の販売などの事業を行う。また、京都において藤井彦四郎一家は繊維関連の事業を始める。1902 年、父の藤井善助が西陣（京都市上京区智恵光院中筋角）に家を借り「藤井西陣支店」を開店し、

20　河明生 前掲書 79 頁。

21　李東勲は、在朝日本人の歴史は 1876 年の「日朝修好条規」の締結まで遡るとする。日清戦争期には在朝日本人人口は 1 万人、日露戦争期には 5 万人に達し、その後も順調に人口を伸ばしていく。そして、終戦頃には軍人を含めて約 92 万人の朝鮮半島から日本への引揚者が確認できるとしている。李東勲『在朝日本人社会の形成──植民地空間の変容と意識構造』（明石書店 2019）11–14 頁。典拠資料は朝鮮総督府庶務部調査課『朝鮮に於ける内地人』（朝鮮総督府庶務部調査課 1927）、朝鮮総督府『朝鮮の人口現象』（朝鮮総督府 1927）、厚生省援護局庶務課記録係『引揚援護の記録』続々編（厚生省援護局庶務課記録係 1963）。

22　藤井彦四郎（1876 ～ 1956）。滋賀県神崎郡北五箇荘村生まれの商人で、日本の化学繊維市場発展に寄与し、レーヨンを「人造絹糸」として日本に紹介した人物とされている。1907 年に藤井彦四郎商店を創業した。藤井彦四郎傳編纂委員会『藤井彦四郎傳』（藤井彦四郎傳編纂委員会 1959）。

23　宮原嘉兵衛は京都西村治兵衛の別家として独立し、1885 年、朝鮮に渡り元山府旭町一丁目に店舗を設け、呉服や酒、醤油、雑貨の取り扱いをしていた。藤井彦四郎傳編纂委員会 前掲書 57 頁。

24　李東勲 前掲書 40–41 頁。典拠資料は韓国統監府編『韓国ニ関スル条約及法令』（韓国統監府 1906）。

25　李東勲 前掲書 51 頁。典拠資料は「外務省記録」7–1–4–5「海外在留本邦人人口調査一件」（未公刊資料）。

26　藤井彦四郎傳編纂委員会 前掲書 55–57 頁。

27　藤井彦四郎傳編纂委員会 前掲書 163 頁。

1908 年には藤井彦四郎が父の借りていた京都西陣の店舗を購入した[28]。藤井彦四郎は 1918 年より「西陣織物同業組合」の役員を務めるなど[29]、明治から大正にかけての西陣織産業に縁がある人物であった。

藤井彦四郎に関連して、他の資料にも記録が残されている。韓国併合後の 1912 年の「史料 在留者名簿 警視庁ノ調査ニ係ル清国人朝鮮人及革命党関係者調」は、日本内地における清国人、朝鮮人、「革命党関係者」を管理し記録しようとした資料である。この資料から藤井彦四郎方、おそらく「藤井西陣支店」で居住しながら西陣織産業に従事した朝鮮人が存在していたと推測される。この 1912 年というのは、藤井彦四郎が釜山で事業を始めた 1911 年の翌年である。表 1-2 は、「藤井彦四郎方」で居住した朝鮮人を在留者名簿の記載順に整理したものである。

表 1-2 「藤井彦四郎方」に居住した朝鮮人（1912 年[30]）

氏名	年齢	原籍	住所	寄宿先	職業
崔春元	24	朝鮮本居 ［京畿道］江花郡徳津	［京都市］上京区智恵光院通中筋上ル横大宮町	藤井彦四郎方	撚糸業
金成浩	34	［京畿道］仁川港内洞	［京都市］上京区智恵光院通中筋角	織業・藤井彦四郎方	撚糸糊付
金在重	17	［慶尚南道］釜山府沙下面富民洞	［京都市］上京区中筋智恵光院横大宮町	藤井彦四郎方	撚糸業
金潤重	15	［慶尚南道］釜山府沙下面富民洞	［京都市］上京区中筋智恵光院角横大宮町	藤井彦四郎方	撚糸業
裵敏馥	20	忠清南道懐徳郡東面忍納里 10 統 1 戸	［京都市］上京区智恵光院通中筋角	織業・藤井彦四郎方	織物研究

「史料 在留者名簿」「警視庁ノ調査ニ係ル清国人朝鮮人及革命関係者調」（外務省外交史料館所蔵 外務省記録 4-3-1-15、明治 45 年 1 月 23 日）をもとに筆者が作成。

京都府で警察の管理対象となった朝鮮人 176 人の中で、5 人が京都市上京区西陣の「藤井彦四郎方」に居住し、その内 4 人は織物関係業に従事しており、他 1 人は織物業の研究を行っていた。表 1-2 の中段の金在重と金潤重は年齢も近く、「原籍」も「釜山府沙下面富民洞」と記述されており、おそらく彼らは兄弟か親戚関係にあったと推定される。この 5 人が、どのような経緯で藤井彦四郎方に居住するようになったのかは不明であるが、韓国併合直後、藤井彦四郎のような在

---

28 藤井彦四郎傳編纂委員会 前掲書 157 頁。
29 藤井彦四郎傳編纂委員会 前掲書 158 頁。
30 外務省「史料 在留者名簿 警視庁ノ調査ニ係ル清国人朝鮮人及革命党関係者調」（外務省外交史料館所蔵 外務省記録 4-3-1-15、明治 45 年 1 月 23 日）木村健二・小松裕『「韓国併合」直後の在日朝鮮人・中国人』（明石書店 1998）所収 221–230 頁をもとに作成。この資料には、藤井彦四郎方以外に居住した朝鮮人の織物業関係者として 11 人も記録されている。

朝日本人を仲介して西陣織産業に就労した可能性もあるのではないだろうか。本章では、河明生が指摘する渡日初期の朝鮮人による「自己申し込み」ではない、朝鮮人の西陣織産業への就労のオルタナティブパターンとして、提示しておく。

(3) 朝鮮人の増加と居住

　1910 年代後半から、京都の繊維産業に従事する朝鮮人労働者が徐々にではあるが増え始める。前述したように 1920 年の『国勢調査』によれば、京都市在住朝鮮人 713 人中、繊維産業従事者が 393 人（55%）であり、そのうち 224 人が男性であり、土木建築業従事者は 55 人であった[31]。さらに、1922 年には朝鮮人の増加を踏まえて、『大阪朝日新聞京都附録』には「三千の労働者　失業から悪化　警察側では重大視[32]」という見出しの記事が登場する。記事より、警察側は朝鮮人の京都市内での増加と彼らの失業を憂慮していたことが分かる。

　こうした朝鮮人の増加の背景には、故郷朝鮮の困窮化の問題が大きかった。1935 年実施の調査であるが、当時京都市内の朝鮮人労働従事者 8154 人中「内地」に渡航した理由は、朝鮮での「生活困難」34.1%、「求職出稼ぎ」31.2%、「金儲け」14.1% となり、経済的理由で渡日した者が実に八割にもなっていた[33]。こうした故郷朝鮮での生活の困窮化という問題の中で、日本へ渡り京都に流入する朝鮮人が多かったと推測できる。

　次に、西陣織産業の立地と京都市における朝鮮人の居住地について考察する。高野昭雄によれば、京都へ来た当初は多くの朝鮮人が住宅を借りることは難しく、西陣織工場主宅への住み込みがほとんどであったという[34]。表 1-3 は、朝鮮人の日本定住化が進んだ 1935 年の調査である。

　表 1-3 から、西陣織産業の生産の盛んな地域であった京都市の（旧）上京区[35]の場合、朝鮮人世帯数が最も多いことが分かる。また、上京区の一世帯当たりの人員は 2.9 人と、左京区に次いで少ない。加えて、男性に対する女性の割合も 55.7% と最も少ない。これらの国勢調査の統計を踏まえ、高野昭雄は上京区の場合、単身の朝鮮人男性が西陣織工場に住み込みで働く者が多かったからだと推測

31　内閣統計局『大正九年 国勢調査報告 府縣の部 第二巻 京都府』（内閣統計局 1923）194–195 頁。
32　『大阪朝日新聞京都附録』1922 年 4 月 3 月。
33　京都市社会課『市内在住朝鮮出身者に関する調査』第 41 号（京都市社会課 1937 年）朴慶植編『在日朝鮮人関係資料集成』第 3 巻（三一書房 1976）所収 1147–1148 頁。
34　高野昭雄「京都の伝統産業、西陣織に従事した朝鮮人労働者 (2)」『コリアンコミュニティ研究』vol.4（こりあんコミュニティ研究会 2013）65 頁。
35　現在の京都市上京区と北区を含む行政区域。1955 年 9 月 1 日に京都市北区が上京区より分区した。

第 1 章　1945 年以前の京都の繊維産業と朝鮮人　　33

表 1-3　京都市行政区別朝鮮人世帯数・人口 (1935 年)

	世帯数	人口	男性	女性	不明	一世帯当たり人数	女性/男 (%)
上京区	1,912	5,546	3,532	1,967	47	2.90	55.7
左京区	1,472	3,858	2,361	1,491	6	2.62	63.2
中京区	1,354	5,487	3,429	1,988	70	4.05	58.0
東山区	473	1,596	941	639	16	3.37	67.9
下京区	1,835	7,327	4,166	3,109	52	3.99	74.6
右京区	1,302	4,118	2,427	1,674	17	3.16	69.0
伏見区	928	3,211	1,864	1,325	22	3.46	71.1
計	9,276	31,143	18,720	12,193	230	3.36	65.1

高野昭雄「京都の伝統産業、西陣織に従事した朝鮮人労働者 (2)」『コリアンコミュニティ研究』vol.4
(こりあんコミュニティ研究会 2013) 65 頁。
原資料は京都市社会課『市内在住朝鮮出身者に関する調査』第 41 号 (京都市社会課 1937 年)。

している[36]。

　続いて戦前、西陣織産業に従事した朝鮮人が京都のどのような地域に居住していたのかを見ていく。表 1-4 が 1935 年の京都市旧上京区[37]各学区の朝鮮人と朝鮮人比率[38]である。そして、朝鮮人人口比率を旧上京区の学区地図に当てはめたものが図 1-5 である。

　京都市旧上京区を以上のようにして見た場合、楽只学区と上賀茂学区が朝鮮人比率 15.27%、11.74% と、全人口の 10% 以上を朝鮮人が占めていることが分かる。高野昭雄によれば、楽只学区に居住した朝鮮人女性の場合、日本人と同様に周辺の学区で西陣織の工場に通勤の形で従事する者が多かったという[39]。

　また、上賀茂学区に居住した朝鮮人の場合、すぐき菜などの京野菜栽培で必要となる屎尿回収業や、賀茂川での砂利採集や土木工事などに従事することが多かった[40]。上賀茂学区に隣接する大宮学区も、朝鮮人比率が 4.84% と比較的に高い。大宮学区も上賀茂学区の朝鮮人同様に、屎尿回収や砂利採集、土木工事に従事し

36　高野昭雄 前掲書 65 頁。
37　現在の京都市上京区と北区に相当する。
38　京都市社会課『市内在住朝鮮出身者に関する調査』第 41 号 (京都市社会課 1937 年) より筆者が作成。京都市社会課『市内在住朝鮮出身者に関する調査』では、朝鮮人人口については1935 年実施の「市内警察及派出所戸口簿ニ依ル朝鮮出身同胞数」が、京都市人口については 1935 年の『国勢調査』が参照されている。国勢調査の数字部分の引用や区の表記に誤記が一部見られたので、筆者が修正した。
39　高野昭雄「京都市の被差別部落と在日朝鮮人——西陣織をめぐって」『教育研究 = The bulletin of education』43 号 (大阪大谷大学教育学会 2017) 25 頁。高野昭雄は楽只学区の15.9% を占める楽只地区を地区外と地区内の朝鮮人と日本人の職業を詳細に論じている。
40　高野昭雄 前掲書 201–226 頁。

表 1-4　京都市旧上京区人口と朝鮮人（1935 年）

	人口総数（A）	朝鮮人（B）	朝鮮人比率 (%) (A)/(B) × 100
楽只	4,020	614	15.27
上賀茂	7,631	896	11.74
大宮	2,064	100	4.84
鷹峯	1,447	55	3.80
成逸	6,690	186	2.78
仁和	20,336	563	2.77
衣笠	3,890	104	2.67
翔鸞	15,630	392	2.51
小川	6,606	134	2.03
聚楽	5,824	117	2.01
正親	8,810	168	1.91
待賢	8,148	154	1.89
待鳳	46,667	863	1.85
乾隆	7,380	125	1.69
出雲路	3,341	55	1.65
出水	16,799	252	1.50
嘉楽	5,805	85	1.46
西陣	6,566	93	1.42
桃園	6,897	79	1.15
室町	32,161	310	0.96
中立	5,971	56	0.94
滋野	9,019	78	0.86
京極	8,757	50	0.57
春日	4,971	17	0.34
旧上京区	254,519	5,546	2.18

たのではないだろうか。鷹峯学区も朝鮮人比率で見れば 3.80% となり大宮学区の次に高率ではあるが、日本人を含めた人口総数が少なく、朝鮮人数も 55 人と旧上京区内の他学区に比べれば多くはない。

　注目すべきは、仁和学区や翔鸞学区のような現在の上京区西部にあたる学区や、現在の北区に位置する待鳳学区の朝鮮人である。これらの地域では現在でも細々とではあるが、西陣織の織機の音が聞こえてくる地域である。ここで、西陣織京都府方面事業振興会『西陣賃織業者に関する調査』（1933 年実施）での朝鮮出身者の居住地の分布を挙げておく。「賃織備人」と「世帯主」ごとに、居住した学区の集計が取られていた。それらを学区地図に当てはめたのが、以下の図 1-6「賃織備人出生地における朝鮮出身者と学区」と図 1-7「世帯主出生地における朝鮮出身者と学区」である。

第1章　1945年以前の京都の繊維産業と朝鮮人　35

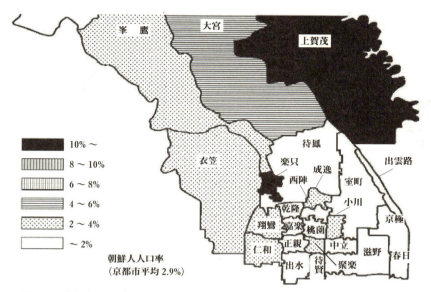

図 1-5　京都市旧上京区（現在の北区・上京区）学区別朝鮮人人口比率（1935年）

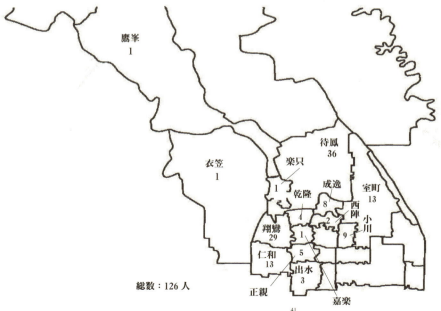

図 1-6　賃織傭人出生地における朝鮮出身者と学区[41]（1933年、単位：人）

41　京都府方面事業振興会『西陣賃織業者に関する調査』（京都府學務部社會課 1934）第二部調査統計 12-13 頁。

仁和学区は人口総数が2万336人と多いが、朝鮮人は563人、朝鮮人比率も2.77%と旧上京区平均2.18%に比べれば若干高い。『西陣賃織業者に関する調査』でも傭人13人、世帯主4人と西陣織産業に携わる朝鮮人が多数居住していた。仁和学区の北に隣接する翔鸞学区も同様で、朝鮮人392人、朝鮮人比率2.51%、朝鮮出身の傭人29人、朝鮮出身の世帯主21人と、朝鮮人が多い学区であると同時に、西陣織産業に従事する朝鮮人が多かった。

　待鳳学区の場合、旧上京区中で総人口が4万6667人と最多であるが、朝鮮人も863人と最も多く住む学区であった。そして朝鮮出身の傭人36人、朝鮮出身の世帯主10人と多く居住していたことを考慮すると、待鳳学区の朝鮮人も西陣織産業に従事する者が多かったと推測される。2章で述べる柏野学区[43]が分区する前の学区が、待鳳学区である。高野昭雄によれば、この待鳳学区南部の柏野において、朝鮮人の多くが西陣織産業の賃織業に労働者や比較的規模の小さい経営者として携わっていたという。[44]

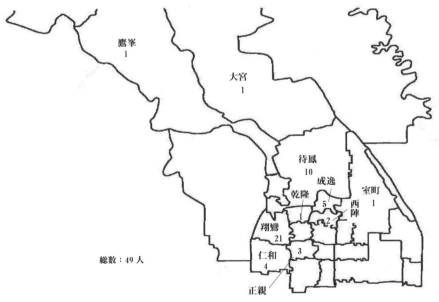

図 1-7　世帯主出生地における朝鮮出身者と学区[42]（1933年、単位：人）

42　京都府方面事業振興会 前掲書 8–9頁。
43　待鳳学区内の人口増加により1939年、現在の紫野校である「第二待鳳校」より「第四待鳳校」が独立し、1941年「柏野国民学校」に改称した。京都市北区「リレー学区紹介−柏野学区」(http://www.city.kyoto.lg.jp/kita/page/0000056220.html（2017年9月7日取得))。

次に、西陣織産業全体で朝鮮人が労働者・経営者としてどの程度存在していたのだろうか。表1-8は先ほど用いた京都府方面事業振興会『西陣賃織業者に関する調査』（1933年実施）における「傭人・世帯主」出身地の項目である。

表1-8から、多数の朝鮮人が西陣織賃織業において傭人として従事していたことが分かる。実に、全体の21%が朝鮮出身者であり、その数は京都市出身者に次いで多かった。また、賃織業の世帯主でも全4937人中、朝鮮出身者は49人と、全体の1%を占めていた。このように、1930年代になると賃織業に労働者として従事するだけでなく、自ら家を借りて賃織業を経営する朝鮮人も出現した。

表1-8　西陣織賃織業における「傭人・世帯主」出生地（1933年）[45]

	傭人				世帯主		
	出生地	人数（人）	比率		出生地	人数（人）	比率
1	京都市	197	33.6%	1	京都市	3,099	62.8%
2	朝鮮	126	21.5%	2	京都府郡部	508	10.3%
3	京都府郡部	67	11.4%	3	滋賀県	233	4.7%
4	富山県	39	6.6%	4	福井県	194	3.9%
5	石川県	21	3.6%	5	大阪府	154	3.1%
6	福井県	19	3.2%	6	岐阜県	138	2.8%
7	三重県	19	3.2%	7	石川県	113	2.3%
8	岐阜県	18	3.1%	7	富山県	113	2.3%
9	滋賀県	16	2.7%	9	兵庫県	92	1.9%
10	兵庫県	13	2.2%	10	朝鮮	49	1.0%
	全体	587	100.0%		全体	4,937	100.0%

出典：高野昭雄（2013）（より作成。原資料は京都府方面事業振興会『西陣賃織業者に関する調査』（京都府方面事業振興会 1934年）。

(4) 相互扶助団体と争議活動
1. 京都朝鮮人労働共済会

京都に在住する朝鮮人の増加を受けて、1920年に「京都朝鮮人労働共済会」が誕生する。本項では京都朝鮮人労働共済会について、高野昭雄の研究に多くを負いながら論じる。この組織について、内務省警保局は「京都ニ在住スル朝鮮人労働者ノ親睦ヲ図リ患難ヲ相救ヒ業務ヲ紹介シ進テハ貯蓄ノ奨励並知識ノ啓発ヲ図リ以テ労働者ノ福利ヲ増進セシメルヲ目的トシテ組織サレタル」と報告してい

44　高野昭雄『近代都市の形成と在日朝鮮人』（人文書院 2009）50–52頁。
45　京都府方面事業振興会 前掲書6–13頁。

る。この警保局保安課資料より、京都朝鮮人労働共済会は、朝鮮人同士の親睦・相互扶助団体として誕生したことが分かる。また、この組織では朝鮮人に貯蓄の奨励や知識啓発、労働者の福利増進などを行うことも目的としていたことも、この資料から読み取れる。

　また、京都朝鮮人労働共済会は日本の公的機関とも関係を持っていた。以下は、京都日出新聞における京都朝鮮人労働共済会に関する記事である。

　　金公海氏なる人が、北野神社東門前に、京都朝鮮人労働共済会なるものを組織し、此の多数の労働者を誘掖指導しつゝあるので京都に来る鮮人労働者は、追々増加して来る…（中略）…朝鮮人労働共済会の方では、其事業の基礎にするため、今度若林知事、馬渕市長、濱岡商業会議所会頭、中村栄助氏各警察署長等をも顧問とし、京都に来る鮮人の職業紹介等の労をも取り、少くも此地に於ける朝鮮人だけは、決して悪化させる様な事はせぬと、氏は非常に意気込んで居る[47]

　以上のように、1920年代初頭の京都市における朝鮮人の増加のなかで、当初、京都朝鮮人労働共済会は西陣織の生産中心地の一つである北野天満宮の東門に事務所を置いていた。また、京都府知事や京都市長、商業会議所会頭、警察署長を顧問にする組織であり、日本の公的機関と密接な関係をもっていたと考えられる。しかしながら、一年も経たないうちに京都朝鮮人労働共済会の組織としての運営には、暗雲が立ち込める。

　　西陣機業界の不振で失職者多く四百名程の会員はあつても真に毎月確実に三十銭の会費を納めるものは僅かに四十名位しかなく、二月から事務所の家賃も滞り本月中に全部納めねば立ち退かねばならぬ破目に陥つて居る、数日来権氏は頻りに金策に奔走しては居るが今日の場合到底ないとの模様で「宿るに家なき失業者や新しく渡つて来た言葉に通ぜぬ鮮人が唯一の頼みとする共済会を解散させるのは残念でなりませぬ」と語つて居た[48]

46　「京都朝鮮人労働共済会」頁、内務省警保局保安課『朝鮮人概況　第三』（1920年6月30日）朴慶植『在日朝鮮人関係資料』第1巻（三一書房 1975）所収93頁。
47　高野明雄「京都の伝統産業、西陣織に従事した朝鮮人労働者(1)」『コリアンコミュニティ研究』Vol.3（こりあんコミュニティ研究会 2012）。典拠資料は『京都日出新聞』1921年9月15日。
48　高野昭雄前掲書77-78頁。典拠資料は『大阪朝日新聞京都附録』1922年6月3日。

第1章　1945年以前の京都の繊維産業と朝鮮人　　39

　上記の新聞記事より、西陣織産業の不振とともに京都朝鮮人労働共済会は、結成から2年で組織としての運営が困難になったことが分かる。さらに1922年2月には、事務所家賃も滞納する状況になるまでになっていたようである。住む場所がない朝鮮人に住宅を紹介するなど、朝鮮人が頼ることのできる組織として京都朝鮮人労働共済会が存在していた。当時、朝鮮人らはその共済会が解散してしまうことを惜しんでいたことがここから読み解ける。

　その後、京都朝鮮人労働共済会は「京都朝鮮人協助会」、「京都協助会」と組織を改編する。同会の事務所も、西陣から東九条に移転することとなった[49]。短命であったが、1920年から1922年までの京都朝鮮人労働共済会の存在が、戦前の京都の朝鮮人労働者の西陣織産業での就労と定住促進の一助になっていたと考えられる。

2．二度にわたる争議活動

　1930年より西陣織産業界は、経済的な苦境を強いられる。それに対応する形で、1930年代前半、西陣織の一種ビロード織の製造に従事した朝鮮人らを中心に、二度の労働争議が行われた。一度目は1931年、ビロード工争議である。新聞記事では以下のように取り上げられた。

　　　四工場の朝鮮人織工七十餘名は本月四日工場側から従来一たんにつき四十五銭であつた工賃を四十銭に引下げることを通告してからゼネ・ストを断行…（中略）…
　　　なほ争議團側では争議中の手待日當を要求したのに對し工場主側が食へぬならば食はしてやるといつたので争議團員らは毎日工場へ飯を食ひに通ひつゝゼネ・ストを繼續してゐるといふ従來例を見ない珍妙な變つた争議である[50]

　この『大阪朝日新聞』の記事のように1931年7月の一回目のビロード争議は、日本人らの指導を受け70人近くの朝鮮人らによって行われていた。同時に、朝鮮人らが争議を行いながらも争議相手の工場に食事をとりに行っていたことが、

49　高野昭雄前掲書78頁。その他、京都協助会は1930年代中頃まで無料宿泊や職業紹介、傷病者の修護などの活動を行ったという。
50　「京都の伝統産業、西陣織に従事した朝鮮人労働者（3）」『コリアンコミュニティ研究』vol.5（こりあんコミュニティ研究会2014）。典拠資料は『大阪朝日新聞京都附録』1931年7月14日。

新聞上において「珍妙な」と形容されて報道されていた。西陣織産業が住居と労働の現場が近接した「職住一体」の生活[51]であったからこそ、このような工場主宅に食事を摂りに通いながらも争議を行う形態になったと考えられる。この3日後の新聞記事で、この争議活動の結末が描かれている。

　　西陣天鵞絨争議は十四日夜の同争議團主催實情暴露演説會後多少険悪化し
　検束者を出すに至つたので船越西陣署長から争議指導者辻井民之助君に警告
　を與えてゐたが、十五日午前十時から竹中調停官と西陣署員立會ひ勞使會見、
　午後九時までに折衝を重ねた結果竹中調停官の調停で漸く解決し争議團では
　十六日午前九時解團式を擧げた、解決条件は次のとほり
　　一、工賃一反につき内機四十三銭外機四十五銭とすること
　　二、内機一ヶ月につき百反以上の分に対しては一反に付二銭の賞与を給与
　すること
　　三、内機食費を一ヶ月七円とすること
　　四、争議費用として金一封を支給すること[52]

　1931年7月14日夜の争議団の演説会後、事態は検束者を出すまでに発展したことが報道されている。そして警察署の介入を経て、一度目のビロード争議は一応の解決を迎えた。解決条件として、朝鮮人労働者側は工場側に工場内での化工賃（内機）と工場外での加工賃（外機）のそれぞれの値上げや、百反以上生産した者への賞与、労働者への食費など非常に細かい要求項目を突き付けた。また、彼らは工場側に争議費用の請求も同時に行っている。以上のように、1931年、西陣織産業では朝鮮人労働者が中心となってビロード争議を展開し、一応解決することとなった。しかし、一年後の1932年にも朝鮮人らが再びビロード争議を決行し、西陣ビロード部全体で「一ヶ月間断然全部の休機」が実行されることになる。[53]

　　西陣ビロード争議はその後漸次擴大して關係工場三十工場に上り團員數も
　百六十餘名に増加したが工場主側が六日争議に加盟せる従業員の宿泊と食事

51　ここでは、住居と労働の現場が近接した生活様式を指す。鯵坂学「京都の伝統産業と『まち』の移り変わり」鯵坂学・小松秀雄編『京都の「まち」の社会学』（世界思想社 2008）8頁。

52　高野昭雄前掲書 85-86 頁。典拠資料は『大阪朝日新聞京都附録』1931 年 7 月 17 日。

53　高野昭雄前掲書 87 頁。典拠資料は『京都日出新聞』1932 年 10 月 6 日。

を拒絶することを申合せたのでこれに激昂した争議團では數十名の團員を二
隊に分ち工場主を歴訪「飯を食はせろ」と交渉すべく同夜浄福寺寺の内西入
る上る芝田松次郎方ほか五軒へ赴き交渉から口論をはじめ、はては工場主方
の硝子戸を破壊するにいたつたので急報により駆けつけた西陣署員に争議團
長蔡漢喆ほか三十一名は同夜から七日朝にかけて續々と檢束された、目下前
掲署特高課係で嚴重に取調べてゐるが中には注意を要するものもある模様で
同争議は重大視されてゐる[54]

　以上のように、1932 年のビロード争議は前年のビロード争議よりも拡大し、
ビロード争議に参加する労働者が 160 人にまで達したことが『大阪朝日新聞』で
報道されている。そしてこれまで工場主は争議中も朝鮮人労働者に食事と住居を
提供していたが、遂にその食事と住居も提供しなくなると、事態は一層深刻化し
たという。激昂した争議団は、工場主宅を襲撃して検挙者を出す事態にまで発展
したことが新聞記事で描かれている。
　以降のビロード争議の行方について触れておきたい。内務省警保局資料では
「所轄署ニ於テ首謀者四七名ヲ検挙スルト共ニ労資双方ヲ会見セシメ調停ノ結果、
争議団ハ右要求ヲ撤回シ若干ノ争議費用ヲ受ケルコトゝシ円満解決セリ」[55]とし
て、1932 年のビロード争議は「円満解決」したと記録されている。しかしながら、
この年の争議は実質的には労働者側の敗北で終わったと指摘されている。[56]

(5) 朝鮮での報道　西陣での成功
　1930 年代中頃には、朝鮮においても西陣織産業に就労する朝鮮人が新聞記事
で報道されることもあった。以下は、1936 年 7 月 4 日付の『東亜日報』の記事
である。

　　京都に来住する朝鮮同胞の総数四萬八千名の一割以上は西陣織物業者の群
　　居地帯に寄留しているが、その技術が優越し、収入も相当多く、自足自給の
　　生活を営んでいるという。

54　高野昭雄前掲書 88-89 頁。典拠資料は『大阪朝日新聞京都版附録』1932 年 10 月 8 日。
55　内務省警務局『社会運動の状況 4 昭和 7 年』復刻版（三一書房 1971）1531 頁。
56　高野昭雄前掲書 90 頁。典拠資料は内務省警務局『社会運動の状況 4 昭和 7 年』復刻版（三一
　　書房 1971）1531 頁。戦前期、日本各地の朝鮮人労働争議を分析した西成田豊によれば、総じて、
　　朝鮮人労働争議で労働者側が勝利するケースは少なかったという。西成田豊『在日朝鮮人の「世
　　界」と「帝国」国家』（東京大学出版会 1997）148–152 頁。

ところで京都西陣近処で自営、或いは雇われている人員数は約五千名程度にもなり、一人月平均五十円以上の収入があり、年収入総額は勿驚三十萬圓以上になるという。このように、もう少しこの方面に努力を加えるならば、今後発展をするという[57]

　日本の京都へと渡った朝鮮人の状況が、朝鮮において朝鮮語で以上のように報道された。朝鮮人の総数や西陣織産業での発展ぶりに関して、若干の誇張があるように思える。だが、この『東亜日報』記事を通じて1930年代の中盤、京都に住む多くの朝鮮人が西陣織に携わり、そこで大きな利益を上げているという状況を朝鮮でも伺い知ることができただろう。

　これまでの先行研究においては、朝鮮人の渡日を地縁血縁の繋がりによって行われたという「チェーン・マイグレーション」によって説明してきた。[58]しかし、こうした新聞における朝鮮での朝鮮語による報道が、朝鮮人の渡日の動機付けになったかもしれない。

第3節　京友禅産業と朝鮮人

(1) 京友禅産業の概要

　京友禅の歴史は、江戸時代前期にまで遡る。17世紀末、禅僧であった宮崎友禅斎によって、友禅染の技法が完成したと考えられている。そして、江戸時代までは京都の堀川を中心とした地域で生産され、白生地がこの地域に送られ染色された後に、地方へ送られるという流通形態が存在した。

　明治維新後、京都府は政府の殖産興業政策を背景として、従来から存在した産業を近代化させる方策をとる。その中心的な産業になるのが「先染め」の西陣織とともに、「後染め」の京友禅であった。1870年、京都府が技術を近代化させるための舎密局を設け、型友禅の技法が開発された。この型友禅により一つの型で同じ模様の生産が可能になり、京友禅が量産されるようになった。[59]以降、京友禅

57　『東亜日報』1936年7月4日。筆者が日本語訳した。本書では特別な表記がない限り、朝鮮語新聞は筆者による日本語訳文を使用する。

58　たとえば、水野直樹は戦前の朝鮮人の日本渡航・移住は、現在の移民労働者に見られるチェーン・マイグレーションの特徴を持っていたと指摘している。水野直樹「定着と二世の誕生──在日朝鮮人世界の形成」水野直樹・文京洙『在日朝鮮人 歴史と現在』（岩波書店 2015）27-28頁。

59　京都市商工局『京友禅(仕入小巾手捺染)の生産と流通──京都商工情報特集号』（京都市商工局 1958）3-4頁。

は京都の「伝統産業」の一つでありながらも近代的な産業として発展していく。

しかし、第二次世界大戦時期、先述した西陣織産業と同様に強制的企業整備により多くの京友禅企業は淘汰される。1950年代には徐々に回復するのであるが、戦後、日常着として着物を着用しなくなるという日本の服装文化の変化が起きる[60]。また、1960年代以降は人件費の高騰などの影響が深刻化した。同時に京友禅製品の生産拠点を京都市以外や国外に移転させるという動きも、この時代から始まる。さらに環境保護のための「水質汚濁防止法」が1971年に施行されたため、多くの染色工場は排水浄化装置を設置するか、あるいは下水道に排水するために高額な水道料金を支払うなどの対応を取ることを迫られた[61]。

この京友禅産業の最も深刻な事態として、1973年、第一次オイルショックが起こり、工場運営に必要な原材料の価格高騰が深刻化する[62]。京友禅の製品生産量・売上高ともに1970年代ピーク時に比べ大幅な減少を示しているのが、1990年代後半以降の京友禅産業の状況である[63]。

1. 京友禅産業における蒸水洗業

ここでは、京友禅産業の分業生産体制とその生産工程の一つである「蒸水洗業」について説明しておく。京友禅産業の生産工程は「友禅業工場（染工場）」、「引染業」、「地染業」、「蒸水洗工場」、「整理業」などのように分業化されている（図1-9）。室町問屋は白生地問屋や機織業者から白生地を購入し、それを京友禅工場に絵柄や図案などを指定して染色するように企画する。

京友禅工場や引染業者、地染業者によって染色された生地は、蒸水洗工場へ運ばれる。蒸水洗工場では、京友禅工場で染められた生地に染料を定着させ、生地から無駄な染料や糊を水で洗い流し、生地を乾かすまでの工程を行う。最後、整理業で最終加工が行われ、再び室町問屋へと戻るというのが京友禅産業の分業生産体制の大まかな流れである。

図1-9を見ると、京友禅産業において蒸水洗工程は、製品を製造する中で必ず経過しなければならない工程であることが分かる。京友禅産業の中での蒸水洗業の工場の形態は、一般的に委託加工であることが多く、加工賃などの取引面でしわ寄せを受けやすいと考えられてきた[65]。韓載香によれば、京友禅産業の蒸水洗業

60　京都市商工局 前掲書4頁。
61　京都市歴史資料館「文化史 一三 友禅染」（http://www.city.kyoto.jp/somu/rekishi/fm/nenpyou/htmlsheet/bunka13.html（2017年2月24日取得））。
62　京友禅史編纂特別委員会『京の友禅史』（染織と生活社 1992）271頁。
63　京都市伝統産業活性化検討委員会 前掲書50頁。

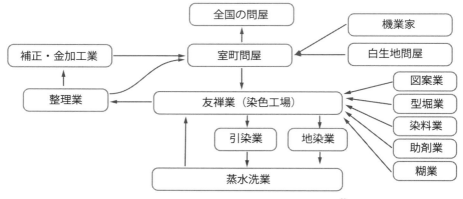

図1-9　京友禅産業における蒸水洗工場の位置[64]

は一貫して在日朝鮮人が多数であり、2003年に存在する蒸水洗業19社中、八割が在日朝鮮人の経営する工場であったとしている[66]。蒸水洗工程における在日朝鮮人の労働については本書の4章から6章で詳述することとし、ここでは戦前の京友禅産業における朝鮮人について論じる。

(2) 朝鮮人の就労黎明期

ここでは、確認可能な新聞記事における京友禅産業の労働者について整理する。京友禅産業の初期の朝鮮人労働者については、高野昭雄が新聞記事を用いて言及している[67]。まず1919年、女性に対する傷害事件で東九条の京友禅工場で働く朝鮮人労働者が登場している[68]。また、同年10月、二条油小路の京友禅工場での朝鮮人と日本人との乱闘事件が報道される[69]。1921年には、当時、京都市に隣接した西院村で、傷害事件の被害者として京友禅工場で就労する朝鮮人が登場する[70]。

以上のように、京都市の中心部や郊外の京友禅工場で就労する朝鮮人が、新聞の事件や犯罪などの記事で確認することができる[71]。おそらく、1910年代後半か

64　生谷吉男『型友禅の技法』(理工学社 1996) 20–21頁、京都市商工局 前掲書7頁より筆者が作成。
65　三戸公「友禅業における階層分析」『同志社大学人文科学研究所紀要』2号（同志社大学人科学研究所 1958）58–62頁。
66　韓載香「京都繊維産業における在日韓国朝鮮人企業のダイナミズム」『歴史と経済』47-3（政治経済学・経済史学会 2005）42頁。
67　高野昭雄『近代都市の形成と在日朝鮮人』(人文書院 2009) 119–120、129頁。
68　『京都日出新聞』1919年7月1日。
69　『京都日出新聞』1919年10月12日。
70　『京都日出新聞』1921年3月4日。

ら京友禅産業で朝鮮人が就労し始めたのではないだろうか。以下は、1922年の『京都日出新聞』の記事である。

　　近來内地に出稼ぐ朝鮮人が各地にメキく殖えて来たが就中京阪地方は増加の程度が尤も著しい現在京都府下全體に亘つて約四千三百名の鮮人が働いてゐるが此中郡部は二千六百名、市部は千七百名で昨年の同期より見ると總數に於て千五百名の増加を見たが之れを部分的に調べると堀川署部内の増加數が一番激しい昨年の今期には約四百餘名より居なかつたが現在では倍加して八百五十名に達して丁度京都市内總數の半數を占めてゐる…（中略）…また同署部内に働く男の八分通りは染色業に従事してゐる[72]

　この新聞記事から1922年当時、京都府警堀川署内で一年間に朝鮮人が倍増したという様相を知ることができる。京都市内の朝鮮人の半数近くが堀川署内に居住し、そのうちの朝鮮人男性の80％が染色業、つまり、広義の京友禅産業に就労しているという状況が報道されている。新聞記事中に記されている数字は正確ではないと思われるが、警察側には、1920年代の初頭、京都市において朝鮮人が急増し相当数の朝鮮人が堀川署内に居住し、そのうちの朝鮮人男性の多数が京友禅産業に従事しているという認識が存在していたようである。この記事のように1920年代に入り、京友禅産業で働く朝鮮人は急増していった。

1. 養正地区の事例をめぐる議論

　京友禅産業における朝鮮人の参入過程をめぐって、京都市の北部の左京区養正地区を事例に、先行研究では河明生と高野昭雄によって被差別部落の住民が媒介したのか、あるいは被差別部落の住民を媒介せず京友禅産業に直接参入したのかという議論が存在する。筆者は、この議論が養正地区という一地域を事例にした論争であり、京友禅産業全体においてどのように朝鮮人が参入したのかははっきりしないと考えるが、以下で整理する。

71　木村健二によれば、在日朝鮮人が増加する1920年代以降、在日朝鮮人の犯罪報道がセンセーショナルに取り上げられ始めたとし、その内容として朝鮮人同士の喧嘩や窃盗、賭博、刑事事件が多かった。こうした報道がことさら誇大に印象づけられることにより、朝鮮人の風俗習慣の改造論に繋がっていったことを指摘している。木村健二『一九三九年の在日朝鮮人観』（ゆまに書房2017）101頁。本研究においても朝鮮人に関する新聞記事を取り上げる場合、犯罪や事件の記事が多くなるのであるが、日本人側にそうした朝鮮人観が存在したことに留意しながら新聞記事を扱う。

72　『京都日出新聞』1922年5月14日　夕刊。

河明生はインタビューや資料をもとに、渡日初期の朝鮮人は養正地区に流入し、洛北の京友禅工場に「自己申し込み」を行ったのではないかと推測している。その結果、一部の朝鮮人が雇用され、彼らが洛北の京友禅産業の先駆的就労者になったと推測し、「無計画渡日者の洛北友禅染工業への先駆的就労は、「田中部落」先住部落民の就労実績によって門戸が開かれていたことになる」と主張した。[73] 以上のように、河明生は、一部で被差別部落の住民が媒介となって、朝鮮人が参入したのではないかと指摘している。

　他方、高野昭雄は元来、養正地区（田中部落）は京友禅の盛んな地域ではなく、被差別部落住民と京友禅産業の関係も薄く、朝鮮人が被差別部落住民を介して京友禅産業に従事したのではないとし、河明生の主張に異議を唱えている。[74] そして京都市民生局調査を引用しながら[75]「友禅は（養正）地区との結びつきが比較的新しい。また結びつきが部分的である」とし、戦前においては養正地区と京友禅産業との結びつきは少なかったと主張する。

　この河明生と高野昭雄の議論より筆者は、朝鮮人の養正地区流入よりも先に、朝鮮人が京友禅産業に従事していたという高野昭雄の主張が、より説得的であると考える。ただし、左京区の養正地区は京友禅産業の中でも、洋服生地などの広幅製品の産地である。この広幅染色自体は、従来の着物生地を生産する小幅染色から発展した染色産業である。また、戦後の京友禅産業の先行研究でも、養正地区を始めとする洛北地域の工場は戦後に新設されたものが多く、比較的規模が大きい業者が多かっことが報告されている。[76] つまり、養正地区の京友禅工場や染色工場は、京友禅産業や染色産業の中でも例外的な位置にあったと考えたほうが妥当である。そうであるなら、小幅製品が主流の中京区や右京区の京友禅産業と、議論の対象となった養正地区の京友禅産業とでは、朝鮮人の参入形態は異なるのではないだろうか。

　上記の通り、養正地区以外ではどうだったのかについて、未だ明確ではない。同時に、京友禅産業全体でどうであったのかもやはり不明な点が多いと言わざるを得ない。被差別部落と在日朝鮮人との関係は今後、筆者の研究にとっても慎重

73　河明生 前掲書 112 頁。
74　高野昭雄『近代都市の形成と在日朝鮮人』（人文書院 2009）116 頁、典拠資料は京都市教育部社会課『不良住宅密集地区に関する調査』（京都市教育部社会課 1929）108–118。
75　京都市民生局『友禅労働者の実態 ―京都市養正地区における調査』（京都市民生局 1958）9 頁。
76　出石邦保「広巾友禅業」宗藤圭三・黒松巌編『傳統産業の近代化――京友禅業の構造』（有斐閣 1959）161 頁。なお出石論文では、養正地区を含め、京都市左京区の洛北地域全体を「京都の東北部の高野地区」と表記している。

第1章　1945年以前の京都の繊維産業と朝鮮人　47

に考えなければならない課題でもある。

2. 蒸水洗工程への朝鮮人集中

　京友禅産業の概要で、京友禅産業の蒸水洗工程において、朝鮮人の経営による工場が多いことを説明した。この京友禅産業の蒸水洗工程への朝鮮人集中が、具体的にどのような過程で進んだのかは分かっていない。これまで、いくつかの言及があるのみである。ここでは、最も古い1940年の調査報告書を挙げておく。

　　　友禅染生産工程中の蒸熱工程は現在に於いては其の殆どを蒸業者に委ねている有様である。…（中略）…之より前明治三十九年地色捺染機を発明する者あり、大正十年はじめて本機を用ひてしごき蒸業を開始するに至りて…（中略）…昭和四、五年頃より半島出身の業者次第に増加するに至った。
　　　　　　　　　　　　　　　　　　　　　　　　　　　　—中井蒸業組合会長談—
　　　水洗工程の分業化は明治四十四年、現水洗業組合長伊藤勘一氏が独立自営するに至ったことに初まる。…（中略）…現在の如く業者九十名に近く、半島出身者の独占事業の如き観を呈するに至ったのは、業者の勢力増大に前後し昭和初期以降のことである。[77]　　　　　　　—伊藤水洗業組合会長談—

　上記の調査より、蒸工程と水洗工程の両方において、当初は日本人によって事業が始められたことが分かる。昭和初期、中井蒸業組合会長によれば、1929年30年ごろから、機械化と分業化が導入されるとともに、朝鮮半島出身者が増加したと記されている。水洗工程においては1940年のこの時点で、かなりの朝鮮人が参入しているという認識が存在し、当時の状況としては「独占事業の如き観を呈する」ほどであった。

　このように、正確な年代について分からないまでも、かつて日本人の京友禅業者が蒸水洗工程を行っていたのが、時代が下るにつれて京友禅業者は外部業者へ、蒸水洗工程を委託するようになった。その外部の専門業者が朝鮮人であったと考えることが妥当ではないだろうか。

(3) 京友禅産業における朝鮮人の生活

　1920年代後半から1930年代前半にかけて、京友禅産業を含めた染色産業に従

77　京都商工会議所「工程的分業」『京友禅に関する調査』（京都商工会議所 1940）38–40頁。

事する朝鮮人は増加する。表 1-10 は 1928 年に京都府が実施した『朝鮮人調査表』の職業についての調査結果と、それら職業の項目を業種ごとに筆者が分類し再編集したものである。

1928 年の京都府調査によれば、朝鮮人の職業のうち、圧倒的多数は「土工」となり、土木建築業従事が 4224 人であった。他方、織物や染色、紡績を含めた

表 1-10　京都府内の朝鮮人の職業（1928 年）[78]

	全体（人）	男性（人）	女性（人）	女性比率
京都府内在住朝鮮人	12,042	10,138	1,904	15.8%
織物関連産業				
織物職工	388	325	63	16.2%
撚糸職工	182	118	64	35.2%
練糸職工	40	39	1	2.5%
晒職工	64	51	13	20.3%
合計	674	533	141	20.9%
染色関連産業				
友仙職工	483	476	7	1.4%
捺染職工	206	201	5	2.4%
染物職工	342	335	7	2.0%
蒸物職工	44	37	7	15.9%
合計	1,075	1,049	26	2.4%
繊維産業全体				
織物関連産業	674	533	141	20.9%
染色関連業	1,075	1,049	26	2.4%
紡績職工	345	62	283	82.0%
ミシン裁縫職	21	14	7	33.3%
組紐職工	40	27	13	32.5%
カタン糸職工	5	5	0	0.0%
合計	2,160	1,690	470	21.8%
繊維産業以外				
学生	209	192	17	8.1%
土工	4,224	4,080	144	3.4%
日稼	466	443	23	4.9%
其他職工	1,476	1,163	313	21.2%
無職	1,754	857	897	51.1%

京都府『朝鮮人調査表』（京都府 1928）より作成。

78　京都府『朝鮮人調査表』（京都府 1928）朴慶植『在日朝鮮人 関係資料』第 1 巻（三一書房 1975）所収 695–696 頁。

繊維産業全体は、2160人と土木建築業の半数程度でもあった。しかし、それでも京都府内朝鮮人人口の17.9%を繊維産業関係者が占めていた。また、その繊維産業関係の中でも染色関係者が1075人と最も多く、次いで織物関連産業が674人と続いた。染色関連産業に従事する朝鮮人の特徴として、1075人中、男性が1049人であるいっぽう、女性が26（2.4%）人となり、男性の就労が圧倒的に多かった。京都府内全体の朝鮮人の比率であっても15.8%が女性であったことを考えると、この染色産業において男性がとりわけ多かったと言えるだろう。

　その7年後に実施された京都市社会課『市内在住朝鮮出身者に関する調査』によれば、1935年の京都市内朝鮮人有業者1万498人中、2769人（男性2019人、女性750人）が紡織工業に従事し、その中でも「色染業並に之に付属する蒸業水洗業」に従事する者は1275人であった。[79] 京都府統計と京都市統計で単純比較は難しいが、1920年から1930年にかけて京友禅産業に従事する朝鮮人は増加傾向にあったと考えられる。下の記述は京都市社会課が「職業事情」として、京都市内における朝鮮人の増加と彼らの職業について分析したものである。

　　　土木建築に次いで多数を占むるは紡織工業に従事する者（染色漂白、整理を含む）であつて、その数二,七六九人工業従事者従事者の三六・四％であつて土木建築と匹敵するものであり、本市特殊産業部門たる右種産業に於て朝鮮出身同胞労働者の浸潤の著しきものあるかを知るのである。
　　　而もその業種は本市に於けるその特殊性に照応し多種多様であるが、特に多数なるは色染業並に之に付属する蒸業水洗業などであつて、その数一二七五名、紡織工業従事者中の四六％即ち約半数近くを占むるのである。[80]

　以上のように、京都在住朝鮮人の有職者中、紡織工業に従事する朝鮮人の多さについて言及している。その紡織工業の中でも、とりわけ「色染業並に之に付属する蒸業水洗業」つまり、広義の京友禅産業が半数近くを占めていると指摘している。京都市社会課『市内在住朝鮮出身者に関する調査』で男女比率は分からないのであるが、「色染業並に之に付属する蒸業水洗業」1275人で全体に占める割合は、12.2%であった。

　ここでは京都市内在住朝鮮人が就いた繊維産業と土木建築業とについて考察する。表1-11は『市内在住朝鮮出身者に関する調査』中、京都市内在住朝鮮人の

79　調査自体は1935年に実施された。
80　京都市社会課 前掲書1184頁。

日本「内地」での初職と 1935 年時点の職業とを比較し、整理したものである。

京都市内在住の朝鮮人の場合、渡日当初、土木建築業に就く者が 3389 人と多かったのだが、1935 年時現在の職業としては、2777 人と 612 人も減少する。その一方で、渡日当初は他の職業に就くが、その後「紡績工業」に就く朝鮮人が 260 人増加している。表 1–12 より、その中でも「友仙工」として就労する者が多かったことが分かる。こうした渡日した朝鮮人の初職と現在職業の違いについて、『市内在住朝鮮出身者に関する調査』の執筆担当者は、渡日初期には「彼等の技能の最も適応せる作業」として土木建築業に従事するが、その後、他の就労機会を見つけて紡績工業に転職する者が多いという分析を行っている。[81]

次に西陣織や京友禅を含む繊維産業における朝鮮人の給与について論じる。内務省社会局によれば 1924 年の京都府における朝鮮人労働者の日給は平均で、土木建築業（男性 2.0 円、女性 1.2 円）繊維工業（男性 1.5 円、女性 1.2 円）と、繊維産業が相対的に少ない。[82] しかし、工期が終了すれば仕事がなくなる土木建築業と異なり、繊維産業は工期もなく比較的年間を通して生産が行われ、季節性変動が多い土木建築業に比べ安定的な就労が可能であった。以上のように、繊維産業での就労が朝鮮人の京都市内での定住を促した側面もある。

また、京都府の繊維産業に従事する日本人の日給は 1.8 円に対し、朝鮮人の日当は 1.5 円であった。こうした賃金格差について内務省社会局は、「大部分朝鮮人ハ内地人ニ比シ一割乃至六割ノ差額ヲ有シ各地平均セス内鮮両者ニ於テ約二割ハ優ニ差異アルカ如シ」[83] とし、日本人に比べ朝鮮人は低い賃金で就労する状況を記録している。

では、京都の繊維産業に従事する朝鮮人を行政当局はどのように考えていたのか。以下は、京都市社会課による『市内在住朝鮮出身者に関する調査』の記述である。

　　斯かる現象は本市に於ける染織工業の規模が何れも極めて小さく、従って最も低廉なる労働力としてのみ他の代行業と対抗し得而も朝鮮出身者同胞労働は斯かる業者の希望を実現するものとして歓迎され出したといふべきである[84]…（中略）…

81　京都市社会課 前掲書 1215 頁。
82　内務省社会局第一部『朝鮮人労働者に関する状況』（内務省社会局 1924）朴慶植編『在日朝鮮人関係資料集成』第 1 巻（三一書房 1975）所収 466 頁。
83　内務省社会局 前掲書 496 頁。
84　京都市社会課 前掲書 1184 頁。

第 1 章　1945 年以前の京都の繊維産業と朝鮮人　　51

表 1-11　京都市内に在住する朝鮮人の日本「内地」での初職と 1935 年時点の職業（1935 年）

	「内地」へ来ての初職（A）	現在職業（B）	増減（B-A）
土木建築業	3,389	2,777	-612
土工	2,729	2,107	-622
紡織工業	2,007	2,267	260
友仙工	836	942	106
織物工	252	268	16
染色工	254	261	7
晒工	102	136	34
捺染工	76	99	23
運輸関係業	393	571	178
荷牛馬車曳	100	171	71
自動車運転手	48	103	55
トラック積卸仲仕	25	55	30
其他の有業者	388	550	162
屎尿汲取	152	281	129
屑拾	75	97	22
清掃夫	15	34	19
屑選別	25	42	17

出典：京都市社会課『市内在住朝鮮出身者に関する調査』（1937 年）より作成。

　　本市に於ける特殊産業としての中小染織業者―労働力の低廉性に依存して
のみ大工業の間に介在し得る―近年著しくこれら朝鮮出身同胞労働を需要す
るに至つた。[85]

　京都市社会課は、第一に京都の染織産業の各工場の規模が零細であり、そこに
携わる労働力も低賃金なものが経営者によって求められていることに言及してい
る。この経営者らの要求を実現できる労働力として、朝鮮人が受容されているこ
とを指摘している。以上のように、朝鮮人が染織産業全体において、あくまでも
低賃金労働力として重宝されていた様子を知ることができる。
　続いて、戦前、京友禅産業に従事する朝鮮人が京都のどのような地域に居住
したのかを見ていく。以下の表 1-12 と表 1-13 は、1935 年の京都市中京区と右
京区の各学区の朝鮮人と朝鮮人比率である。[86] 次いで、朝鮮人人口率を中京区と

85　京都市社会課 前掲書 1215 頁。
86　京都市社会課『市内在住朝鮮出身者に関する調査』第 41 号（京都市社会課 1937 年）朴慶植編
　『在日朝鮮人関係資料集成』第 3 巻、三一書房 1976）1151–1154 頁より筆者が作成。

（旧）右京区[87]の学区地図に当てはめたものが図1-14である。

　朱雀学区より東側が中京区であり、それより西側が現在の右京区に相当する。表1-13より、1935年当時、中京区の朝鮮人の9割以上がこの朱雀学区に居住した。また、中京区平均の朝鮮人率は3.02%であるのに対し、朱雀学区は5.91%と高い。この朱雀学区は1918年に京都市に編入された地域であるとともに、学区内全体を運河であった西高瀬川が流れる地域[88]であり、広い土地と水を大量に必要とする京友禅産業の適地であった。この朱雀学区が朝鮮人の集住地域であり、戦前の朝鮮人のために「向上館」の産院が1939年に開業したのも「御前通四条下ル」で、この朱雀学区西部にあたる[89]。また、戦後の事例であるが、本書の4章から6章で取り上げる蒸水洗工場Mが立地したのも、この朱雀学区であった。

　中京区においては朱雀学区に朝鮮人が集中しているのと同時に、朝鮮人が全く居住しない学区があるということも特徴的である。その中でも乾学区、明倫学区、日彰学区、生祥学区、立誠学区は朝鮮人が一人も住んでいない。城巽学区や梅屋学区など一部学区を除いて、中京区東部のいわゆる京都市の「洛中」と呼ばれる中心地域に、朝鮮人がほとんど居住していなかったことが分かる。1935年当時、京都市全体で3万1143人の朝鮮人が住み、全人口の2.88%が朝鮮人であったにもかかわらず、京都市内中心部のこれらの地域に居住する朝鮮人が極めて少ない都市空間であったということを、この図1-14より読み解くことができる。

　続いて、右京区部分へ移る。まず目につくのは、桂川北東岸の梅津学区の11.57%という朝鮮人率の高さである。また、梅津学区に南接する西京極学区も朝鮮人率が8.45%と比較的高く、その東側に位置する西院学区でも朝鮮人率7.46%と高率であり、朝鮮人数も1247人と右京区内で最多であった。

　右京区の西院学区や西京極学区、および梅津学区に朝鮮人が集住するようになった背景には、京阪電鉄新京阪線[90]の工事がある。新京阪鉄道は大阪と京都を結ぶ鉄道であり、1928年に西院駅まで開業し、1931年には関西初の「地下鉄道」として京阪京都駅[91]まで延伸した。この新京阪鉄道工事に多くの朝鮮人が労働者[92]と

87　1976年10月1日、右京区より桂川より西南部が西京区として分区する。桂川の位置を分かりやすくするために、旧右京区内の西京区部分を削除して図を作成した。

88　京都市『史料 京都の歴史 第九巻 中京区』（京都市 1985）11-13。

89　浅田萌子「一九三〇年代における京都在住朝鮮人の生活状況と京都朝鮮幼稚園——京都向上館前史」『在日朝鮮人史研究』No.30（緑蔭書房 2000）43-60頁、「京都向上館について」『在日朝鮮人史研究』第31号（緑蔭書房 2001）84頁。

90　現在の阪急電鉄京都線。

91　現在の大宮駅。1963年の河原町駅への延伸時に「大宮駅」に改称した。

92　生田誠『阪急全線古地図散歩』（フォト・パブリッシング 2018）122-125頁。

第 1 章　1945 年以前の京都の繊維産業と朝鮮人　53

表 1-12　京都市中京区人口と朝鮮人（1935 年）

	人口総数（A）	朝鮮人（B）	朝鮮人比率（%） (B/A)x100
朱雀	86,058	5,090	5.91%
城巽	8,019	168	2.10%
梅屋	7,637	80	1.05%
初音	5,599	38	0.68%
竹間	5,594	30	0.54%
竜池	5,609	20	0.36%
柳池	5,828	19	0.33%
銅駝	5,762	18	0.31%
教業	5,515	11	0.20%
富有	4,888	9	0.18%
本能	7,330	4	0.05%
乾	8,114	0	0.00%
明倫	6,936	0	0.00%
日彰	6,408	0	0.00%
生祥	4,661	0	0.00%
立誠	7,615	0	0.00%
中京区	181,451	5,487	3.02%

表 1-13　京都市旧右京区人口と朝鮮人（1935 年）

	人口総数（A）	朝鮮人（B）	朝鮮人比率（%） (B/A)x100
梅津	3,335	386	11.57
西京極	5,304	448	8.45
西院	16,714	1,247	7.46
太秦	15,640	831	5.31
桂	4,356	206	4.73
川岡	3,711	142	3.83
松尾	3,412	126	3.69
嵯峨	9,820	304	3.10
花園	14,309	428	2.99
高雄	14,309	0	0.00
旧右京区	77,970	4,118	5.28

して従事し、とりわけ西院駅から京阪京都駅（大宮駅）の四条通りの地下区間での地下掘削工事において、多数の朝鮮人が死傷した。[93] こうした工事に従事する朝鮮人が沿線の朱雀学区、西院学区や西京極学区、梅津学区に居住した。工期が終

93　小笹稔「新京阪電鉄（現阪急京都線）の開通と西院村」西院昭和風土記刊行会編『西院昭和風土記』（西院昭和風土記刊行会 1990）69–72 頁。

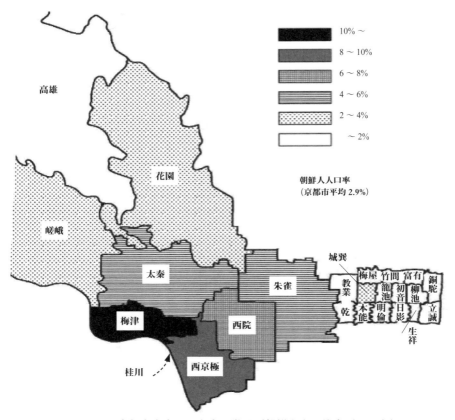

図 1-14　京都市中京区・右京区学区別朝鮮人人口比率（1935 年）

了すると、鉄道工事に携わった朝鮮人労働者は、周辺の梅津学区や下京区の吉祥院学区[94]の桂川東岸の河川敷に流入し居住した。この桂川の改修工事で働いたのも朝鮮人であった[95]。

また、これらの右京区の学区は先述した中京区朱雀学区と同様に、1931 年に京都市内に編入された地域であり、学区内を西高瀬川や天神川、そして大規模な桂川が流れている。これらの学区が、中京区の朱雀学区以上に広い土地と豊富な水源を得られる地域であり、京友禅産業の立地条件に適合する地域であった。

図 1-15 は、1958 年の京都市商工局調査における京友禅工場の立地であるが、これら工場の分布が京都市内中心部の堀川から市内西部の桂川方面へ、帯状に太

94　現在の吉祥院学区は京都市南区に位置する。1955 年 9 月、下京区より南区が分区した。
95　高野昭雄『近代都市の形成と在日朝鮮人』（人文書院 2009）184–189 頁。

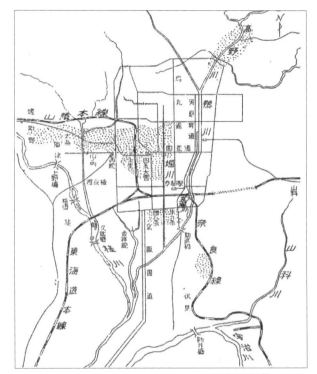

図 1-15 京友禅産業の地域分布図（1958 年）[96]

く伸びている様子を見ることができる。まさに、これらの京友禅工場が立地していた地域が、中京区の朱雀学区や右京区の西院学区、梅津学区、西京極学区[97]であった。そして、図 1-14 と図 1-15 を対照して見ると、これらの学区は朝鮮人が多数居住した地域でもあるとともに、同時に京友禅関連の工場が集積した地域であったことが分かる。

(4) 朝鮮での報道　苦境に陥る朝鮮人

1930 年代の半ば、先述した西陣織産業と同様に、京友禅産業に従事した朝鮮人に関しても、朝鮮において朝鮮語で報道されていた。以下が、1935 年 12 月 17 日付の『朝鮮日報』の記事である。

96　京都市商工局 前掲書 13 頁。
97　西京極学区の南側に位置する吉祥院学区には、土木建築業や桂川の砂利採集に従事する朝鮮人が流入し、居住するようになったという。高野昭雄 前掲書 163–199 頁。

京都に在留する同胞の大部分は、友禅業、またこれに関係する事業に従事しており、長年苦心した結果、独力で工場を持っている者も少なくなく、昨年から今年秋までは例年にない好況により、小規模小資本、また賃金労働でも、これといった混乱なく過ごしてきたが、去る十一月中旬から国際関係とその他様々な理由で、友禅業界が突然閑散となって、同胞間に休業と失業が続出し、生活難に迷っているところに、さらに年末と厳寒が迫っているので、薪炭とその他日用品が一斉暴騰し泣きっ面に蜂、さらに困難に陥ったのことで、この先過ごしていけるのか、憂慮してやまないという[98]

　1935年までに朝鮮人が労働者として、また、小規模の経営者として京友禅産業に従事した様子を報道したものである。原因が前年11月からの「国際関係とその他様々な理由」とはっきりと分からないが、京友禅産業の一時的な不況により京友禅製品の需要が低迷したと考えられる[99]。加えて産業不況と物価高騰により、朝鮮人の生活も難しくなっていく。その結果、小規模な京友禅産業の朝鮮人経営者や労働者の生活が困窮化していたという内容が、『朝鮮日報』によって朝鮮内で報道されたのではないか。京友禅産業の不況はその後も尾を引き、再び朝鮮内で報道された。

　翌1936年3月14日午後2時、大阪川口の中華料理店「東海樓」にて、『朝鮮日報』の主催で京阪神地域に住む朝鮮人の座談会が開かれた。そこで京友禅産業に従事する朝鮮人と繋がりのあり、1935年11月から1938年12月まで京都朝鮮人基督教会[100]で牧師を務めていた盧震鉉[101]は、京友禅産業の動向と朝鮮人の生活について次のように語っている。

98　『朝鮮日報』1935年12月17日。筆者訳。
99　1935年頃の日本の赤字国債増発にともなうインフレ傾向が、当時の京友禅産業不況の直接的な原因であったと推論される。
100　在日大韓基督教京都教会の前身。1935年、西院矢掛町に京都教会の礼拝堂が建設された。金守珍『京都教會의歴史：1925–1998』（在日大韓基督教京都教會1998）74頁。
101　盧震鉉（1904–2002）。釜山東來出身で、1929年神戸神学校に入学後、牧会者となり京都、大阪などの朝鮮人教会で使役していた。日本での牧会を終えると、故郷の釜山に帰り、日本の敗戦と解放を迎える。金守珍 前掲書74–79頁。その後、日本人監理教会堂を引き受け、「釜山教会」（現在の「釜山中央教会」）を設立した。李光昱（이광욱）編「盧震鉉」『부산역사문화대전（釜山歴史文化大典）』（한국학중앙연구원（韓国学中央研究院）2014）（http://busan.grandculture.net/Contents?local=busan&dataType=01&contents_id=GC04200509（2017年9月5日取得）。

京都へ来てからまもないのでよく知りませんが、阪神地方より古都であっ
ただけに土地柄がよく、同胞達の大部分は「友禅」（染色絵）業に従事してい
て生活はさほど困難ではなかったのですが、最近になって友禅の仕事でも
「螺旋業」（ママ）[102]（染色絵を機械でするようになった物）が発達してくるにつれてそれさ
えも生活の道が破綻していっている現状でございます[103]

　この座談会記事より 1936 年、京都教会の牧師盧震鉉の周辺にいた朝鮮人の多
くが京友禅産業に従事していた模様が窺い知れる。盧震鉉が京都市西部の朝鮮人
を対象にして牧会しており、京友禅産業の景気動向にもある程度詳しかったので
あろう。盧震鉉の語りから、当初、京友禅産業は手捺染が主流であり、京友禅産
業の手捺染を行っていた朝鮮人の生活は、それほど困難ではなかったという。し
かし、より多くの投資が必要な機械捺染技術の登場で、手捺染を行っていた朝鮮
人の生活が困窮化していったことが分かる。
　上記のように、京友禅産業に従事する朝鮮人の窮状が『朝鮮日報』によって朝
鮮でも朝鮮語で報道されており、朝鮮に住む朝鮮人も朝鮮語で日本に住む同胞
の経済的実状を知ることが可能であった。西陣織産業に従事する朝鮮人に関する
『東亜日報』記事[104]と対照的に、『朝鮮日報』記事は京友禅産業に従事する朝鮮人に
関して不況や、新しい染色技術の登場に対応できず、苦境に陥る朝鮮人の情況を
報道している点が特徴的である。この新聞記事は 1936 年のものであるが、1940
年施行の「奢侈品等製造販売制限規則」（七・七禁令）により、京友禅製品の生産
が急減するに伴い、これら産業に従事した朝鮮人の生活はより一層困難になった
ことが予想される。

(5) 戦後の同業者組合「京都友禅蒸水洗工業協同組合」への萌芽

　1930 年代中盤から 1940 年代にかけての京友禅産業では、戦後の同業者組合
「京都友禅蒸水洗工業協同組合」の前身となる組織が京都商工会議所や内務省警
保局の資料の中で記録されることがあった。
　本章の「蒸水洗工程への朝鮮人集中」で扱った京都商工会議所の調査報告書で

102　『朝鮮日報』記事を日本語に訳した外村大は、「螺旋業」と訳しているが、これは朝鮮語原文「나
　선업」を直訳したものと思われる。印刷過程で「날선업」の「ㄹ」が脱落したのではないだろ
　うか。正しくは、「捺染業」であったと推測される。
103　『朝鮮日報』1936 年 5 月 1 日。外村大訳「資料 京阪神朝鮮人問題座談会（『朝鮮日報』1936）」『在
　日朝鮮人史研究』第 22 号（在日朝鮮人運動史研究会 1992）128 頁。
104　『東亜日報』1936 年 7 月 4 日。

は、京友禅の蒸水洗工程を担う業者の組合に関し説明している。中井蒸業組合長は、「業者は昭和九年京都蒸業組合を組織し、昭和十三年五月内容を一新して京染蒸業組合と改称し現在組合員七十四名（内六十名しごき蒸業、二十名自家水洗兼業）を算してゐる」と述べている。ここから 1934 年に「京都蒸業組合」を組織し、1938 年、それを「京染蒸業組合」に改称した。そして、その組合に七四人の組合員が在籍したことが分かる。

　続いて、伊藤水洗業組合長も「現在業者は京都染物水洗業組合を結成してゐる」とし、結成年度について言及はないが、水洗工程で「京都染物水洗業組合」が組織されたと語られている。この資料から、1930 年代、既に蒸工程と水洗工程の双方に同業者組合が存在していたことが確認できる。

　ここで、当時の同業者組合に関連する法令について触れておく。1920 年代より日本では産業合理化が重要政策課題になり、1925 年、輸出品工業を適用範囲とする「重要輸出品工業組合法」が制定された。1931 年、この法が改正され、その適用範囲が国内向産業に拡大した「工業組合法」が成立する。1930 年代、京都蒸業組合と京都染物水洗業組合は、おそらくこの工業組合法により設立が認可された組織であったと考えられる。

　ただ京都商工会議所の資料では、これらの同業者組合に朝鮮人業者がどの程度所属したのか分からない。そこで本書では、同時期に在日朝鮮人の組織の動きや組織について監視していた内務省警保局の資料を利用する。表 1-16 は、1940 年から 1942 年まで内務省警保局が把握していた「京都染物水洗業組合」と「京都蒸業組合」、これら二組合が合併した「京都繊維染色蒸水洗業組合」の推移を編集したものである。

　1940 年から 1942 年まで警保局は、京友禅の蒸水洗業者の団体を「在住朝鮮人主要團體」と認識し監視の対象としていた。まず京都染物水洗業組合は、1937 年 4 月 16 日に設立されたと記録されており、1940 年時点で朝鮮人 176 人、日本人 6 人が所属し、代表者は「金甲洙」であった。京都蒸業組合は、1938 年 3 月 27 日に設立されたとし、1940 年、朝鮮人 68 人、日本人 20 人が所属していた。この組合の代表者は「中井伊三郎」であり、おそらく京都商工会議所の資料で登場した「中井蒸業組合会長」と同一人物であるだろう。警保局は、これら組織を

105　京都商工会議所 前掲書 39 頁。
106　京都商工会議所 前掲書 40 頁。
107　藤田貞一郎『近代日本同業組合史論』（清文堂出版 1995）159 頁。
108　警保局資料では、1940 年代であっても「京染蒸業組合」ではなく「京都蒸業組合」と記録されている。

第 1 章　1945 年以前の京都の繊維産業と朝鮮人　　59

表 1-16　「京都染物水洗業組合」「京都蒸業組合」「京都繊維染色蒸水洗業組合」に
加盟した朝鮮人・日本人数の推移（1940 年～ 1942 年）

	京都染物水洗業組合 1937 年 4 月 16 日　設立			京都蒸業組合 1938 年 3 月 27 日　設立			内務省警保局史料 『社会運動の状況』での扱い
	朝鮮人	日本人	代表者	朝鮮人	日本人	代表者	
1940 年	176 人	6 人	金甲洙	68 人	20 人	中井伊三郎	「其他民族主義團體」
1941 年	79 人	5 人	金甲洙	69 人	20 人	田川瑞穂	「融和親睦系其他團體」
	京都繊維染色蒸水洗業組合 1942 年 5 月 19 日　設立						
	朝鮮人		日本人		代表者		
1942 年	128 人		27 人		田川瑞穂		「融和親睦系其他團體」

「在住朝鮮人主要團體」の「其他民族主義團體」に分類した。[110]

　翌 1941 年、京都染物水洗業組合には朝鮮人 79 人、日本人 5 人が所属し、代表者は前年と同じ「金甲洙」であった。京都蒸業組合側には朝鮮人が 69 人、日本人 20 人が所属し、代表者は「田川瑞穂」であった。警保局資料での二つの組合の分類は、「其他民族主義團體」から「融和親睦系其他團體」へと変更された。[111]

　だが 1942 年の警保局資料には、この二つの組合に関する記録はなく、代わりに「京都繊維染色蒸水洗業組合」が登場する。この組合には朝鮮人 128 人、日本人 27 人が所属しており、前年の京都蒸業組合側の代表者であった「田川瑞穂」が代表者であり、「融和親睦系其他團體」に分類された。[112] 上記は朝鮮人を管理の対象とした内務省警保局の資料であり、年月日や数字が正確であったのかは不明であるが、1940 年代の京都染物水洗業組合と京都蒸業組合、京都繊維染色蒸水洗業組合の加盟者の多くが朝鮮人であったことが分かる。この資料では、これら組織がどのような基準で「其他民族主義團體」や「融和親睦系其他團體」に分類したのか言及していない。だが、警保局は蒸水洗工程の同業者組合を、たとえ代表者が日本人のように見えたとしても、朝鮮人が多数所属する組織として記録した。

　また警保局資料は、1942 年 5 月 19 日に京都繊維染色蒸水洗業組合が発足したと記している。この 1942 年は、京都府立中小企業総合指導所の資料の「蒸しと

109　京都商工会議所 前掲書 39 頁。
110　内務省警保局「社会運動の状況」（内務省警保局 1940）1267–1269 頁、朴慶植編『在日朝鮮人関係資料集成』第五巻（三一書房 1967）所収 501–503 頁。
111　内務省警保局「社会運動の状況」（内務省警保局 1941）1028 頁 同編集者前掲書所収 726 頁。
112　内務省警保局「社会運動の状況」（内務省警保局 1942）918–919 頁 同編集者前掲書所収 984–989 頁。

水元[113]の二組合が合体したのは、昭和一八年第二次企業整備のころである」[114]という記録の昭和 18 年（1943 年）と 1 年の誤差はあるものの、おおよそ同時期であったと考えられる。

内務省警保局資料より、京都染物水洗業組合と京都蒸業組合が合併を経て「京都繊維染色蒸水洗業組合」となり、後の「京都友禅蒸水洗工業協同組合」（蒸水洗組合）の萌芽となっていったと考えられる。2 章で後述するが、1953 年にこの組合が主体となって京友禅産業の他工程や室町問屋に対抗するために団結して、労働者や経営者を含んでストライキ運動を起こすことになった。

小括

本章では、戦前の朝鮮人と京都に関する先行研究を整理しつつ、1945 年以前の西陣織産業と京友禅産業、そして朝鮮人との関係を、それぞれ別個に考察してきた。まず、1 節では京都における朝鮮人の就労状況として、韓国併合前後から綾部の鉄道敷設工事や桃山御陵整備事業、宇治川での電力開発工事などに従事した朝鮮人労働者、および染織関連業種に従事した朝鮮人について整理した。

2 節では、1945 年以前の西陣織産業における朝鮮人について、先行研究や各種統計資料、新聞記事や個人の記録をもとに論じた。先行研究より、西陣織産業では韓国併合前から染織学校で働く留学生として朝鮮人が初めて新聞記事に登場した。そして、先行研究では渡日初期の朝鮮人は不良住宅地区近隣の西陣織の中小零細工場へ「自己申し込み」を行うことで、彼らが先駆的就労者となり朝鮮人の京都への移住が始まったと考えられてきた[115]。だが、本章では京都の西陣と朝鮮で活躍する藤井彦四郎のような在朝日本人の仲介で西陣織工場に就労した朝鮮人の事例を、朝鮮人の西陣織産業への参入パターンの可能性の一つとして提示した。

1920 年代より西陣織産業に従事する朝鮮人は増加し、そうした朝鮮人の増加を警察側は管理しようとした。また、1935 年の朝鮮人の居住地について、旧上京区域ではやはり西陣織産業が盛んな仁和学区や翔鸞学区、柏野を持つ待鳳学区などに朝鮮人が多数居住していた。1920 年から 1922 年、朝鮮人増加を受けて西陣織産業では「京都朝鮮人労働共済会」が誕生した。この京都朝鮮人労働共済会

---

113 京友禅産業界では、水洗工程のことを業界用語で「水元」と呼ぶことがある。生谷吉男前掲書 13 頁。

114 京都府立中小企業総合指導所『京都蒸し水洗加工業界診断報告書』（京都府立中小企業総合指導所 1975）4 頁。

115 河明生『韓人日本移民社会経済史 戦前編』（明石書店 1996）71 頁。

は警察や京都府知事や京都市長などと連絡しつつも、朝鮮人同士の親睦や相互扶助を目的とする団体であり、朝鮮人に貯蓄の奨励や知識啓発なども行った。組織としては短命であったが、京都朝鮮人労働共済会の存在が京都の朝鮮人労働者の西陣織産業での就労の一助になった。

　続く3節では、1945年以前の京友禅産業における朝鮮人について論じた。新聞の犯罪や事件に関する記事より、1910年代後半から京友禅産業において朝鮮人が登場し始める。1920年代に入り、京友禅産業で働く朝鮮人は急増していったと考えられる。そして1940年の調査報告より、京友禅産業の蒸水洗工程に朝鮮人が非常に多く従事しており、「独占事業」のように朝鮮人が集中しているという認識が存在するまでになった。

　また、1928年の京都府調査や1935年の京都市調査において、京友禅産業に就労する朝鮮人の数は土木建築業に就く者に次いで多かった。工事期間のある土木建築業とは違い、年間通じて生産可能な京友禅産業での就労が、朝鮮人に京都への定住を促したとも考えることができる。続いて1935年の朝鮮人の居住地について、市域拡張された中京区の朱雀学区や、右京区の梅津学区や西院学区、西京極学区に多数の朝鮮人が居住していた。そうした地域は京友禅産業の生産が盛んな学区でもあった。

　戦前の京都の繊維産業における朝鮮人について京都市資料では、あくまで低賃金労働力であるが、歓迎する対象として認識されていた。一方、警察側では朝鮮人や彼らの組織は監視・管理の対象として内務省警保局の資料などに登場することが多かった。

　他方、1930年代中葉、西陣織産業と京友禅産業に従事する朝鮮人の動向について、『東亜日報』と『朝鮮日報』などの朝鮮語新聞によって報道されていた。西陣織と京友禅とで朝鮮人が置かれた状況は全く逆の内容であったが、朝鮮でのメディアを通じて京都の繊維産業に就く同胞の動向を、朝鮮に住む朝鮮人もある程度知ることが可能であった。こうした新聞記事を見て、京都まで来た朝鮮人が存在したかもしれない。

　そして1930年代後半、京友禅産業には、「京都染物水洗業組合」と「京都蒸業組合」が存在した。これら両組合が合体して誕生した「京都繊維染色蒸水洗業組合」は、戦後の「京都友禅蒸水洗工業協同組合」（蒸水洗組合）の萌芽であったと考えられる。

　以上、1章は本書で本格的に論じる京都の伝統産業に生きた在日朝鮮人に関する考察の「前史」的な導入として、戦前の京都の繊維産業と朝鮮人の関係につい

て検討した。2章から7章では西陣織産業や京友禅産業などに従事した朝鮮人の同業者組合や、在日朝鮮人労働者や経営者の個々の事例を扱う。

第2章 京都の繊維産業における朝鮮人の同業者組合

——1945年から1959年までを中心に

　1945年8月、敗戦直後の日本の経済は混乱の状況であった。そうした「混沌」とした時代の中で、日本人に対して民族的マイノリティーであった在日朝鮮人は、いかにして日本で生存するための経済的要件を獲得していったのか。また、新しく「秩序」や「安定」が形成されていく過程の中で、在日朝鮮人はそれらに対応したのか。

　本章では以上の問題意識を立て、戦後すぐの新しい時代の中で「秩序」や「安定」に対応するために生まれた団体として、朝鮮人の同業者組合を取り上げる。朝鮮人の同業者組合は産業界で朝鮮人を代表する組織でありながら、「在日本朝鮮人連盟」（朝連）や「在日本朝鮮人総聯合会」（朝鮮総連）、「大韓民国居留民団」（民団）などの民族団体とは異なり、日本の産業界で日本人の経営者と労働者と協同・調整を行っていた。そのため、これら同業者組合は朝連や民団などの民族団体とでは、結成目的やそこでの活動が相当異なっていたと考えられる。戦後の在日朝鮮人の同業者組合を研究することで、敗戦後の日本の経済復興の中で、在日朝鮮人が日本人といかなる関係を築き、また、経済社会変化の中で、どのような活動を展開していたのかを明らかにすることが可能になるのではないだろうか。

　日本の敗戦直後から、各地で朝鮮人の同業者組合が多数登場した。たとえば、1947年2月「朝鮮人愛知県土木建築請負業組合」が「三一革命記念」の広告を掲載し、同年3月、神戸市において「朝連兵庫県土建協同組合」が結成したとの広告が出される[2]。東京においては、1948年5月「東京朝鮮皮革加工工業協同組合」が広告を掲載している[3]。もちろん、京都でも本章で扱う繊維産業関係の組合の他に、1948年12月「京都朝鮮人菓子商工協同組合」の広告が、1953年10月

1　『解放新聞』1947年2月25日。
2　『解放新聞』1947年3月25日。
3　『解放新聞』1948年5月25日。

には金属製品関連の業者による「京都金剛商工協同組合」の広告[5]が登場している。以上のように、左派系の在日朝鮮人新聞紙『解放新聞』では、敗戦直後から朝鮮人の同業者組合を結成しようとする動きが見られた。

　この当時、在日朝鮮人の経済活動条件は不利であり、資材や原料問題を解決すべく、朝鮮人の同業者同士の連絡を緊密にし、有利な条件をつくることが求められた。そのため、朝鮮人連盟は日本各地に業種別組合をつくるよう働きかけ、1947年10月時点で日本全国に63の朝連傘下の同業者組合が誕生した[6]。

　だが、既存の先行研究では朝鮮人の同業者組合について、本格的に論じたものは多くない。京都の在日朝鮮人経営の企業を論考した韓載香は、西陣織産業に存在した二つの朝鮮人の同業者組合の組合員数の推移を扱いながらも、これら同業者組合が果たした役割について、「結果的には、親睦維持の機能が中心となり、在日企業、在日産業のためにコミュニティの経済力を集約する動きは認められなかった」と言及している[8]。しかしながら、その際に韓載香が参照したのは上部組織の西陣織物工業組合の資料『西陣年鑑』だけであり、それは在日朝鮮人らが残した資料とは言い難い。より詳細で具体的な朝鮮人の同業者組合の結成理由や活動内容を知るためには、やはり在日朝鮮人側の資料や当時の新聞などの資料を参照する必要があるのではないか。

　そこで、本章では京都の主要新聞であった『京都新聞』や朝鮮人団体が発刊した新聞や、また各組合作成の資料、京都市の行政資料、個人が作成した資料、インタビューで得られた語りなどをもとに、朝鮮人の同業者組合を分析する。本章で論じようとする組合とは、西陣織産業の朝鮮人の同業者組合（「朝鮮人西陣織物工業協同組合」（朝鮮人織物組合）、「朝鮮人第二西陣織物工業協同組合」（第二組合）、「相互着尺織物協同組合」（相互着尺組合））、および京友禅産業の蒸水洗工程を担う同業者組合（「京都友禅蒸水洗工業協同組合」（蒸水洗組合））である。

　その中でも1945年から1959年までの朝鮮人の同業者組合について考察する。なぜ1945年から1959年までの時期に限定するのかと言えば、その時期は戦後直

4　『解放新聞』1948年12月1日、12日。
5　『解放新聞』1953年10月13日。
6　生活協同組合42組合と信用組合1組合、貯蓄組合1組合を含めれば、朝連傘下の業種別組合及生活協同組合が107組合設立されたという。呉圭祥『在日朝鮮人企業活動形成史』（雄山閣1992）47-48頁。呉圭祥は、1947年当時の朝鮮人の組合の大部分は、日本当局の正式認可を受けたものではなく、あくまで「任意団体」という制約があったとしている。
7　韓載香『「在日企業」の産業経済史 その社会的基盤とダイナミズム』（名古屋大学出版会 2010）79-80頁、383-384頁。
8　韓載香 前掲書102頁。

後の混乱した時期であり、新しく「秩序」や「安定」が形成されていく過程の中で、朝鮮人や組織がそれら変化にどのように対応・適応していったのかを見ることができるからだ。同時にこの時期設定は、続章で扱う1960年代以降の在日朝鮮人の個々の事例研究に基礎的知識を提供するという目的も持っている。

1節では、西陣織産業における朝鮮人の同業者組合について考察する。朝鮮人織物組合がいかにして誕生したのかを論じる。そして同時期に存在していた組合（第二組合、相互着尺組合）についても考察する。続いて敗戦直後のこの時期、西陣織産業において朝鮮人が経営者・労働者としてどのように日本人から見られ、いかに扱われていたのか。それら朝鮮人が抱えていた状況を解消すべく、朝鮮人の同業者組合がどう行動を展開したのかを見ていく。そして後の朝鮮人織物組合と相互着尺組合の組合員数の推移と彼らの居住の状況について、組合員名簿や1970年実施の『国勢調査』をもとに論じる。

続く2節では、京友禅産業における朝鮮人の同業者組合として、日本人経営者も加盟した蒸水洗組合について考察する。この蒸水洗組合がいかなる組織であったのか推察する。そして1950年代、京友禅産業界において、同組合がどのような活動を行っていたのかを、新聞資料をもとに論じる。その後の蒸水洗組合の組合員数の推移と彼らの居住の状況について、『組合員名簿』や1970年実施の『国勢調査』をもとに考察する。

第1節　西陣織産業における朝鮮人の同業者組合

(1) 朝鮮人の同業者組合の結成
1. 朝鮮人西陣織物工業協同組合（朝鮮人織物組合）の結成

西陣織産業界で朝鮮人の同業者組合の中で最も早く誕生した組合として、「朝鮮人西陣織物工業協同組合」（朝鮮人織物組合）がある。新聞記事上では、いつ結成されたのか確認することができないが、個人の記録に、その結成に関する記述が残されていた。この朝鮮人織物組合の組合長をかつて務めた金日秀氏の長男金泰成氏作成の資料は、結成の年度や日付を非常に詳細に記録しているので、ここで引用する。

　　1945年10月15日「在日本朝鮮人連盟」が結成。同日京都においても、円山音楽堂で「朝連京都府本部」の結成記念大会が行われた…（中略）…
　　朝連京都府本部が体制を整えたのに引き続いて、1946年1月17日、「朝

連京都府本部西陣支部」が結成され、特に「社会部」を設置した。

　そして翌2月17日には、社会部を母体にして「朝鮮人織物研究準備委員会」を設け、更に3月には、これを「朝鮮人西陣織物工業組合」と名称を変えて組合の設立を決議した。そして、4月20日に「朝鮮人西陣織物工業協同組合」を正式に設立したのである。

　当初は、朝連西陣支部内を組合事務所としたが、その後いち早く、京都市上京区笹屋町通浄福寺西入に土地・建物を購入して、組合としての本格的な事務所を構えたのであった。しかも、これは戦後の西陣業界で、本格的な活動を始めた最初の組合であったのである。[9]

　この金泰成氏作成の資料より、1945年から1946年にかけて同業者組合設立準備の動きが在日本朝鮮人連盟京都府本部の傘下で見られ、1946年に朝鮮人織物組合が結成したという。当初は朝連西陣支部を組合事務所にしていたが、その後、朝連から独立し、笹屋町通浄福寺西入に土地と建物を所有したことなどが記録されている。

　また、1947年5月5日、朝鮮人織物組合は「商工協同組合法」の定めにより京都府商工課に「朝鮮人西陣織物工業協同組合定款」[10]という名目で、協同組合の設立の申請を行った。この法律は商業や工業の経営者の緊密な結合によって商工業の発達を目的とし、1946年11月11日に公布された。協同組合の発起人は、行政官庁に協同組合として申請をすることで、組合の「共同施設」の所有が認可された。[11]ここでの「共同施設」とは、物的な共同設備だけでなく、共同の事業や組合員のための金融事業などを指す。[12]朝鮮人織物組合の場合も、京都府商工課へ協同組合の設立申請を行ったことで、公的に設備の所有や共同事業、金融事業の実施が認められた。この設立申請の中では、1947年4月に「朝鮮人西陣織物工業協同組合創立總會」が行われたと記録されている。

9　金泰成「『西陣織』と『友禅染』業の韓国・朝鮮人業者について」『京都「在日」社会の形成と生活・そして展望』（第三回　公開シンポジウム資料）『民族文化教育研究　KIECE』（京都民族文化教育研究所 2000）31頁、『『西陣織』と『友禅染』業の韓国・朝鮮人業者について」『京都「在日」社会の形成と生活・そして展望』（『新島会　配布資料』2007）19頁、『同志社とコリアとの交流――戦前を中心に』（同朋社 2014）187頁。

10　京都府立京都学・歴彩館所蔵行政文書「商工協同組合設立認可に就て」簿冊名『商工組合』9の2簿番号（昭 22–0015–010）（京都府商工課 1947）。資料付録の議事録には、1947年4月26日、京都市上京区紫野上柏野元西町　柏野国民学校にて参加者237名で「朝鮮人西陣織物工業協同組合創立總會」を行ったと記録されている。

11　商工省産業復興局振興課編『商工協同組合の解説』（日本経済新聞出版部 1947）115–116頁。

12　稲川宮雄『逐條詳解　商工協同組合法』（有斐閣 1947）22–23頁。

以上の金泰成氏作成の資料と組合の設立認可申請書では、朝鮮人織物組合の結成年月日に関して誤差が存在する。そこで本書では、それら資料の誤差を踏まえつつ、それぞれの内容を照らし合わせることで、朝鮮人織物組合の結成までの流れと結成年に関して推察を試みる。1945年の敗戦直後より西陣織産業の在日朝鮮人らの中では、同業者組合設立の動きが見られた。1946年、朝鮮人織物組合は朝鮮人の経営者らによって、朝連京都本部のもとで朝鮮人織物組合結成のための準備が行われたのではないか。そして、翌1947年4月に「朝鮮人西陣織物工業協同組合創立總會」が行われ、同年5月、組合は京都府商工課に「商工協同組合」設立の認可申請を行ったと推測できる。

　では、この朝鮮人織物組合はいかなる目的をもって結成されたのであろうか。ここからは、先の「朝鮮人西陣織物工業協同組合定款[13]」を参照してみる。定款では、まず「購入販売の斡旋並注文引受に関する議案」として「原糸購入の斡旋」があり、「組合員に割当られたる原糸全般に対しては之を一括購入し輸送運搬の確実性と入手方法の適法及材資の選擇を得この併て諸経費の軽減を斗る」と説明されている。これは敗戦直後の統制経済下で、生糸の供給を受け取ろうとしたと考えられる。続いて「繊維製品の販売の斡旋」として、「本組合員の製造に依る織物は法令の規定する處に從ひ共同納入販売或は一時的保貨に依り正常の販売経路を診すさしむ」と説明されている。先の統制経済と同じく、西陣織製品が過度に生産されるのを防ぐ、いわば「ヤミ」製品製造の統制であった可能性がある。

　事業計画内では「生活設備の購入斡旋」と「注文の引受」も記載されている。ここでは、原材料となる原糸購入や製品の管理、設備の購入の補助、受注の共同化などを目的としたと伺い知れる。続く、「加工共同化事業」として「撚糸の共同加工」や「糸染の共同加工」、「整理の共同化」などが事業計画として挙げられており、糸の加工業者である撚糸業者や糸染め業者、最終加工をする整理業者など他工程の業者を介さない、朝鮮人の織物業者だけの製造ラインの構築を目指していたのではないかと考えられる。

　だが、この「朝鮮人西陣織物工業協同組合定款」は、京都府に「商工組合」として設立を申請するための行政上の便宜的な資料であり、これを朝鮮人織物組合の朝鮮人の組織としての主体的な設立理由として見るのは早急ではないだろうか。確かに先述した初代組合長の金日秀氏の長男金泰成氏も、朝鮮人織物組合設立の背景の一つとして、西陣織産業における「ヤミ」製品の製造と朝鮮人に関する議

13　京都府商工課資料 前掲書 頁は未詳。

論について言及している。そこでは、日本人であれば新規業者であっても原糸の配給を受けることができたが、朝鮮人の場合、その配給を拒まれたと指摘している[14]。その理由としては、戦前から戦後、原糸は統制品として配給制が継続されたからであるとしている。

そして、その配給は登録した織機台数によって分配されるが、新規参入業者の設備は無登録であるため、通常、新規の業者は原糸の配給は受けられない。だが、日本人業者は戦前から存在した業界の総登録台数による割当を復活させることで、配給が受けられた。そこで、初期の朝鮮人織物組合は原糸配給権の獲得が課題とされていたとし、1948年8月には朝鮮人組合理事長は商工省繊維局長に直談判し、配給権を獲得したことなどが、金泰成氏の資料に記録されている[15]。

しかし、個人のこうした記述がどこまで正確であるのかははっきりとせず、現段階では朝鮮人のみを対象とした原糸の供給制限なるものが存在したかどうかは不明である。少なくとも食料配給に関して言えば、戦後日本で在留資格のある朝鮮人であれば、日本人と同じカロリー量の配給を受けていた[16]。食料と同様に、着物製品の原料となる原糸の場合も、日本人と朝鮮人は同様の統制と配給を受けていた可能性もある。同時に金太基によれば、戦中から敗戦後にかけて日本人も朝鮮人も生活維持手段として「ヤミ」商売をする者が多かったという。経済安定を図るため、日本の警察は「ヤミ」の取り締まりを行うが、日本人の場合は日本の警察の取り締まりに応じても、「解放人民」である朝鮮人は日本の警察の権限を認めず、それに反抗する場合があった[17]。1946年4月まで日本政府は、こうした朝鮮人の「ヤミ」商売やその取り締まりに関して、その見解を公にすることができなかった[18]。

そのため、連合国最高司令官総司令部（GHQ）より1946年4月30日付覚書「朝鮮人の不法行為」（SCAPIN 1111/A）が出され、日本の警察が朝鮮人を取り締まる完全な権限をもつことが明記された[19]。この覚書により、列車や「ヤミ市」における朝鮮人の不法行為に対し、日本の警察が取り締まる権限が付与されることに

14　金泰成「『西陣織』と『友禅染』業の韓国・朝鮮人業者について」『京都「在日」社会の形成と生活・そして展望』（第三回　公開シンポジウム資料）『民族文化教育研究　KIECE』（京都民族文化教育研究所 2000）32 頁。

15　金泰成 前掲書 30–32 頁。

16　金太基『戦後日本と在日朝鮮人問題──SCAP の対在日朝鮮人政策 1945 ～ 1952 年』（勁草書房 1997）189–194 頁。

17　金太基 前掲書 205–207 頁。

18　金太基 前掲書 234 頁。

19　金太基 前掲書 232–234 頁。

なった。また、GHQ 自身も朝鮮人の「ヤミ」商売の取り締まりにも積極的に協力するようになった。[20]このような過程で朝鮮人の「ヤミ」商売にも、1946 年 4 月以降、より強力な取り締まりが行われたことが予想される。

　また、敗戦直後から 1947 年にかけて朝鮮人の「密入国」取り締まりに際して、日本の警察官が朝鮮人を射殺するという事件が連続して発生していた。鄭栄桓はこれら事件を日本側の「過剰反応」であり、「明らかな警官による不法行為」であったと指摘している。[21]これと同様に、筆者は西陣織産業においても朝鮮人に対する「ヤミ」や商行為の取り締まりの中で「射殺」まではいかないが、日本の警察による「過剰反応」とも考えられる過度な取り締まりが存在したのではないかと考える。こうした行き過ぎた取り締まりを目の当たりにした朝鮮人が、後に「日本人とは取り締まりが違う」という不平等感を抱いたかもしれない。そのため、在日朝鮮人が敗戦直後の状況について、「日本人業者であれば受けることができた原糸の供給を、朝鮮人は受けることができなかった」と記憶したのではないだろうか。

　いずれにしても、西陣織産業の中で原糸供給等に関して朝鮮人と日本人で不平等な取り扱いが存在したかは不明であるが、この朝鮮人織物組合は日本の敗戦直後に誕生した在日本朝鮮人連盟（朝連）と深い関係のある同業者組合であった。1949 年 9 月 8 日、朝連は GHQ により団体等規正令の「暴力主義的団体」として解散を命じられる。[22]以降、朝鮮人織物組合は 1951 年 1 月から「在日朝鮮統一民主戦線」の、1955 年 5 月からは「在日本朝鮮人総聯合会」（朝鮮総連）の関連組織へと引き継がれたと考えられる。

　後述する西陣織工業組合傘下の組合員名簿『西陣年鑑』では、加盟者は朝鮮名と日本名とが併記されている。このことからも組合員が「朝鮮人である」ということを、西陣織産業界内で全面的に押し出すという性格を有していたと推測できる。

2．他の朝鮮人の同業者組合

　ここまでは、朝鮮人織物組合の結成の経緯について考察をおこなってきた。だが、西陣織産業において朝鮮人織物組合だけが朝鮮人を代表する同業者組合として存在したわけではなかった。ここからは、同時期に朝鮮人織物組合と共に存在していた朝鮮人の同業者組合について整理しておく。まず、先述の朝鮮人織物組

20　金太基 前掲書 234 頁。
21　鄭栄桓『朝鮮独立への隘路　在日朝鮮人の解放五年史』（法政大学出版局 2013）69–71 頁。
22　鄭栄桓 前掲書 274–275 頁。

合結成の翌年の 1947 年、「朝鮮人第二西陣織物工業協同組合」（第二組合）が創立した。以下が第二組合の創立の際に、『京都新聞』に出された広告である。

　　広告「朝鮮人第二西陣織物工業協同組合創立総会開催」
　　1947 年 10 月 21 日　午前 10 時半
　　紫野（上京区）柏野小学校講堂　（朝鮮人第二西陣織物工業協同組合　創立委員会[23]）

　この新聞広告から、西陣織工場が集中した地域に位置する柏野小学校において、第二組合の創立の行事が行われたことが分かる。この第二組合が結成された経緯には、諸説が存在する。先述した金泰成氏は、戦前から西陣織をしていた朝鮮人業者は朝鮮人織物組合に、戦後から参入した朝鮮人業者は第二組合に属するものと捉えていた[24]。
　その一方で、第二組合に関して異なる見解を示す関係者もいる。調査時の2015 年、朝鮮人織物組合会長 KY 氏は、敗戦直後の西陣織産業に在日朝鮮人の経営者や、賃機を営む朝鮮人が増える中で、一般的な事務を効率的に行うために第二組合が誕生したのではないかと語る[25]。また、西陣織産業の経営者である LK 氏は、朝鮮人織物組合内でのイデオロギー対立か、あるいは帯製品を生産する「帯」業者と、一般的な着尺生地を生産する「着尺」業者とで朝鮮人織物組合が分裂し、第二組合が誕生したのではないかという[26]。KY 氏、LK 氏の両者とも、戦前から西陣織産業に従事していた朝鮮人業者が朝鮮人織物組合に、戦後に同産業に参入した朝鮮人業者が第二組合に加盟したとは考えにくいという。
　上記のように、戦後に参入した朝鮮人業者が加盟するのが第二組合と考える者がいれば、朝鮮人業者の増加により第二組合が誕生したと語る者もいる。また、イデオロギーの対立や、帯と着尺の違いで分かれたのではないかと考える者もいる。以上のように、第二組合が結成することになった経緯に関しては、未だはっきりと分かっていない。ただ、1950 年に第二組合の理事長であった金済洪氏が[27]、1962 年発行の『西陣年鑑』では、朝鮮人織物組合の理事になっていたことに鑑[28]

23　『京都新聞』1947 年 10 月 20 日。
24　金泰成氏へのインタビュー（2015 年 4 月 10 日、同志社大学にて実施）。
25　KY 氏へのインタビュー（2015 年 11 月 23 日、京都市 KY 氏自宅にて実施）。
26　LK 氏へのインタビュー（2015 年 11 月 23 日、京都市 KY 氏自宅にて実施）。
27　『京都新聞』1950 年 7 月 12 日。
28　西陣織物工業組合『西陣年鑑』（西陣織物工業組合 1962）295 頁。

みると、この第二組合は、最終的には朝鮮人織物組合に統合されていったと考えるのが妥当であるだろう。

　また、第二組合が朝鮮人織物組合に統合された時期については、1953年3月結成の『西陣機業労働基準法推進本部委員会』に、「朝鮮人西陣織物工業協同組合」と同時に「朝鮮人第二西陣織物工業組合」が参加していた[29]。だが、後述する1957年の組合の一本化問題の時には、既に第二組合は存在していないことをふまえると、1953年から1957年の間に、第二組合が朝鮮人織物組合に統合されたと考えられる。

　先述した朝鮮人織物組合は、朝鮮人連盟や朝鮮総連と関係があった朝鮮人の同業者組合であった。他方、在日大韓民国居留民団（民団）と関係があった朝鮮人の同業者組合も存在した。それが、「相互着尺織物協同組合」（相互着尺組合）である。この相互着尺組合の場合、いつ結成されたのかが、はっきりと分からない。先行研究において韓載香も「韓国系と思われる相互着尺織物協同組合は、結成年度は定かではないが」というように、相互着尺組合の結成年度は不明としている[30]。

　この相互着尺組合の結成年とその経緯については、C3氏卒業論文とO3氏報告書の中で触れられている。C3氏の卒業論文では「朝鮮半島分裂の最中、彼（C1氏）は反共主義の在日朝鮮人の織物業者を集め、1950年10月相互織物協同組合を作り、理事となる」と1950年10月に相互着尺組合が設立されたとしている[31]。また、O3氏の報告書では以下のように記録されている。

　　　朝鮮戦争後、南北の対立が激しくなっており、この組合は共生主義系在日（ママ）朝鮮人たちの組合となった。このため1954年、韓国系の在日の人々によって、京都商銀が設立された。その後、本国の南北対立が深まる中で朝鮮人織物工業協同組合もふたつに分裂し、韓国籍の人たちによって相互着尺織物組（ママ）合が設立された[32]。

　以上、O3氏の記録の中では、1954年以降に相互着尺組合が誕生したと記述されている。この相互着尺組合の結成年に関して、C3氏卒論では1950年、O3氏

29　西陣織物工業組合『組合史——西陣織物工業組合二十年の歩み（昭和二十六年〜昭和四十六年）』（西陣織物工業組合 1972）98–99頁。

30　韓載香 前掲書 80頁。

31　C3『時代の先駆者　C1氏の歩み』（大阪学院大学卒業論文 1987）33–34頁。

32　O3「西陣織物と在日韓国・朝鮮人」『西陣着物産業と着物文化』（同志社大学文学部社会学科社会学専攻 1998）29頁。

報告書では1954年と食い違う。しかしながら、相互着尺組合結成の経緯について類似した記述がある。日本の敗戦直後から朝連の傘下に結成された朝鮮人織物組合であったが、1950年6月の朝鮮戦争勃発を受けて、朝鮮人織物組合内で思想的な何かしらの問題や、政治的対立が発生したと考えられる。C3氏の卒論とO3氏の報告書からだけでは、この組合がいつ結成したのかは断定できないが、朝鮮人織物組合を脱退した在日朝鮮人が中心となって結成した組合が、相互着尺組合であると考えられるだろう。

『西陣年鑑』の中、先述の朝鮮人織物組合の頁では、経営者名は朝鮮名と日本名で表記されているが、この相互着尺組合は一貫して日本名で掲載されている。このことから、朝鮮人織物組合では組合名が指し示す通り組合加盟者に朝鮮人として経営することを奨励するのに対し、相互着尺組合は一見すると朝鮮人とは無関係の同業者組合に見えるように、加盟者に対しても日本名で経営することを押し進めていたのではないだろうか。以上のように、西陣織産業内で二つの組合がとった生存戦略には、明確な差が存在していたと言える。

(2) 朝鮮人に対する偏見と朝鮮人の同業者組合の活動

では、西陣織産業において朝鮮人の同業者組合はどのような活動を行ったのであろうか。ここでは当時の同産業に置かれた朝鮮人の状況を整理するとともに、それらを受けて朝鮮人の同業者組合がとった動きを見ていく。

1.「ヤミビロード業者＝第三国人」という偏見

2008年出版の『在日一世の記憶』中、ある朝鮮人労働者の一事例として、玄順任氏が戦後に西陣織産業で求職しようとした際、日本人の持つ朝鮮人への偏見を体験したというエピソードが紹介されている。彼女が「賃織募集」の貼り紙を見て、ある西陣織工場を訪ねたとき、工場主より「良い人が来てくれた。一が来たらどうしようと夜も寝られなかった[33]」という言葉を受けることになったという。

彼女のエピソードに描かれるように、西陣織産業でも一部の日本人との関係の中で、在日朝鮮人に対する偏見や日常的差別が存在していた。同様に新聞の紙面上においても、朝鮮人に対する偏見は存在していた。以下は1947年8月、『京都新聞』に掲載された日本人の西陣織産業経営者の投稿である。

---

33 成大盛「植民地支配の根性はまだ抜けていません　玄順任」小熊英二・姜尚中編『在日一世の記憶』（集英社 2008）401頁。

西陣の織物は貿易が再開されれば重要な輸出品として、国家再建に当然重大な役割を果さねばならないにもかかはらず、西陣の織物業者はヤミのビロードを多く生産していることが指摘されている…（中略）…

　また西陣のヤミビロードはその八十％によつて経営されているものであることが調査によつて明らかにされたことを報告しておきます[34]

　この新聞記事の投稿は、西陣織産業界において「ヤミビロード業者＝第三国人」、この文脈においては「生産統制を無視してビロードを製造するのは朝鮮人である」という偏見が存在していたことを物語る。水野直樹によれば、「第三国人」という言葉は1945年末より日本の新聞社や官僚によって使い広められたものであり、「第三国人」に該当する朝鮮人や台湾人は凶悪な犯罪者であり、日本社会の秩序と安全を脅かす恐怖のイメージを広めるために使われたと指摘している。また、「第三国人」という言葉の起源と流布の背景には、朝鮮人や台湾人が「ヤミ市」の中心となり、日本人以上に旺盛な生活力を見せるという歴史イメージが存在したという[35]。

　西陣織産業界においても、日本の敗戦直後の生産統制を無視して「ヤミ」のビロード製品を製造する朝鮮人という否定的なイメージが蔓延していたと考えられる。この投稿記事から4日後、「第三国人に謝罪す」という見出しで、投稿者によって「調査もせず根拠のないことを投稿した第三国人諸氏に多大なご迷惑をかけたこと誠に相済まぬ、ここに謝罪致します」という謝罪記事が掲載された[36]。「ヤミビロード業者＝第三国人」という根拠ない偏見が広まったこの時期、この偏見に対する朝鮮人側からの抗議があったからこそ謝罪記事が掲載されたと考えられるものの、この一連の動きに朝鮮人の同業者組合がどのように関与していたのかは不明である。

　しかしながら、1950年代に入っても朝鮮人業者に対する「第三国人」という

34　『京都新聞』1947年8月13日。
35　水野直樹「『第三国人』の起源と流布についての考察」『在日朝鮮人史研究』No.30（緑蔭書房2000）21頁。実際には、朝鮮人よりも多くの日本人が「ヤミ」営業をしていたようである。水野は大阪府警察部長であった鈴木栄二の回想録を引用しながら、1946年の大阪府の「ヤミ」営業者1万5232人の国籍別内訳は日本人75％、朝鮮人21％、中華民国人（台湾省民を含む）4％であり、全国的に見ても「ヤミ」営業に携わる日本人が圧倒的に多数であったという。それにも拘わらず、日本社会にはヤミ市を支配する「第三国人」というイメージが形成され、はるか後までそれが根強く残ることになったと水野は指摘している。水野直樹 前掲書22–23頁、典拠資料は鈴木栄二『総監落第記』（鱒書房1952）16頁。
36　『京都新聞』1947年8月17日。

否定的なイメージが存在していた。1952年の『京都新聞』記事であるが、前半部分は「西陣着尺業界では従来他産業との競争上に不利益をもたらしている製品価格の値崩れ現象が一部悪質な第三国人の不当操業によるもの」であるとして、日本人業者がこの実情を直接国会やその他関係局に訴え、その施策を要望しようという内容である。後半部では「第三国人」が西陣織産業に就労するようになった経緯と、当時の状況について説明がなされている。

　　陳情書によると同地区における第三国人は終戦直後の混乱時にまぎれてぼっ興、その後法規を無視して不当な営業を続け、業者数百数十軒に達し西陣製品の相場を左右する段階にまで進出、今後も逐次拡大化する気配が強いのに対し一般日本人業者は没落の一途をたどつている。この原因はこれら第三国人に対する徴税方法、労働法規の適用にかなりの差別があるため、現に第三国人の納税額日本人業者と比較すると五割から三割程少く、しかもこれら業者の脱税行為は漸次露骨化し今後このまま放置するなら日本人業者の死活問題に直結すると指摘、税負担の公平を期する為調査と是正方を要望する。[37]

　この新聞記事上では、まず、「第三国人」が敗戦直後の混乱時に西陣織産業に参入したと誤認されている。続いて「第三国人に対する徴税方法、労働法規の適用にかなりの差別がある」という根拠のない前提をもとにして、「第三国人」に対する特別待遇があるのではないかという主張が展開されている。「ヤミ」製品製造には直接言及されていないが、「第三国人」が日本の法律を無視した不当な営業を続けているとしている。また、彼らの「脱税行為」が増加傾向にあることを告発する内容であったが、それら違法行為の根拠はここでも示されておらず、やはりこの新聞記事も日本人業者が朝鮮人業者に持った悪意や偏見を物語るものに他ならない。

　同時に、この記事から1950年代初め、日本人業者を凌駕するほどの朝鮮人業者が西陣織産業界に増加し、西陣織製品の相場を左右するまでの影響力を持っていたことが分かる。この新聞記事が報じた陳情は、数としても急増し、業界全体でも影響力を持ち始めた朝鮮人業者を、「驚異」と感じた日本人業者によるものであったのではないか。以上のように、西陣織産業において在日朝鮮人を取り巻

37　『京都新聞』1952年11月17日。

く状況は、先述した「ヤミ」製品の問題や「第三国人」という扱い、また、労働法規や税法を順守しないという告発など、幾多の根拠ない偏った認識やネガティブなイメージが混在していたことを指摘しておく。

2．朝鮮人の地位向上の活動

　西陣織産業における在日朝鮮人を取り巻く状況は、前述した通り「ヤミ」製品の問題や、「第三国人」などのネガティブなイメージが存在し、決して良好なものではなかった。これら在日朝鮮人の状況を解消すべく、朝鮮人織物組合は積極的に日本社会に貢献しようとし、その姿勢が『京都新聞』の中で取り上げられることになった。

　例えば、1946 年 12 月 21 日、紀伊半島沖で南海地震が発生し、和歌山県や徳島県を中心に太平洋地域沿岸に甚大な被害をもたらした。この地震の被害に朝鮮人織物組合は 5256 円の義援金を、京都府援護課を通じ寄付している。この額は他の個人や団体よりも突出して多く、『京都新聞』の紙面上でも「朝鮮人團體からの寄付が目立つている」と取り上げられるほどであった。[38] また同組合は、1947 年 9 月 15 日に起こったカスリーン台風の水害被害に対する義援金を、日本人の組合より先に送った。[39]

　続いて、朝鮮人織物組合は西陣織産業界での節電活動にも積極的に乗り出した。1950 年 12 月の新聞記事では朝鮮人織物組合が「当面の電力不足を自らの手で克服しようと研究していたが、業者一同ムダを排する気持ちになるのが先決だと、府の協力のもとに十三日から組合員の機織機械に「節電に協力しましょう」や「ものを大切にしましょう」とのビラをはり、節電・節約運動を行ったことが描かれている。こうした朝鮮人織物組合の節電のビラ貼り活動に京都府は「大賛成」で、今後は原料などの節約や他組合にもこの節約活動を広げようという内容であった。[40]

　後述するが、この年の前年 1949 年に朝鮮人連盟の解散が命じられ、1950 年には朝鮮戦争の勃発などで、同年 12 月当時、朝鮮人織物組合は混乱状態であったのではないだろうか。そのような状況の中で、朝鮮人織物組合は京都の地域社会との良好な関係を模索していたと考えられる。以上のように朝鮮人織物組合は、結成直後の 1947 年から自然災害の義援金を率先して義援金を送ったほか、1950

38　『京都新聞』1947 年 1 月 9 日。
39　『京都新聞』1947 年 9 月 17 日。
40　『京都新聞』1950 年 12 月 14 日。

年の電力供給が不安定な状況における節電活動にも、日本人の組織以上に早く動くなど、日本人社会に協力的な姿勢を見せた。こうした朝鮮人織物組合がとった協調姿勢について、現在の朝鮮人織物組合の組合長のKY氏は以下のように語る。

　　もう古い話やから、（当時は）分からん部分もあったけど、今となったら逆によく分かるね、この当時の一世の気持ち。西陣のなかでも朝鮮人の扱いって、悪いものがあったんですね。だから、とりあえず文句は言われたくない。地域とか問屋に、お金は出すから、文句は言わさない。そういう姿勢だったのかもしれないです。[41]

　現在となっては、この当時どういう考えで朝鮮人織物組合が日本人社会へ協調姿勢を見せていたのか、分からない。西陣織産業の中での朝鮮人の状況は「第三国人」などのネガティブなイメージが存在し、決して良好なものではなかったことは説明した通りである。しかし、そうした状況を打破すべく、日本人社会へ協力することによって、朝鮮人の地位を向上させる意味もあったのではないだろうか。また、KY氏も語るように、朝鮮人織物組合がとった協調姿勢は、朝鮮人の活動に日本人の業者や問屋が干渉できないようにするための、いわば西陣織産業界での生存のための一つの戦略だったのかもしれない。

3. 京都市長への直談判

　1949年9月8日、当時日本を統治していた連合国最高司令官総司令部（GHQ）は、団体等規制令第二条第一項第一号（占領軍に反する行為）と第七号（暴力主義的方法の是認・正当化）にもとづき、朝連に解散を命じ、その資産を没収した。[42]朝鮮人の日本での生活を保障するために結成した朝連が解散することになり、朝鮮人の生活は大きく混乱した。その傘下で活動を行っていた朝鮮人織物組合も、朝連の強制的解散の影響を受けたことが容易に想像できる。

　その一方、1950年2月8日、京都市長選挙によって高山義三[43]が当選し、京都

41　KY氏へのインタビュー（2015年11月23日、京都市KY氏自宅にて実施）。

42　鄭栄桓 前掲書 274–275頁。

43　高山義三は戦前より弁護士として思想犯の弁護で活躍した人物であり、戦後は民主戦線を唱えて地域政党の京都民主党を結成した。1950年に全京都民主戦線統一会議（民統）の推薦を受けて、第18代京都市長に当選した。1950年2月の選挙時、社会党と共産党の支持を得ていたが、後に立場を保守系に転向し、吉田茂を信奉するようになる。1966年2月まで京都市長を務める。高山義三『わが八十年の回顧』（若人の勇気をたたえる会1971）156–267頁。

市において革新市政が誕生した。朝鮮人連盟の解散によって全国的に朝鮮人の生活が急速に悪化する一方で、京都市において革新市政が誕生するという明るい兆しが生まれた状況に、京都の朝鮮人は一つの希望を見出したのかもしれない。1950年3月、朝鮮人織物組合は西陣織産業の不況対策、朝鮮人への不平等な取扱をめぐって、当時の京都市長高山義三に直談判を行った。以下は、左派系の朝鮮人が発刊していた『解放新聞』の記事である。

　　京都西陣にいる同胞織物業者らが、今危機に処しているということは、既に報道したことがあるが、最近には生活が日毎に窮迫していっており、去る十八日、裴寛植氏他二十名が、この度新しく選出された京都市長高山（社会党出身）氏を訪問し、約二時間かけて会談をしたのだが、市長はまず「私達の生活を確保するためには、吉田内閣を打倒しなければなりません。私も皆さんと共に戦います」と語った後、同胞代表の質問に、おおよそ次のように答弁した。
　　［問］　西陣織物を活かす対策は？
　　［答］　市長出馬するときから郷土産業である西陣織物と東山陶磁器を助けるつもりだった。実情調査と共に市の予算を再編成する。
　　［問］　失業対策は
　　［答］　早く対策を立てる。
　　［問］　朝鮮人問題は？
　　［答］　よく理解している。京都でだけは、市民としての権利を保障する。[44]

　この1950年3月4日の記事では、まだ朝鮮人織物組合の名前は登場していないが、朝鮮人の経営者らが革新系の京都市長として選出された高山義三に面談し、朝鮮人の窮状を市長に陳情している。朝鮮人の陳情を受けて高山義三も朝鮮人と共闘し、吉田茂内閣の打倒を約束した。ここで高山義三は西陣織産業を今後活かす方策であると回答し、また、京都市において朝鮮人を「市民としての権利」を保障するとまで答弁している。そして、この半月後の3月21日の『解放新聞』に朝鮮人織物組合が登場し、3月4日付で報道された動きは朝鮮人織物組合を中心とした組織的な活動であったことが明らかになる。

44　『解放新聞』1950年3月4日。筆者訳。

京都西陣朝鮮人織物業者組合では、三・一革命記念日を迎えて、極度に危機に達している現機業状態を打開するため一大蹶起権利闘争を展開しているのだが、去る二月十九日、同組合常務理事白チャング氏をはじめとした業者三十余名は市役所へ行き、新しく就任した高山市長を訪問し、「西陣朝鮮人織物業者六五〇名の危機状態に対し、対策を講求しろ」「不当税金徴収に警察を動員するな」「大企業者の脱税を積極調査して、私達、小企業者に対して減税しろ」「水道電気税を支払えず、株式の配給も受けられない業者を救護しろ」等の要求条件を提出し、強硬な交渉を展開した結果、高山市長は大要次のように言約したという。

　みなさんの切実な要求条件について、当然のことだと考えます。

　したがって、みなさんの要求条件を尊重し、実地調査をして善処しようと思います。

　また、みなさんも詳細に調査し協力をしてくれることを望みます[45]。

　上記より、1950 年 2 月 18 日か 19 日、京都市長へ就任したばかりの高山義三に、朝鮮人織物組合が中心となり直接交渉をしたことが伺える。交渉の内容としては朝鮮人織物業者の窮状を訴えるとともに、自身らの危機状態への救済措置を講じるように要請するものであった。

　また、朝鮮人織物組合は「不当税金徴収に警察を動員するな」や「大企業者の脱税を積極調査して、私達、小企業者に対して減税しろ」、「水道電気税を支払えず、株式の配給も受けられない業者を救護しろ」など非常に具体的な要求を高山義三に突き付けた。このように、具体的な要求項目を立てて運動を展開するという点が、第1章で論じた朝鮮人労働者が具体的な要求を経営者側に突き付けたビロード争議を彷彿とさせるものがある。

　以上の朝鮮人織物組合の要求を受け、京都市長の高山義三もやや抽象的な返答であるが、協力的に対応すると約束している。前年には朝連が解散し、朝鮮人の日本での生活を保障する組織が消滅してしまうという窮状の中で、朝鮮人西陣織物組合が行政との協調的関係を構築しようとしていたのである。先述の通り、同年 12 月には朝鮮人織物組合は節約活動を通じて京都府との協調関係を模索していた[46]。これら京都市や京都府など地方行政との協調関係を模索する活動も、西陣織産業界において朝鮮人織物組合が朝鮮人のために行った活動であると考えられる。

45　『解放新聞』1950 年 3 月 21 日。筆者訳。
46　『京都新聞』1950 年 12 月 14 日。

4.「労働基準法」の徹底を図る組合と、その実態

　日本国憲法をもとに、1947年、労働基準を定める「労働基準法」が制定された。だが、当時の西陣織産業界では中小企業が多数であり、そうした企業の経営基盤は相対的に脆弱で、「労働基準法」をそのまま適用した場合、経営自体が脅かされると危惧されていた。また、西陣織産業で就労する労働者側にも長い歴史的習慣などから、この法律に順応するのは難しいという声も存在したという。[47]しかし、それでも西陣織産業の労働条件が劣悪であってよいわけではなく、「西陣は西陣なりに労働条件を整備して、基準法の精神にそってこれを推進していこう」という機運が起こった。そして1953年3月、西陣織産業に関連する団体が集まり、『西陣機業労働基準法推進本部委員会』を結成した。[48]

　以上、1950年代は徐々にではあるが、西陣織産業でも労働者の労働環境の改善を目指して、「労働基準法」の遵守を徹底するような雰囲気になっていたと考えられる。新聞紙面においても、この1950年代から西陣織産業における労働環境の問題が頻繁に取り上げられた。この当時、『京都新聞』紙面上に見られる、朝鮮人の同業者組合の労働問題対策について見ていこう。まず、1950年7月12日の『京都新聞』である。

　　　一時は解雇手当や休業手当、賃金未拂いを踏み倒し労基法違反などお茶の子さいさいの西陣機業特に朝鮮人経営のビロード業界であつたが、最近メキメキと遵法精神に立還り法に立脚した新しい西陣機業をたて直そうとする息吹きが現われて京都労基局を感心させている、その第一の現れは二十五年度の適用事業報告がすでに朝鮮織物工業第二組合（理事長金日秀氏）[49]から百五十六事業所、同第二組合（理事長金済洪氏）から二百三十六事業所が提出され去年の無提出からみると隔世の感、また労基局が違反摘発のとき悩まされた行方不明事業主をその後組合の力で大阪、神戸、名古屋と歩き当時五十余人が判らなかったのが現在では十四人に減少した、このため上監督署が業界に支拂いを命じ約四百万円の未拂金は現在三百七十一万四千円までが片付

47　西陣織物工業組合『組合史 － 西陣織物工業組合二十年の歩み（昭和二十六年～昭和四十六年）』（西陣織物工業組合 1972）98頁。

48　西陣織物工業組合 前掲書98～99頁。

49　1950年7月当時、金日秀氏は朝鮮人西陣織物組合の理事であり、したがってこの新聞記事は誤記である。翌日の7月13日「訂正」という見出しで訂正記事が出される。『京都新聞』1950年7月13日。

きこの見事な改善ぶりは組合幹部が捨身的な努力をしてくれたからだと労基局では喜んでいる。

第二組合談＝業界は今度の事件で初めて労基法を知ったようなわけでその普及に各地域、班別にジャンジャン説明会などをやつているので効果が現れてきたのだと思う[50]。

この記事より、1949年以前の西陣織産業界において朝鮮人経営者による「労働基準法」が守られていない状態であったと考えられる。当初、解雇手当や労働手当、賃金の未払いなどが日常的であり、労働者の労働環境は守られていない状況であった。その原因として、朝鮮人経営者が持つ「労働基準法」そのものへの認識が弱かったということが、後半部分で朝鮮人織物組合理事長の金日秀氏により語られている。

後に、朝鮮人織物組合と第二組合は各地域で説明会を実施し、朝鮮人の経営者へ「労働基準法」の知識普及活動を行った。その結果、一年後には労働基準局による違反摘発は大幅に減少し、「労働基準法」の適用事業報告も適正に出されるようになった。労働基準局も朝鮮人織物組合と第二組合の幹部の働きぶりを、評価しているという内容であった[51]。

また、先述した1953年3月結成の『西陣機業労働基準法推進本部委員会』に、朝鮮人織物組合と第二組合も参加していた[52]。以下は、西陣機業労働基準法推進本部委員会が定めた実施要目である。

実施要目

(1) 日曜日は仕事を休みましょう。

一日、十五日の休日制をやめて、日曜日に一家そろって休みましょう。

(2) 夜の仕事はやめましょう。

正しい生活をするために、七時以降の仕事はなるべくやめましょう。

(3) 年に一度は必ず健康診断を受けましょう。

健康第一、使用者は従業員に健康診断を受けさせましょう[53]。

---

50 『京都新聞』1950年7月12日。

51 ちなみに、1949年の『京都新聞』や『解放新聞』の紙面上では、この労働問題に関連する記事を見つけることができなかった。

52 西陣織物工業組合『組合史——西陣織物工業組合二十年の歩み（昭和二十六年〜昭和四十六年）』（西陣織物工業組合 1972）98-99頁。

現在から見れば、これら実施要目は至極一般的で普遍的なものであるが、1950年代当時の労働状態から考えれば、極めて進歩的なものとされた[54]。この時期、朝鮮人織物組合、第二組合が、朝鮮人の二組合がそろって西陣機業労働基準法推進本部委員会に参加した。先の新聞記事やこの西陣機業労働基準法推進本部委員会への参加からも、朝鮮人の二組合は「労働基準法」の普及に積極的に協力しようとした。

しかし、「労働基準法」普及の実態はまた違うものであった。以下は1955年、『京都新聞』へ寄せられた西陣織産業の労働問題に関する投書である。

　私は西陣のある第三国人（ママ）の経営する織物工場の従業員です。この工場には織機台数数十台、従業員も三十数名おりますが、健康保険も、失業保険も何もなく、従業員名簿すら不完全極まるものです。工場の中には、西陣労働基準法推進本部（この中には、朝鮮人織物組合を始め、その他西陣織物に関係ある色々の組合が加盟）発行の、労基法を厳守するよう申し合せた事項の印刷した紙が、はつてあるが、操業時間も景気の良い時は、朝の六時ごろから、夜の九時、十時までも珍しくなく、それこそ、仕事を終えてからねむくてフロへ行く間も惜しいほどです[55]。

この投書は、朝鮮人経営の工場で就労する日本人労働者が投書を行ったものではないだろうか。朝鮮人織物組合が参加する西陣労働基準法推進本部は「労働基準法」の普及を啓蒙する印刷物を作成し、織機に貼っていた。この印刷物のように、西陣織産業界あげての「労働基準法」の普及と厳守に、朝鮮人織物組合はある一定の働きかけを行っていたようである。

しかし、それ以上に当時の労働者の感覚から考えても、実際の工場では長時間労働が強いられ、昼夜関係なしに就労するなど、本来守るべき「労働基準法」の厳守は徹底していなかったようである。投書した人物が働く工場では、健康保険も失業保険もなく、従業員名簿も不完全な状態であり、景気がいい生産繁忙期には長時間労働を労働者に強いていたようである。換言するならば1950年代前半は、それだけの長時間労働を労働者に課してでも経営者にとって経営で得られる利潤が大きかった時代であった。

53　西陣織物工業組合 前掲書98-99頁。
54　西陣織物工業組合 前掲書99頁。
55　『京都新聞』1955年5月6日。

以上のように 1950 年代、「労働基準法」の遵守普及を推進するにあたり、西陣織産業の朝鮮人の同業者組合がこの産業の経営者に与える影響力は、多少あったのかもしれない。だが 1955 年、ある朝鮮人の工場における労働者による投稿から、朝鮮人の同業者組合の活動が末端の労働者の労働環境に与える影響は、未だ限定的で途中段階であったと考えられる。

5. 可視化される「朝鮮人」

序章では、飯沼二郎の言葉を借りながら日本社会において「見えない人々[56]」として扱われてきたと説明した。しかしながら、1950 年代後半には、「朝鮮人」が目に見える形で、つまり、西陣織産業の公的記録に登場することになった。ここでは、西陣織産業内で同業者組合の一本化が進められる過程と、朝鮮人織物組合と相互着尺組合の動きについて論じていく。

1950 年代の半ばから、西陣織産業における代表的な同業者組合として、「帯」が代表するのか、それとも「着尺」が代表するのかという対立が存在した。まず、「西陣織物同業協同組合」は帯製造業者が中心であり、その他、ネクタイやビロードなどを製造する業者などをまとめると、組合員は約 550 人程度であった。その一方で、一般的な着物生地を生産する業者の同業者組合「着尺協同組合」も存在した。この組合は着尺だけの単独組合であり、組合員は約 300 人であった[57]。以上のように、1950 年代後半の西陣織産業の状況として、労働環境の問題とは別に、「帯」と「着尺」という二つの同業者組合が対立するという問題が生じていた。

1957 年 11 月 25 日には、「中小企業団体の組織に関する法律」（中小企業団体組織法）が施行される。この法律は中小企業強化のため、生産者だけでなく、流通業やサービス業を含めて中小企業全体に商工組合を作らせようとするものである。この商工組合を作るにはいくつかの要件があり、その地域の同業種の過半数のものが組合員になることが必要とされた。また商工組合は、業種別の場合、原則として都道府県に一つしか作れないとされた[58]。これらの設立要件をクリアすることで、「中小企業団体組織法」による商工組合の設立が可能となった。

そして、この「中小企業団体組織法」は、西陣織産業の西陣織物同業協同組合と着尺協同組合をどのように接合するかという問題を提起した。西陣織物同業協

56　飯沼二郎『見えない人々 在日朝鮮人』（日本基督教団出版局 1973）9 頁。
57　『京都新聞』1955 年 1 月 13 日。
58　西陣織物工業組合 前掲書 187 頁。

同組合と着尺協同組合が解散し工業組合に一本化されれば、経営者は今までのように複数の同業者組合に加入する煩雑さがなくなることが期待された。また業界全体としても、当時の目標とされた「西陣業界の大同団結」も果たすことができると考えられていた。

以上のように1957年は、「団結を最高度に活用して各自の同業者の安定と発展」をはかるため、西陣織産業の「西陣織物同業協組」と「着尺協組」が調整される時期であった。しかし、西陣織産業における同業者組合一本化への道のりは紆余曲折する。西陣織産業における組合一本化の流れを整理してみたものが、図2-1から図2-3である。

この時期の朝鮮人織物組合と相互着尺組合は、西陣着尺織物協同組合の傘下に属していた。この西陣織物同業協同組合と西陣着尺織物組合とが意見交換をし、組合一本化を調整する組織として、「西陣絹人絹織物調整組合」が作られた。そして西陣織物同業協同組合と西陣着尺織物組合は合併し西陣絹人絹織物調整組合に一本化させる計画であった。同時に西陣織物同業協同組合側は、西陣織産業において、対外的にも内部の問題対処にしても一つの強力な組織が必要であると考えた。こうして、組合一本化によって生まれる新組合が西陣織産業の経営者を代表する団体であると主張した。

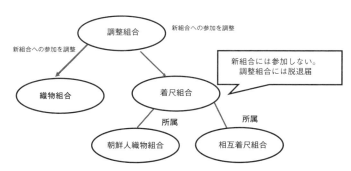

図2-1　西陣織産業における組合一本化の流れ（その1　～1957年）

59　西陣織物工業組合 前掲書188頁。
60　『京都新聞』1957年11月15日。
61　戦前から1949年末日まで繭、生糸、絹織物などの繊維品統制が続いた。そのため朝鮮人織物組合と第二組合は西陣着尺織物組合の前身となる組織を通じて原糸の配給を受けていたようである（西陣織物工業組合 前掲書56、529頁）。しかし、西陣織物工業組合の『組合史』の中では、西陣着尺織物組合について年表で1950年に「西陣着尺織物協同組合設立」とあるのみで詳しく描かれていない。
62　西陣織物工業組合 前掲書190頁。

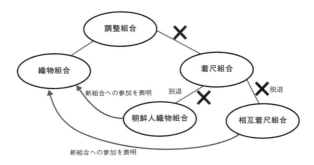

図 2-2　西陣織産業における組合一本化の流れ（その 2　1957 〜 1958 年）

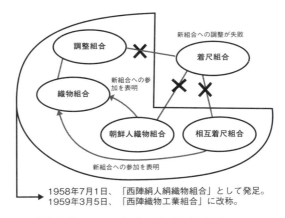

図 2-3　西陣織産業における組合一本化の流れ（その 3　1958 年〜）

　しかし、組合一本化の流れの中で西陣着尺織物組合側は調整事業を品種別に行わなければ効果は期待できず、広い業種での工業組合の設立は意味がないと反発した。また、この西陣着尺織物組合は金融事業や撚糸事業など、西陣織物同業協同組合が持っていない事業を行っていた。加えて、西陣織物同業協同組合とこの西陣着尺織物組合とでは組合員の企業形態、規模などが異なり、同一事業を行えないとし、これらを理由に、西陣着尺織物組合は組合一体化に難色を示し、着尺部門単独の工業組合設立を主張した[63]。以上のように、西陣織産業の組合の一本化をめぐって、両組合の意見は平行線をたどっていた。
　西陣着尺織物組合が組合一体化の動きに難色を示す中、その傘下にあった朝鮮

63　西陣織物工業組合 前掲書 189-190 頁。

人織物組合と相互着尺組合は西陣織産業の組合が一本化することを望んで、あえて西陣着尺織物組合の方針に反対の意志を示した。そして、西陣着尺織物組合に脱退届を提出し、西陣織物同業協同組合に新組合への参加を表明した[64]。

　その結果、西陣着尺織物協同組合[65]を除いて、西陣織物同業協同組合や朝鮮人織物組合、相互着尺組合が西陣絹人絹織物調整組合へ合流し、1958 年 7 月 1 日「西陣絹人絹織物組合」として新組合が発足した[66]。翌年の 1959 年 2 月 26 日、西陣絹人絹織物組合が「西陣織物工業組合」と改称した[67]。また、朝鮮人織物組合と相互着尺組合は西陣織物工業組合において役員の席を得ることができた[68]。以上のように、1957 年の組合一本化の問題が浮上する局面において、朝鮮人の二組合（朝鮮人織物組合、相互着尺組合）は西陣織産業界の動向を察知するとともに、西陣織産業界の行く末を大きく左右するほどのキャスティングボートを持っていたと見なすことができる。

　ここまでは、1950 年代後半の西陣織産業内において同業者組合一本化の過程において、朝鮮人織物組合と相互着尺組合がとった動きを見てきた。現在から見た場合、1957 年のこの時期、朝鮮人織物組合と相互着尺組合が朝鮮人の同業者、西陣織産業界で一定の地位を築くことに成功したと評価できるのではないだろうか。その理由として、西陣織産業においては、長年朝鮮人の存在が「見えない人々」として扱われてきたからである。そうした歴史の中において、特に朝鮮人織物組合の場合、1959 年からの『西陣年鑑』[69]や 1972 年に刊行された『組合史』中において、「朝鮮人」の名を冠する組合が明記されることになった。このように、西陣織産業の公的資料において朝鮮人の存在が可視化されることになったという点で、意味があったのではないだろうか。

　しかしながら、西陣織産業経営者ではない朝鮮人の側から組合再編期の朝鮮人の同業者組合を見た場合、どのように評価されたのであろうか。1959 年、在日朝鮮人の朝鮮民主主義人民共和国への「帰国事業」[70]が開始された年に発行された、

64　西陣織物工業組合 前掲書 191 頁。
65　1958 年 10 月に西陣着尺織物協同組合は単独で「西陣着尺織物工業組合」を結成する。『京都新聞』（1958 年 10 月 1 日）。
66　西陣織物工業組合 前掲書 536–539 頁。
67　『京都新聞』1959 年 2 月 27 日。
68　西陣織物工業組合 前掲書 191 頁。
69　1956 年初刊の『西陣年鑑』には「朝鮮人織物組合」や「相互着尺組合」の名称は記載されていない。朝鮮人織物組合の場合は 1959 年から 2003 年まで、相互着尺組合の場合は 1959 年から 1996 年発刊の『西陣年鑑』に各組合の名称が記載されている。
70　テッサ・モーリス－スズキ『北朝鮮へのエクソダス 「帰国事業」の影をたどる』（田代泰子訳）（朝日新聞社 2007）24–25 頁。

『朝鮮問題研究』の「京都市西陣、柏野地区朝鮮人集団居住地域の生活実態調査班」の報告書で、西陣織産業の分析とともに朝鮮人織物組合について触れられている。

> その将来性は確実な保証もなく、見通しもつかず、自前業者は室町筋の問屋の支配をうけ、彼等の要求や注文に応じて生産し、とくに名柄のむづかしさと流行に対する敏感さをもちあわさない限り製品の販売に頭をうっている。…（中略）…
> 更に過去の朝鮮人織物組合の存在も今はなく、殆ど織元の組合の支配をうけている。しかもこの織物組合は資本の集中と独占化の方向をたどり、この組合を足場に機業統制、生産統制の形で併合集中化をはかり組合員より分担金（月二〇〇円）をとっては古い織機を買上げ、新しい機械の販売禁止という手段で織機登録制度を設けて織機統制を行っている。そのために賃業者はその属する織元によって支配されていて、今後の発展の道はとざされているのが現状で、今後とも賃業者の織工への転落が予見される。[71]

　以上のように、過去には朝鮮人経営者を代表する組合であった朝鮮人織物組合も、1959年当時に組合の持つ力は衰え、織機を所有する製造業者（織元）の組合の支配を受けているという評価が、この調査の中で下されている。また、報告書では織元と朝鮮人織物組合を通して、生産統制、織機統制が行われていることも指摘している。西陣織産業の将来の発展も難しいということも同時に予見されており、賃機などの経営者であっても、労働者へと転落してしまうことが危惧されている。現在の西陣織産業の状況からから考えると、この生活実態調査班の予見はおおよそ正しいといえるだろう。
　いずれにしても、1950年には朝鮮人の織物業者のために京都市長にまで陳情した朝鮮人織物組合であったが、1950年代後半以降は西陣織産業の他組合や他業者との支配関係の中で、かつてのような朝鮮人のための動きが取れなくなっていったのではないだろうか。また、この時期の相互着尺組合の具体的な活動は、『京都新聞』の紙面上では見られない。

71　朝鮮問題研究所生活実態調査班「京都西陣・柏野地区朝鮮人集団居住地域の生活実態」『朝鮮問題研究』Vol. III No.2（朝鮮問題研究所 1959.6）38–39 頁。

(3) 朝鮮人織物組合、相互着尺組合の組合員数推移と組合員の分布

　ここからは、その後の朝鮮人織物組合と相互着尺組合の組合加盟者数推移を、先述した『西陣年鑑』[72]（1959年～1996年）をもとに考察する。以下の図2-4は朝鮮人織物組合と相互着尺組合の組合加盟者数推移である。

　図2-4より、朝鮮人織物組合は1959年の時点で加盟者は54人からスタートし、1965年のピーク時には74人の賃機を含む織物業者が加盟していた。しかし、その後の加盟者数は伸び悩み、1978年の55人から1985年には19人に激減する。これには日本人の服装文化の洋装化に伴う着物需要の低下や、1973年の第一次オイルショックによる消費不況、また、西陣地域で着物製品を生産しなくなるという生産拠点の流出問題が背景にあると考えられる。1990年代は18人から13人と加盟者数を徐々に減らしていることが、この図2-4から分かる。

　相互着尺組合を見ると、1959年当初より加盟者数が朝鮮人織物組合の3分の1程度の25人と少なかった。また、1965年から1996年にかけて、加盟者数は若干上下することがあるが、10人以上20人未満を維持している。朝鮮人織物組合と相互着尺組合の双方とも、これら組合には加盟するが、実際には西陣織産業に従事しない経営者も存在していたという[74]。

　以上のように、1996年まで『西陣年鑑』では朝鮮人織物組合と相互着尺組合の会員数が公開されており、組合加盟者数の動向を知ることができる。ところが、2003年に朝鮮人織物組合は加盟者数を公表しなくなり[75]、相互着尺組合はその名称自体が『西陣年鑑』に記載されなくなる。さらに2008年から、朝鮮人織物組合の名称も『西陣年鑑』に記載されなくなり、以降、西陣織工業組合が発行する資料の中では一切登場しない。西陣織産業の衰退とともに、同産業の公的資料の中で朝鮮人の存在が再び「見えない人々」となってしまったのではないか。

72　1956年の『西陣年鑑』より約3年ごとに西陣織物工業組合の単独事業として出版されている（西陣織物工業組合 前掲書163頁）。

73　西陣織物工業組合『西陣年鑑』（西陣織物工業組合1959）317–329頁、『西陣年鑑』（西陣織物工業組合1962）287–300頁、『西陣年鑑』（西陣織物工業組合1965）205–316頁、『西陣年鑑』（西陣織物工業組合1969）309–318頁、『西陣年鑑』（西陣織物工業組合1973）397–405頁、『西陣年鑑』（西陣織物工業組合1976）765–774頁、『西陣年鑑』（西陣織物工業組合1978）173頁、『西陣年鑑』（西陣織物工業組合1982）199頁、『西陣年鑑』（西陣織物工業組合1985）143頁、『西陣年鑑』（西陣織物工業組合1990）113頁、『西陣年鑑』（西陣織物工業組合1996）197頁。

74　KY氏、LK氏へのインタビュー（2015年11月23日、京都市KY氏自宅にて実施）。

75　西陣織物工業組合『西陣年鑑』（西陣織工業組合2003）343頁。『西陣年鑑』で加盟者の名前を公開するのは1976年までであり、1978年から1996年まで加盟者数のみが朝鮮人織物組合と相互着尺組合別に公開されている。

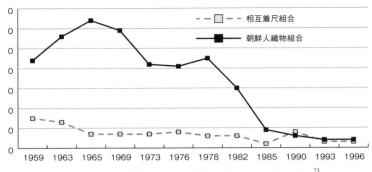

図 2-4　朝鮮人織物組合・相互着尺組合加盟者数推移[73]

1．戦後の在日朝鮮人の居住地と朝鮮人織物組合・相互着尺組合加盟者の分布

次に、戦後の西陣地域における在日朝鮮人の居住地と、朝鮮人織物組合・相互着尺組合加盟者の分布について考察する。全国的な状況として、戦後の在日朝鮮人の居住や経済的社会的状況に関して、戦前の統計資料のような詳細な資料が残されていない。そこで京都における戦後の在日朝鮮人の居住した地域を考察するための大まかな目安として、1970年に実施された『国勢調査』を利用する。この1970年実施の『国勢調査』は、戦後の朝鮮人の居住地を学区レベルまで把握することが可能な唯一の統計であると考えられる[76]。

この1970年実施の『国勢調査』は、日本の都市部で「朝鮮人中国人」[77]という項目を設置し、学区別に「朝鮮人中国人」数を公開している[78]。この1970年の国勢調査において、京都市内の「朝鮮人・中国人人口」3万1731人中、朝鮮人が3万826人、中国人は905人であり、「朝鮮人・中国人人口」の97.1%が朝鮮人であった[79]。このことを鑑みると、本章で取り上げる「朝鮮人・中国人人口」の大

76　高野昭雄が1970年実施の『国勢調査』をもとに、西陣地域（京都市北区上京区）における学区別の朝鮮人中国人人口の分析を行っている。高野昭雄「戦後一九五〇年代の京都市西陣地区における韓国・朝鮮人」『社会科学』第44巻44号（同志社大学人文科学研究所2015）1–33頁。高野昭雄氏は、本書で筆者が1970年実施の『国勢調査』を使用することを快諾して下さり、資料に関しても助言をいただいた。謝意を表する。

77　原則として、人口20万人以上の都市（東京都の23区を含む）および人口20万に達しない県庁所在市、この基準に該当しない都市であっても、人口増加の激しい都市や産業都市として発展途上にある都市で、国政統計区設定の必要性が認められる都市が、対象となった。総理府統計局「国勢統計区について」『昭和45年国勢調査報告 別巻 国勢統計区境界図』（総理府統計局1972）Ⅰ頁。

78　総理府統計局『昭和45年国勢調査報告 第4巻 国勢統計区編』（総理府統計局1973）310–312頁。1970年の『国勢調査』において、「朝鮮人中国人」人口と学区を公開した意図について、はっきりわかっていない。

79　総理府統計局『昭和45年国勢調査報告 第3巻 その26 京都府』（総理府統計局1972）87頁。

部分が朝鮮人であったと解することができるだろう。

　以下表 2–2 と表 2–3 は、1970 年時点の京都市北区と上京区の各学区の朝鮮人と朝鮮人比率である[80]。この朝鮮人人口率を、以下の北区と上京区の学区地図に当てはめたものが図 2–4 である。続いて、以下の図 2–8 は、1970 年の前年 1969 年の上京区と北区の学区別の朝鮮人織物組合・相互着尺組合員の数である[81]。

　表 2–6、図 2–7 を見てわかるように、柏野学区の「朝鮮人中国人」人口率 4.88% は北区で最も高く、同時に図 2–8 を見ると柏野学区に朝鮮人織物組合・相互着尺組合員が 18 人も存在していた。おそらく柏野学区に居住しながら自宅で西陣織産業の工場を経営する者や賃機を営む朝鮮人や、学区内の西陣織工場に通う朝鮮人が多かったと予想できる。その一方で、柏野学区に北接する楽只学区は「朝鮮人中国人」人口率 4.57% と柏野学区に次いで高いが、楽只学区に存在した組合員は 1 人と少ない。

　また上京区の場合、西部の翔鸞学区や仁和学区、乾隆学区は「朝鮮人中国人」人口率が、それぞれ 3.70%、2.47%、2.41% と上位 3 位を占めていることが特徴的である。朝鮮人織物組合・相互着尺組合員を見た場合、翔鸞学区に 12 人、仁和学区に 13 人、乾隆学区に 11 人と、朝鮮人の経営者が集中していることが分かる。北区の場合でも、南部の紫野学区の「朝鮮人中国人」人口率が 2.11% と比較的高く、朝鮮人経営者も 12 人が所在していた。

　以上のように、上京区であれば西部の翔鸞学区や仁和学区、乾隆学区に、北区であれば南部の柏野学区や紫野学区に在日朝鮮人も多数居住し、これらの学区には朝鮮人の西陣織産業経営者が集中していた。図 2–7 の学区別「朝鮮人中国人」人口率と図 2–8 の朝鮮人織物組合・相互着尺組合員の分布より、1935 年と同様に 1970 年でも京都市北区と上京区における朝鮮人の居住と、西陣織産業の工場が集中した地域とが重なる。

第 2 節　京友禅産業における朝鮮人の同業者組合

　2 節では京友禅産業における朝鮮人の同業者組合として、「京都友禅蒸水洗工

80　総理府統計局『昭和 45 年国勢調査報告 第 4 巻 国勢統計区編』（総理府統計局 1973）310–312 頁。
81　高野昭雄は 1950 年代の在日朝鮮人の西陣織産業経営者の分布状況を把握するために、1957 年に出版された在日本朝鮮人商工連合会編集の『在日本朝鮮人商工便覧 1957 年版』を使用しているが、本章では、1970 年実施の『国勢調査』に年代的に最も近い 1969 年の西陣織物工業組合編集の『西陣年鑑』の「朝鮮人西陣織物工業協同組合」部分と「相互着尺織物協同組合」部分を使用する。

表 2-5　京都市北区人口と朝鮮人中国人（1970 年）

	人口総数	朝鮮人中国人	朝鮮人中国人比率
柏野	6,231	304	4.88%
楽只	4,797	219	4.57%
衣笠	10,918	298	2.73%
上賀茂	14,631	397	2.71%
大宮	8,241	174	2.11%
紫野	13,036	275	2.11%
待鳳	13,409	236	1.76%
出雲路	3,872	62	1.60%
大将軍	7,321	80	1.09%
紫竹	9,562	86	0.90%
金閣	10,290	90	0.87%
鷹峯	4,883	39	0.80%
元町	5,161	36	0.70%
鳳徳	11,656	73	0.63%
紫明	9,709	16	0.16%
雲ケ畑、中川	1,864	1	0.05%
北区	135,681	2,386	1.76%

表 2-6　京都市上京区人口と朝鮮人中国人（1970 年）

	人口総数 （A）	朝鮮人中国人 （B）	朝鮮人中国人比率（%） （B/A）
翔鸞	12,278	454	3.70%
仁和	18,673	461	2.47%
乾隆	5,223	126	2.41%
成逸	4,612	80	1.73%
桃薗	4,688	63	1.34%
正親	6,208	72	1.16%
嘉楽	3,609	34	0.94%
室町	15,009	140	0.93%
出水	13,095	101	0.77%
小川	4,922	33	0.67%
待賢	5,877	30	0.51%
中立	4,589	21	0.46%
聚楽	4,304	16	0.37%
滋野	6,045	22	0.36%
京極	7,689	19	0.25%
西陣	4,130	4	0.10%
春日	3,504	3	0.09%
上京区	124,456	1,679	1.35%

第 2 章　京都の繊維産業における朝鮮人の同業者組合

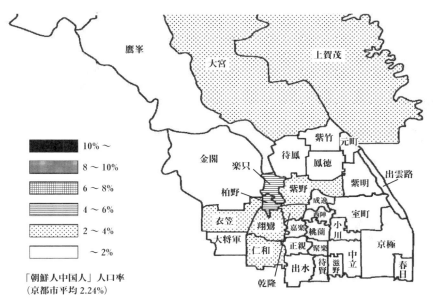

図 2-7　京都市北区・上京区学区別「朝鮮人中国人」人口率（1970）

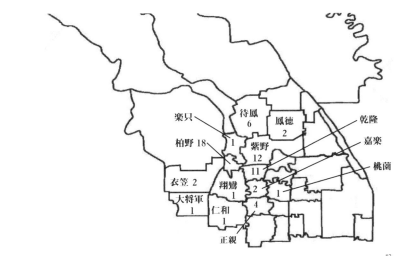

図 2-8　京都市上京区・北区学区別朝鮮人織物組合・相互着尺組合員の分布（1969）[82]

82　西陣織物工業組合『西陣年鑑』（西陣織物工業組合 1969）309–318 頁。

業協同組合[83]」（蒸水洗組合）を見ていく。この蒸水洗組合は、京友禅の生産の最終工程にあたる蒸水洗工程（1章図2「京友禅産業における蒸水洗工場の位置」参照）を担当する工場経営者の組合である。蒸水洗組合加盟者は朝鮮人経営者が圧倒的多数であったが、日本人も少数であるが加盟していた。

　ここでは西陣織産業と京友禅産業における各種組合の公式的な位置づけについて、整理しておく。西陣織産業内に存在した、先述の朝鮮人織物組合、第二組合、相互着尺組合は、朝鮮人経営者を代表する組合であった。その一方で、京友禅産業内に存在した蒸水洗組合は、蒸水洗工程の同業者組合であり、その中には日本人と朝鮮人の双方を含んでいた[84]。

(1) 蒸水洗組合の結成

　1章で先述した通り、1945年以前から京都の染色産業界においては朝鮮人の同業者組合の萌芽となるものが存在していたようである。それら組織を通じ、戦後、どのように現在の京都友禅蒸水洗工業協同組合（蒸水洗組合）が結成されたのかを扱う。

　戦後、蒸水洗組合の結成に関し、いくつかの記録が散見される。京都府商工課資料「商工協同組合設立認可申請について」では、1948年に組合員17人で協同組合設立の認可を申請したと記録されている[85]。この資料が戦後の同組合の定款となる。他方、京都府立中小企業総合指導所の資料では、「昭和二五年二月二八日同業者一七人により京都蒸水洗工業協同組合が設立された[86]」と記されている。1954年の『京都新聞』は「昨年はじめ業者百数十人でこの協同組合を結成[87]」と掲載されており、1953年に組合が結成されたかのように報じている。戦後の蒸水洗組合の結成年に関し様々な資料が存在するが、資料内容の具体性より京都府商工課の1948年5月に協同組合設立の認可申請を行ったというのが確定的である。

83　この組合作成の資料では、自組合の名称を「京都友仙蒸水洗工業協同組合」と表記することがある。同様に「友禅」と「友仙」の両方の表記が散見される。本章では組合の名称を「京都友禅蒸水洗工業協同組合」とし、その略称を「蒸水洗組合」に統一して表記する。

84　参考として、西陣織産業において公式的には「同業者組合」ではなかったが、「富山県出身京都利賀享有会」という組織が存在していた。この組織は西陣織産業の撚糸工程を担当した、富山県利賀村出身者の同郷団体であり、同郷団体と同業者団体の両方の性格を有していたことになる。松本通晴「西陣機業者の地域生活――とくに西陣機業を規定する地域生活の特質について」『人文学 社会学科特集』第109号（同志社大学人文学会1968）1–31頁。

85　京都府立京都学・歴彩館所蔵行政文書「商工協同組合設立認可について」簿冊名『商工組合』記4、簿冊番号（昭23–0013–005）（京都府商工課1948）。

86　京都府立中小企業総合指導所『京都蒸し水洗加工業界診断報告書』（京都府立中小企業総合指導所1975）4頁。

87　『京都新聞』1954年4月7日夕刊。

この京都府商工課資料より、戦前からの京都繊維染色蒸水洗業組合の組合員が中心となり、1948年5月13日、先述した朝鮮人織物組合と同様に京都府商工課に「京都友禅蒸水洗工業協同組合」とし協同組合設立の申請を行ったと考えられる。

(2) 蒸水洗組合の活動

1.「京都友仙蒸水洗工業協同組合　定款」における事業内容

それでは、この蒸水洗組合では、どのような活動が行われていたのだろうか。西陣織産業の朝鮮人の同業者組合ほど活動は多く行われていなかったのであるが、京友禅産業における蒸水洗組合の動きと、その性格について見ていく。

1948年5月13日、蒸水洗組合は京都府商工課に「京都友仙蒸水洗工業協同組合定款[88]」を提出した。そこには、組合設立時の組合員の名簿や事業内容などが記されている。ここでは、同組合の定款で扱われている内容を整理する。

表2-9は1948年の設立時の組合員名簿である。組合員は17人であり、民族名で所属する朝鮮人が1人存在し、日本名で経営を行う者が16人所属した。この16人中には、日本名を使った朝鮮人が多数所属したことが予想される。ただ名簿中の朝鮮人と日本人の実数が不明であり、この組合に占めた朝鮮人比率が分からない。

ここでは、ひとまず名簿内に加盟者について簡単に紹介する。「田川瑞穂」は、1942年時の「京都繊維染色蒸水洗業組合」の代表者であった[89]。ここから、この蒸水洗組合は戦前の京都繊維染色蒸水洗業組合と連続性を持った組織であったといえる。「多賀信一」は、1953年10月時の同組合理事長として『京都新聞』に登場する[90]。「千田俊明」は、同年12月時点の組合理事長であり[91]、1954年の『京都新聞』では「千舜命」として報道された[92]。彼は、1958年、在日朝鮮人側の新聞『朝鮮民報』で「理事長千舜命」として取材を受けた[93]。同組合は多数が朝鮮人によって占められていたが、日本人も存在した。「辻本幾次郎」は日本人業者であり、組合の脱退と加盟を繰り返したという[94]。

88　蒸水洗組合では「友禅」を「友仙」と簡略表記することがある。

89　内務省警保局 前掲書919頁 同編集者前掲書所収949頁。

90　『京都新聞』1953年10月17日。

91　『京都新聞』1953年12月7日。

92　『京都新聞』1954年4月7日夕刊。

93　『朝鮮民報』1958年11月8日。

94　蒸水洗組合事務員H氏への聞き取りより（2009年8月15日、組合事務所にて）。同組合の脱退と加盟を繰り返す日本人業者に関し、「朝鮮人による組合運営を嫌がったためではないか」と考える朝鮮人業者がいる。蒸水洗業者KC氏への聞き取りより（2010年1月8日、KC宅にて）。

表 2-9　1948 年の蒸水洗組合の組合員名簿

氏名	住所
星本○○	京都市中京区壬生御所ノ内町○○○○
中野○○	京都市中京区壬生松原町○○○○○○○
高　○○	京都市中京区壬生松原町貳拾○○○○
金本○○	京都市下京区佛光寺岩上西入晒屋町○○
多賀信一	京都市右京区桂上野西町○○○○○
丸宮○○	京都市下京区岩上通佛光寺下ル○○
春山○○	京都市中京区壬生賀陽御所町○○○○
田川瑞穂	京都市中京区壬生相合町○○○○○○
熊谷○○	京都市右京区西院小米町○○○○○○○
片山○○	京都市中京区壬生土居ノ内町○○○○
藤芳○○	京都市下京区綾小路猪熊西入丸屋○○○○○○○
辻本幾次郎	京都市上京区油小路二條上ル薬屋町○○○○
西野○○	京都市右京区山ノ内西八反田町○○○○
木下○○	京都市下京区中堂寺庄ノ内町○○○○○
三浦○○	京都市右京区梅津石灘町○○○○
千田俊明	京都市中京区猪熊御池下ル三坊猪熊町○○○○
平松○○	京都市中京区蛸薬師大宮西入因幡町○○○○

　組合事務所の設置場所に関し定款では、「京都市中京区壬生松原町四番地」と記されており、組合事務所は京友禅の生産の中心である中京区壬生に所在した。[95]組合員の住所も、17 人中 6 人が「中京区壬生」と記載されている。このことから当時、蒸水工場がこの壬生を中心に立地し、組合の事務所も所在したことが分かる。

2．定款内における事業内容

　続いて、蒸水洗組合の定款の初年度の事業内容を見てみる。一点目、「組合員の取扱品の加工、その他組合員の事業に関する共同施設」とある。これは、既述の商工協同組合法の「共同施設」の組合事務所や蒸水洗に関する作業場などの共同施設のほか、組合員のための共同事業や金融事業に相当する。この事業は、おそらく高価な機械が購入できない小規模の蒸水洗工場や、工場を所有しない経営者のためのものであったのではないか。

　続いて「組合員の工業に必要なる物の仕入」と記載されており、工場運営に必

95　2011 年まで組合事務所は壬生に存在し事業が行われていたが、その後解散し、組合の機能は「京友禅協同組合連合会」に移管されたと考えられる。

要な燃料や蒸水洗工程で必要な染料などの共同購入であったと推測される。当該箇所の「供給」という語が「＝」（二重線）で消され、「仕入」という語が加筆されている。これは、戦後の統制経済下の中での原材料「配給」との混用を避けるためであったとのではないだろうか。

そして「組合員の事業に関する指導、研究及び調査」とあり、蒸水洗工程の技術指導や研究を行い、生産過程で何かしらの問題が起きたときの調査をすることが事業として定められた。最後、「その他組合の目的を達するために必要な事業」と記述されていた。

だが、これら事業は染色関連の同業者組合を運営する上で一般的なものであり、この資料から蒸水洗組合の独自の事業は何であったのかが判然としない。また、これら事業は、あくまで「協同組合」設立のための定款として京都府に提出するものであり、これ以外にも特徴的な活動があった可能性がある。

そこで、ひとまず組合関係者への聞き取り調査より得られた活動について簡略に紹介する。まず同組合では、経営者や労働者のための行政手続きや金融関連業務などの補助を行っていた。特に日本語が不自由な在日朝鮮人一世にとって、この事務的な補助が重要な業務であった。また1960年代頃より、厚生年金台帳を管理した。続いて定款の二点目と同様に、聞き取り調査でも燃料や染料の共同購入を聞くことができた。組合設立当初より原材料の共同購入は重要な事業の一つであったというが、1973年のオイルショック以後、資材高騰を受け、その重要性が増していったという[96]。また、1980年代から組合で働く事務員H氏がとりわけ記憶する事業は、春の花見や夏の「友禅流し」、秋の運動会などの親睦行事であったと語る[97]。

3. 労使一体となったストライキ

戦後の蒸水洗組合の象徴的な活動として、本章では1953年のストライキを論じる。この活動は、戦後の回復期にあった京友禅産業の生産を3日間完全に停止させ、京友禅だけでなく京都の繊維産業全体に大きな影響を与えた。それとともに、『京都新聞』で京友禅産業の蒸水洗工程に朝鮮人が集中的に従事していることが報じられた。

96　蒸水洗業者KC氏への聞き取りより（2009年8月9日、KC氏宅にて）。
97　組合事務員H氏への聞き取りより（2009年8月7日、組合事務所にて）。

①ストライキまでの経緯

1953年10月17日、蒸水洗業者と労働者が団結し、加工賃を上げるよう他工程の染色業者やその組合に対しストライキを行った。ここではストライキにいたるまでの経緯を整理する。この2か月後、12月7日、組合理事長の千舜命[98]が今回のストライキまでの経緯を詳細に述べている。

> 今年の夏だつたと思うが京都染労組で従業員の労働状況を調査したところ一日十五時間の実労働に対し賃金は月六千円といつた結果が出た。そこで従業員側から賃上げ要求がわれわれむし、水洗の工場主に持ち出されたんだがわれわれとしてはとても現在の工賃では要求に応じられない。そこで労働者側に友禅業界との値上げ交渉が成立するまで待つように依頼すると同時に、友禅各協組と交渉を続けたんだが、たまたま十月十六日のむし、水洗業者大会に出席し労組代表が強硬な態度を示したため十七日から一挙にスト突入となつたわけだ。[99]

上記のように組合理事長によれば、1953年の夏から労働者からの賃上げ要求が蒸水洗業者に対し行われていたという。この動きに関し蒸水洗業者側ではすぐに対応できないとし、労働者側に賃上げを他工程の業者とするまで待つよう要請してきた。同年10月16日、「蒸水洗業者大会」で蒸水洗工場の労働者と蒸水洗業者との交渉が行われたが、労働者側の組合代表が譲歩しなかったとし、10月17日にストライキが決行された。この記事より、1953年のストライキは蒸水洗工場で就労する労働者側の賃上げ要求から始まったことが読み取れる。当初は蒸水洗工程内の賃金問題であったが、それが蒸水洗工程だけの問題に留まらず、他工程を含む大規模なストライキへと発展した。以下は、ストライキが決行された10月17日当日の『京都新聞』である。

> 水害から一般労務者の賃金が値上がりしたのにスライドせよとの要求を受けた蒸水洗工業協同組合加盟百八十業者は去る十日以来労使一体となつて親業者に当る京都友禅協組、誂友禅工協組、織物染色協組に対し加工賃の平均二割引上げを交渉中であつたが決裂したため、十六日午前十時から中京区坊

---

98 定款では「千田俊明」と記載されているが、『京都新聞』は「千田舜命」という名で報道した。本章では、引用文以外の彼の名前を「千舜命」に統一する。

99 『京都新聞』1953年12月7日。

城壬生寺に組合員業者及び同従業員ら約三百人が集り合同大会を開いた結果午後五時に至り"十七日午前零時から無期限ストに入る"と決議、遂に京友禅の生産は事実上機能を停止することになつた。[100]

　記事は、10月10日から蒸水洗組合員が上部の染色業者の同業者組合（京都友禅協同組合、誂友禅工協同組合、織物染色協同組合）と交渉を開始し、加工賃を引き上げるよう迫ったが、決裂したと報じている。結果、中京区の壬生寺に蒸水洗業者と労働者が約300人集まり、17日から無期限のストライキを行うことが決定された。この蒸水洗工程が止まるということは、京友禅の生産自体が完全に停止してしまうことを意味し、産業界全体に衝撃を与えた。

　決行初日の10月17日の『京都新聞』では、このストライキに関し蒸水洗組合と、上部の染色業者の組合の一つ京都友禅協同組合の双方の意見が取り上げられた。蒸水洗組合側は、2か月前から同組合と京都友禅協同組合との間で協議が行われていたが、染色業者に加工賃を上げる意欲がなく、結果的に協議が決裂したと強調した。

　この主張に対し、京都友禅協同組合側の認識として、染色業者が蒸水洗業者へ支払っている加工賃は「優遇をしている」と述べた。また、京都友禅協同組合側は、ストライキは「蒸業者」と「水洗業者」が加工賃を奪い合ったことが原因だとし、蒸水洗組合側を批判した。京都友禅協同組合の宅間理事長は、蒸工程と水洗工程の賃上げ問題が他の工程に転換されたとし、ストライキの原因は賃上げ問題を統制できない蒸水洗組合側にあり、自分らに責任がないと主張した。ただ、[101]蒸業者と水洗業者が別々に加工賃の値上げを要求したというのは新聞記事中で描かれておらず、これは宅間理事長の誤認識であったかもしれない。

　さらに記事は、京都友禅協同組合内に蒸水洗工程の共同作業場の設置計画があることに触れている。こうした染色業者の動向は、既存の蒸水洗工程を経ない生産を目指すものであり、ストライキを起こした蒸水洗組合への「圧迫」でもあったと解せられる。

②ストライキの終了と蒸水洗組合側の「勝利」

　1953年10月17日、蒸水洗組合は本格的にストライキに入り、京友禅の生産は完全に停止した。が、2日後の19日から事態は解決へと向かう。以下は翌20

100　『京都新聞』1953年10月17日。
101　『京都新聞』1953年10月17日。

日の『京都新聞』である。

　　友禅下請の蒸し水洗工協組のストは十九日事実上解決して同深夜から作業
をはじめた。同組合では親業者の八割まで改定値を認めることを条件として
ストに入つたものであり、十九日夜までに誂友禅は約九割、友禅協組もそれ
に近い業者が改定値を承認した模様である…（中略）…しかし下請業者の要
求を入れた染色業界が問屋に対して染価引上げを積極的に行う動きが見られ
ており、室町、西陣筋への反響が注目されている[102]。

　記事では、蒸水洗組合が提示した加工賃を、親業者の京都誂友禅工業協同組合
や京都友禅協同組合が、総じて了承したことが述べられている。協議の末、1953
年 10 月 19 日の深夜より各蒸水洗工場は操業を再開した。こうして蒸水洗組合は、
16 日の蒸水洗業者大会から 19 日深夜の操業再開までの 3 日間、ストライキを決
行し、京友禅産業の生産を完全に停止させた。なお記事では、今回の蒸水洗組合
のストライキは取引関係のある染色業者に対してなされたが、今後、染色業者が
問屋へ賃上げを要求する可能性があることが指摘された。京都の産業界では、仮
に今回の事態が他業者へ広がった場合、西陣織を含めた繊維産業全体に影響があ
ることが懸念された。
　翌日の 10 月 20 日、蒸水洗工場で働く労働者による組合の「蒸水洗労働組合」[103]
でストライキの総括と今後の方針に関して協議が行われた。まず今回の蒸水洗工
程のストライキは、蒸水洗労働組合と蒸水洗組合側の協力により「勝利」したこ
とが確認された。そして、引き上げられた加工賃の維持とともに、再び業者間の
顧客の奪い合いを防ぐための協議がなされた[104]。
　蒸水洗組合のストライキに関し、親業者の組合の一つ京都誂友禅工業協同組合
の理事長より、染色業者や他の同業者組合内で共同の蒸水洗設備を設置すること
が、再び紹介された[105]。この組合でも、生産工程から蒸水洗工場の「排除」が試み
られたようである。

---

102 『京都新聞』1953 年 10 月 20 日。
103 この組織は、蒸水洗工場で就労する労働者による組合であったと思われる。この組織に関し不
　　明であるが、1953 年 4 月、ある蒸工場に対し、労働争議を起こし京都府に争議調整報告を行っ
　　た。京都府立京都学・歴彩館所蔵行政文書「京都蒸水洗労働争議　労働争議調整開始終結綴」（京
　　都府労政課 1953）、簿冊番号（昭 40–0394–045）（京都府労務課 1953）。
104 『京都新聞』1953 年 10 月 21 日。
105 『京都新聞』1953 年 11 月 30 日。

同年 12 月 7 日の『京都新聞』でも、蒸水洗組合以外で共同の蒸水洗設備の設置する動きがあることが報じられた。だが、この動向に対し蒸水洗組合理事長の千舜命は「出来ないと思う」と答え、「（蒸水洗工程の）自家経営は無理　共同施設はもっと不可能」であると断言している。千舜命は、「むし業者の技術についてわれわれは二十年以上の経験を持つているし、自信がある」とし、蒸水洗工程での長年の経験と技術への自負を語り、染色工場での蒸水洗加工や他組合での共同施設の設置は「非現実的」との見解を示した。[106]

蒸水洗工程は肉体的に過酷な労働環境であり、また加工賃も委託加工ということで、他工程との取引面で不利益を受けやすい工程であった。本稿では、1920年代から、そうした工程に朝鮮人が集中的に就労してきたことを見てきた。千舜命の主張は、他工程の業者に蒸水洗業は簡単に代替できないとするものであり、蒸水洗工程に長年携わってきた朝鮮人の「矜持」であったと読み解くことができるのではないか。

③『京都新聞』の論調と「第三国人」という偏見

本稿では、『京都新聞』を中心資料として、1953 年の蒸水洗組合のストライキ活動を見てきたが、紙面では蒸水洗組合の活動に対し非常に否定的に描かれてきた。例えば、1953 年 11 月 30 日の『京都新聞』は、「友禅業界の三百年の夢を破るものとして話題を投じた」とし、この活動自体が京友禅産業界にとって有害な活動であるかのように報道した。同日の京都誂友禅工業協同組合理事長との対談でも、記者は蒸水洗組合のストライキを「かなり無責任な話だと思う」と批判した。[107]

また、ストライキ時より他業者や新聞記者らは、蒸水洗工程で朝鮮人業者が多数を占めるという認識を持っていたようである。記者から理事長の千舜命に、今回のストライキと蒸水洗工程に従事する者の多数が朝鮮人であることに関して、質問が投げかけられた。

　　むし、水洗業界はその九九パーセントまでが第三国人で構成されているため当時は色々と取ザタされたが、これに対して当の千田むし、水洗協組理事

---

106 『京都新聞』1953 年 12 月 7 日。
107 『京都新聞』1953 年 11 月 30 日。同時代の『京都新聞』は、ストライキや労働問題だけでなく、進歩系の活動に関して基本的に保守側や体制側の立場に立って報道することが多かった。たとえば、京都市立旭丘中学校で起きた進歩系と保守系の対立に関し、1954 年 3 月 4 日『京都新聞』は、文部省の意見書を受けて、進歩系の教員に対して「偏向教育の実例」と報じている。

長は“政治的含みは飛んでもない。極度に安い加工賃を食える価格に置き換えてもらうため”の切実なものと真向から否定している。[108]

　上記より、記者から千舜命に、蒸水洗工程が朝鮮人によって構成されていることと、今回のストライキに関し何か関係があるのかという指摘がなされた。実際、1920年代より蒸水洗工程が朝鮮人によって担われてきたが、記事ではそうした朝鮮人らに対し「第三国人」という表現が用いられた。先述したように、敗戦直後から「第三国人」に該当する朝鮮人は凶悪な犯罪者であり、日本社会の秩序と安全を脅かすというイメージを伝播させるため、「第三国人」という用語が新聞社や官僚によって使われた。[109]記事から、1953年においても京友禅産業内の組合や業者、『京都新聞』社は今回の蒸水洗組合に対し、朝鮮人らが業界を混乱させる意図をもってストライキを実行したと考えたのではないだろうか。『京都新聞』の論調や「第三国人」といった偏見のように、京友禅産業において朝鮮人に対する排外的な雰囲気が浸透していた。

　業界内や新聞の偏見にもとづいた憶測に対し、組合理事長の千舜命は「政治的な含みは飛んでもない」と否定し、あくまでも蒸水洗業者が受けていた不利益を是正するため、ストライキを行ったと反論した。『京都新聞』は、蒸水洗組合に対して否定的な論調で報道したのであるが、蒸水洗組合は、そうした新聞社側の推測に対し、蒸水洗業者の多数が朝鮮人であることを表面化させず、他業者から取引上で不利益を受けているという主張のもと、蒸水洗業者の立場を代弁した。

④蒸水洗組合理事長の「逮捕」

　だがストライキから約半年後の1954年4月6日、水洗組合は理事長千舜命が「逮捕」されるという事態に陥った。以下は、翌4月7日の『京都新聞』である。

　　堀川署では六日朝六時を期し松田警部の指導で署員二十人を動員して管内の暴力団一斉検挙を行い、中京区猪熊通御池下ル京都蒸水洗協同組合長千田こと千舜命（四六）…（中略）…を暴行容疑、横領容疑で逮捕した。

　　千田は昨年はじめ業者百数十人でこの協同組合を結成、組合長に選ばれ部下数十人をつれて得意先を獲得し他の業者を圧迫、昨年九月七日中京区女学

108　『京都新聞』1953年12月22日。
109　水野直樹　前掲書21頁。

校前通姉小路下ル友禅業〇〇さん方で注文をとつていた東山区粟田口三条坊城町堀川蒸工場工員倉島貴美さん（二七）に「何故オレの得意先を荒すか」と暴行、三日間の負傷をさせた。[110]

　記事は、京都府警堀川署が1954年4月までの所轄内の暴力事件について一斉に検挙を行い、容疑者数名を逮捕したという内容である。その容疑者の中に蒸水洗組合理事長の千舜命が含まれていた。彼にかけられた容疑は、ストライキ直前の1953年9月に行った「暴行」であった[111]。ただ、この記事に登場する被害者側の堀川蒸工場は、1963年まで同組合に非加盟の工場であった[112]。よって、この工員への暴力行為自体は、千舜命による組合非加盟の蒸水洗業者に対する「取り締まり」であったと理解することができる。

　ただ、ここ本章では1953年の蒸水洗組合のストライキと翌年の千舜命の「逮捕」に関連して、1950年代前半の在日朝鮮人を取り巻く状況について考えてみたい。1949年、在日朝鮮人連盟が解散するが、朝鮮戦争勃発を経て1951年1月、「在日本統一民主戦線」（民戦）が組織された。民戦は「祖国の完全独立」や日韓会談反対を掲げ、日本共産党の指導を受けながら各地の闘争に関与した[113]。そして、朝鮮向けの軍需輸送を阻止する目的で、1952年6月、武器や弾薬を搭載した貨物列車基地の吹田操車場で朝鮮人を中心としたデモ隊と警察が衝突するという吹田事件が起き、多くの朝鮮人が逮捕された[114]。同年7月、名古屋でも大規模なデモ活動が起き、朝鮮人と武装警官が衝突し、朝鮮人七四人の逮捕者と死者までも発生する大須事件が発生した[115]。このように、1952年直後の在日朝鮮人の政治的な動きに関し警察は神経を尖らせており、時に過剰な取り締まりを行い、朝鮮人側と警察側で大規模な衝突が起こることがあった。

　蒸水洗組合が労使総出のストライキを起こした1953年は、吹田事件や大須事件の翌年に当たる。千舜命の「逮捕」の背景には、朝鮮人が中心となった活動への過度な取り締まりと、先に述べた「第三国人」といった偏見など、日本人による朝鮮人への排外的意識が背景にあったかもしれない。資料からは、千舜命の

110　『京都新聞』1954年4月7日夕刊。
111　新聞記事の「…（中略）…」部分には、同日に他の事件で逮捕された者の氏名や住所が掲載されており、「横領容疑」は千舜命ではなく、他の者にかけられた容疑である。
112　安田前掲2014年論文192頁。堀川蒸工場は拙稿の工場Mの前身にあたる。
113　水野直樹・文京洙『在日朝鮮人　歴史と現在』（岩波書店2015）122-124頁。
114　『解放新聞』1952年7月5日。
115　『解放新聞』1952年7月19日。

「逮捕」の真相に関して分かりかねるが、1954年以降、一時的に千舜命主導による活動が不可能になったと考えられる。管見の限り、1954年から1959年までの『京都新聞』や行政文書など日本人側の資料で、蒸水洗組合がストライキを行ったという記録は確認できない。

4.『解放新聞』、『朝鮮民報』での取り扱い

　本章は1953年のストライキで蒸水洗組合が大きく取り上げたが、ここでは1950年代後半以降の同組合について見ていく。同組合は、在日朝鮮人側の新聞『解放新聞』と『朝鮮民報』で1954年から1958年まで数回登場した。

①「理事長千舜命」による広告

　ストライキの翌年の1954年1月12日の『解放新聞』に「京都友仙蒸水洗協同組合　理事長　千舜命」名義で「謹賀新年」の広告記事を掲載している[116]。その翌1955年1月1日の『解放新聞』でも、千舜命は同様の広告を出している[117]。これら広告から、1954年4月に千舜命は前年の「暴行」容疑によって「逮捕」されたのだが、その前後においても、組合でリーダーシップを有したと思われる。

　1957年1月7日、『解放新聞』は『朝鮮民報』に改題される。1958年1月1日の『朝鮮民報』で、千舜命は再び「理事長　京都友　蒸水洗協同組合　千舜命」の名で広告を掲載している[118]。続いて1958年9月9日、「朝鮮民主主義人民共和国樹立十周年」記念号で千舜命は、同組合の「理事長」名義で祝賀の広告を寄稿した[119]。

　以上、1950年代の『解放新聞』と『朝鮮民報』での蒸水洗組合の広告であると確認可能なものが4件存在した。しかし、広告主が千舜命であったのか、組合全体であったのかはっきりとせず、これらの広告費用がどのように拠出されたのかは不明である。ただ民族系の全国紙での広告を通じ、京都以外の朝鮮人も、蒸水洗組合が朝鮮人によって運営されている同業者組合であると認知することになったのではないだろうか。

②1950年代後半の蒸水洗組合の活動

　こうした広告が功を奏したのか、1958年11月8日、『朝鮮民報』の「現地特

---

116 『解放新聞』1954年1月12日。
117 『解放新聞』1955年1月1日。
118 『朝鮮民報』1958年1月1日。原資料では「仙」の字が欠けている。
119 『朝鮮民報』1958年9月9日。

集　京都版」で蒸水洗組合が取り上げられた。記事は京友禅産業の蒸水洗工程に関し簡単な説明がなされた後、朝鮮人経営の蒸水洗工場の状況について触れている。また、蒸水洗工場には小規模な工場から 50 人を超える大規模工場が存在することや、大量生産と機械化に対応できない零細業者が存在する問題、業界内で不渡り手形などにより取引上不利な地位にあることなどが説明されている。そして、蒸水洗組合に関して以下のように紹介している。

　　友仙蒸加工業には民団の影響下の業者らも多いが、「在京友仙蒸加工協同組合」＝中京區高辻通千本西入ル─理事長千舜命氏に集結している。
　　…（中略）…今、組合では①加工協定価格の統一、②顧客の移動防止、③水洗場所に対する許可証を一括受付、④中金から年二百万円を貸付受け、組合員に融資している（最高　三〇万円）。…（中略）…
　　入澤蒸工場代表のキムラッキュ氏は、同胞の経営体が不安定な土台の上で民族的に団結し、業者らの権益確保のために困難な情勢に対処することを強調した[120]

　活動内容の①として、まず加工賃の統一が取り上げられた。このことから、1958 年でも蒸水洗組合は所属業者の加工賃を統一し、染色業者に対抗していたと推測される。続く②の「顧客の移動防止」というのも、蒸水洗組合として各所属業者の取引関係を把握し、蒸水洗組合外で安価に取引をするアウトサイダー業者を出さないようにする措置であったと思われる。この記事から 1953 年のストライキを引き継ぐ形で、1958 年も同組合は他業者に対し対抗姿勢を堅持したといえる。
　③として、水洗の加工場所の許可制度を蒸水洗組合で一括して受け付けていた。最後④は、組合は「中金」から貸付を受け、組合員に融資したという内容である。これは京都の地方金融機関の「京都中央信用金庫」から貸付を受け、組合員に融資するものだと推測される[121]。これら③と④は、聞き取り調査で得られた経営者や労働者のための行政手続きや金融関連業務の補助と通じる部分がある。1950年代後半の同組合に関し『京都新聞』では報道されないが、朝鮮人側の『朝鮮民

---

120 『朝鮮民報』1958 年 11 月 8 日。
121 商工協同組合法では、「組合員に對する事業資金の貸付、組合員のためにするその事業上の債務の保證又は組合員の貯金の受入を併せて行ふことができる」と定められた（商工省産業復興局振興課 前掲書 118 頁）。記事は同法の「債務の保證」を指すと思われる。

報』では組合の活動が千舜命を中心に継続されたことが確認できる。

③「居留民団」所属の朝鮮人に関する言及

　1958年、先の『朝鮮民報』は、「友仙蒸工業には民団の影響下の業者らも多い」とし、「大韓民国居留民団」（居留民団）に所属する朝鮮人業者に関し言及している。『朝鮮民報』は「在日本朝鮮人総聯合会」（朝鮮総連）の機関紙であり、当時の居留民団は朝鮮総連の対抗勢力に当たる。記事中、組合に居留民団に関連する朝鮮人業者が多数存在したことを報じたが、朝鮮総連加盟の朝鮮人と居留民団加盟の朝鮮人が一つの同業者組合に所属し、そこで活動が行われていることの是非には言及されなかった。逆に、記事の最後では蒸水洗業者らが「民族的な団結」をし、朝鮮人の困難な状況に対処することの重要性が報道されている。このように1958年の『朝鮮民報』は、居留民団と関連のある朝鮮人業者が多数いたとしても、それを問題視せず、蒸水洗組合を朝鮮人の同業者組合として報道した。

　ここで、先述の西陣織産業の朝鮮人織物組合と蒸水洗組合を比較しておきたい。敗戦直後、朝鮮人の経済的に不利な条件を改善するため、朝鮮人連盟は全国各地に同業者組合の結成を指導した[122]。西陣織産業でも1947年4月20日に朝鮮人連盟京都府本部のもとで朝鮮人織物組合が結成し[123]、同年5月5日「朝鮮人西陣織物工業協同組合」名義で京都府商工課に協同組合設立の認可を申請し定款を提出した。

　しかし、1949年の朝鮮人連盟の解散や1950年の朝鮮戦争勃発を受け、朝鮮人織物組合では組合員の思想的立場の相違や、組合の運営方針をめぐり対立が生じた。関係者の資料では、1950年から1954年の時期で、居留民団に関連する業者らが朝鮮人織物組合から脱退し、「相互着尺織物協同組合」（略称、相互着尺組合）を結成したことが記録されている[124]。このように西陣織産業では1950年代前半、思想的な対立や運営方針の違いにより、朝鮮人織物組合は分裂した。

　また全国的な状況として1950年代前半、朝鮮戦争をめぐり在日朝鮮人の各組織の対応は異なった。居留民団側が学生や青年の志願兵を直接戦地に送り「祖国」を守ろうとしたのに対し、朝連解散後、日本共産党下に設置された「民族対策部」（民対派）は戦争の後方基地となった日本で、兵器や弾薬の生産や輸送を阻止し「祖国」を防衛しようとした[125]。1951年に結成した民戦も、朝鮮向けの軍需

122　呉圭祥『在日朝鮮人企業活動形成史』（雄山閣 1992）47–48頁。

123　金泰成 前掲書187頁。

124　安田 前掲2019年論文110–111頁。原資料はC3『時代の先駆者　C1氏の歩み』（大阪学院大学 1987）33–34頁、O3「西陣織物と在日韓国・朝鮮人」『西陣着物産業と着物文化』（同志社大学文学部社会学科 1998）29頁。

輸送を阻止する目的で吹田事件や枚方事件に関与した。[126]このように朝鮮戦争での「祖国」をめぐる攻防において、居留民団と民対派や民戦は相反する立場をとった。

1950 年代後半以降は、在日朝鮮人の朝鮮民主主義人民共和国への「帰国事業」に関しても、民戦解散後に結成した朝鮮総連と居留民団は対立した。朝鮮総連は、1955 年の結成直後より全国同時陳情行動や署名活動を行い、在日朝鮮人の帰国事業を推進した。[127]いっぽう居留民団側は「北送反対中央民衆大会」などを全国で開催し、民団員 9 万人がそこに参加するなどし、帰国事業に激しく反対した。[128]このように 1950 年代、民戦・朝鮮総連と居留民団側は、朝鮮戦争や帰国事業をめぐり激しく対立するようになった。それに先立つ形で、朝鮮人織物組合では 1950 年前後より敵対関係が生じていたようである。

朝鮮人織物組合とは対照的に、蒸水洗組合の朝鮮人間ではイデオロギーをもとにした対立は先鋭化しなかった。京友禅産業の蒸水洗組合は基本的に蒸水洗業者の同業者組合であり、朝鮮人が組合員の多数を占めたが、一部に日本人業者も存在していた。また同組合は、朝鮮人連盟や朝鮮総連、居留民団などの民族団体と直接的な関連を持った組織ではなく、結成時から組織の分裂を経験することもなかった。背景として他工程の業者と対抗する場合、朝鮮人だけでなく日本人も含めて活動したほうが、組合員数が多く優勢を保てると考えられたからではないだろうか。また、日本の金融機関からの融資を受ける際も、朝鮮人の同業者組合と名乗るより、京友禅の一工程の同業者組合としたほうが有利であると判断されたのかもしれない。

だが蒸水洗組合は、1953 年には他工程に対する加工賃の引き上げのためのストライキが決行され、その後は製品の加工価格を統一し、行政手続きや金融関連業務をするなど、朝鮮人業者の安定的経営を目的とした活動が行われていた。このように、蒸水洗組合の実態としては、朝鮮総連に所属する朝鮮人と居留民団に所属する朝鮮人の同業者組合として機能したのではないだろうか。

(3) 蒸水洗組合の組合員数推移と組合員の分布

ここでは先述した西陣織産業と同じく、京都友禅蒸水洗工業協同組合加盟の業者数についてみていく。図 2-10 は、1948 年から 2008 年までの京都友禅蒸水洗

---

125 水野直樹・文京洙 前掲書 119、122 頁。
126 水野直樹・文京洙 前掲書 124 頁。
127 菊池嘉晃『北朝鮮帰国事業の研究　冷戦下の「移民的帰還」と日朝・日韓関係』（明石書店 2020）218-221、252-253 頁。
128 菊池嘉晃 前掲書 350 頁。

工業協同組合の組合会員数の推移を示したものである[129]。1948年、蒸水洗組合は業者17人によって結成したが、1948年の賦課金の納入者記録は14人分しか存在しなかった。これは、おそらく初年度賦課金の未納業者が存在したためだと思われる。図2-10より1950年代までは組合員数の増減が激しい年が何回かあることを確認することができるが、これは組合の設立初期には比較的小規模の経営者が加盟と脱退を繰り返したためと思われる。続いて1960年代に入ると、組合員数は安定し、1970年代のピーク時には50以上の組合加盟の工場が存在していた。

だが、1980年代以降、急激に組合員数は減少した。1971年の「水質汚濁防止法」の施行や、1973年のオイルショックによる燃料・原料費の高騰、日本の消費経済の落ち込みなどの問題により、京友禅産業界は構造的な不況にさらされることになる。この影響が蒸水洗工場数に現れてくるのが1980年代からであり、組合員数も大きく減少している。そして1990年代初頭までのバブル経済の中では、組合員数を20人から30人と維持するが、それ以降はその数を減らしている。

2000年代の後半から、蒸水洗工場で使われる燃料費の急騰を受け組合員数は一層減少し、2008年時点では12人であった。また、筆者が蒸水洗組合関係者へ行ったインタビュー調査では、この12社中8社が在日朝鮮人が経営する工場であった[131]。

1. 戦後の在日朝鮮人の居住地と蒸水洗工場の分布

続いて戦後の在日朝鮮人の居住地と蒸水洗工場の分布について考察する。ここでも1970年実施の『国勢調査』と、蒸水洗組合の組合員の「住所録」を利用する。以下の表2-10と表2-11が1970年の京都市中京区と右京区区の各学区の朝鮮人と朝鮮人比率である[132]。

続いて、朝鮮人人口率を以下の中京区と現在の右京区の学区地図に当てはめたものが図2-12である。

また以下の図2-13は、筆者が蒸水洗組合の資料をもとに整理した、1970年当時の蒸水洗組合に加盟していた工場の分布である。

図2-13の1970年当時の中京区・右京区の学区別の蒸水洗組合加盟者の分布を

---

129 図2-10は「京都友禅蒸水洗工業協同組合」加盟者記録をもとに作成した。閲覧させていただいた同組合の職員の方々に謝意を表する。

130 蒸水洗組合事務職員調べ。表2-9の組合会員数推移に空白が存在するのは、1949年、1962年、1968年の組合員数の記録が残っていなかったためである。

131 KC氏へのインタビュー（2009年9月25日、KC氏宅にて）。

132 総理府統計局『昭和45年国勢調査報告 第4巻 国勢統計区編』（総理府統計局1973）310–312頁。

第 2 章　京都の繊維産業における朝鮮人の同業者組合　107

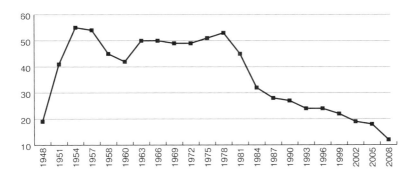

図 2-10　京都友禅蒸水洗工業協同組合 組合会員数推移（1948-2008 年[130]）

見ると、中京区部分では四条通りより南側、西高瀬川が地区を貫く朱雀第七学区に蒸水洗工場が3社、朱雀第三学区に5社存在している。

また、1958年の報告であるが、京友禅産業の生産工場が最も密集している地域は「堀川―西大路（東西）、二条―五条（南北）の間」と言われており[133]、おおよそ朱雀第七学区、朱雀第四学区、朱雀第三学区、朱雀第五学区に該当する。これら「朝鮮人中国人」人口率の高い学区に居住した朝鮮人は、蒸水洗工場以外にも一般の京友禅工場や染色工場で就労していたと考えられる。

右京区の場合、西院第二学区の「朝鮮人中国人」人口率が8.40%と突出して高く、西院学区も5.73%と相対的に高い。しかし、両学区合わせても蒸水洗工場は1社しか存在していない。この西院第二学区の場合、「在日本朝鮮人総聯合会」（朝鮮総連）の京都府本部が西院南高田町に、関連する「朝銀京都信用組合」が西院三蔵町に所在していた[135]。そして1935年、「京都朝鮮人基督教会」が西院第二学区の西院矢掛町に礼拝堂を建築した[136]。戦後は、京都教会を拠点に朝鮮人の民族教育機関「京都信明学校」が運営されている[137]。また、1章で紹介した朱雀学区に位置した「向上館」も戦後は「向上館保育園」として、この大韓基督教京都教

133　京都市商工局『京友禅(仕入小巾手捺染)の生産と流通――京都商工情報特集号』（京都市商工局 1958）14 頁。
134　表 2-11 中の旧右京区には、現在の西京区の桂学区、松尾学区、大江学区、大原野学区、川岡学区を含んでいる。1976 年 10 月 1 日、右京区より桂川より西南部が西京区として分区する。なお、本章では桂川の位置を分かりやすくするために、旧右京区内の西京区部分を削除して図を作成した。
135　在日本朝鮮人総聯合会『朝鮮総聯』（在日本朝鮮人総聯合会 1991）180、188 頁。
136　在日大韓基督教京都教會 50 年史編纂委員會『京都教會 50 年史』（在日大韓基督教京都教會 1978）73 頁。京都朝鮮人基督教会は 1948 年に「大韓基督教京都教会」に改称した。
137　金守珍『京都教會의 歷史：1925-1998』（在日大韓基督教京都教會 1998）200-205 頁。

表 2-10　京都市中京区人口と朝鮮人（1970 年）

	人口総数 (A)	朝鮮人中国人 (B)	朝鮮人中国人比率 B/A × 100（%）
朱雀第七	9,639	745	7.73%
朱雀第四	8,750	441	5.04%
朱雀第三	9,058	405	4.47%
朱雀第五	10,082	393	3.90%
立誠	3,504	122	3.48%
朱雀第六	7,344	129	1.76%
朱雀第一	10,724	187	1.74%
朱雀第二	8,142	129	1.58%
朱雀第八	12,694	195	1.54%
教業	3,497	49	1.40%
乾	5,224	57	1.09%
竜池	2,639	18	0.68%
本能	3,870	23	0.59%
明倫	2,937	12	0.41%
日彰	3,144	11	0.35%
富有	3,272	10	0.31%
銅駝	3,258	9	0.28%
生祥	2,710	7	0.26%
初音	3,303	8	0.24%
梅屋	5,238	10	0.19%
城巽	4,495	4	0.09%
竹間	3,394	0	0.00%
柳池	3,564	0	0.00%
中京区	130,482	2,964	2.27%

会の横に移転し教会と一体となって経営が行われている。[138]

　以上、西院第二学区は在日朝鮮人関連の民族団体や民族系金融機関、宗教施設、教育機関などが多数所在する学区である。西院第二学区と北接する西院学区の「朝鮮人中国人」人口率の高さは、これら民族系の施設で働く朝鮮人が西院第二学区に居住していたためであったと推測できる。さらに、これら西院第二学区と西院学区に居住する朝鮮人の場合、近隣の朱雀第三学区や朱雀第七学区、西京極学区、山ノ内学区、梅津学区の蒸水洗工場や関連する染色工場へ自転車や徒歩

138　浅田朋子「京都向上館について」『在日朝鮮人史研究』第 31 号（緑蔭書房 2001）94 頁。

表 2-11　京都市旧右京区人口と朝鮮人（1970 年）[134]

	人口総数	朝鮮人中国人	朝鮮人中国人比率
西院第二	7,837	658	8.40%
西院	10,401	596	5.73%
梅津	15,447	843	5.46%
山ノ内	10,710	543	5.07%
西京極	20,278	1,008	4.97%
花園	9,372	385	4.11%
安井	9,199	357	3.88%
川岡	20,391	757	3.71%
嵯峨野	11,643	352	3.02%
太秦南部	16,434	415	2.53%
太秦北部	19,021	469	2.47%
大枝	2,005	38	1.90%
嵐山	6,968	129	1.85%
桂	22,901	358	1.56%
御室	20,418	295	1.44%
松尾	18,884	234	1.24%
水尾、愛宕	544	6	1.10%
嵯峨	18,161	175	0.96%
高雄	1,871	9	0.48%
大原野	7,766	17	0.22%
旧右京区	250,251	7,644	3.05%

で通う者が多かったため、「朝鮮人中国人」人口率が高かったと推測できる。

　次に、梅津学区である。1 章で見たように梅津学区は戦前から朝鮮人が多数居住した学区であったが、戦後の 1970 年においても「朝鮮人中国人」人口率が 5.46% と西院学区に次いで高かった。蒸水洗工場も 10 社と蒸水洗組合の中で工場が最も集中する学区でもあった。梅津学区の場合、南西側に桂川に面し水利に優れていること、右京区内でもとりわけ広い土地が残されていたために、比較的規模の大きい蒸水洗工場が多かったという[139]。この梅津学区に居住する朝鮮人の多数が、近隣の蒸水洗工場で就労していたと考えられる。

　また、桂川沿いで梅津学区の南東部に隣接する西京極学区も「朝鮮人中国人」

---

139 KC 氏へのインタビュー（2009 年 9 月 25 日、KC 氏宅にて）。工場 M の経営者家族であった KC 氏も、1970 年代、中京区の朱雀第三学区にあった工場 M を右京区の梅津学区か西京極学区へと移転させる計画があったという。

note：脚注 136 は次頁へ

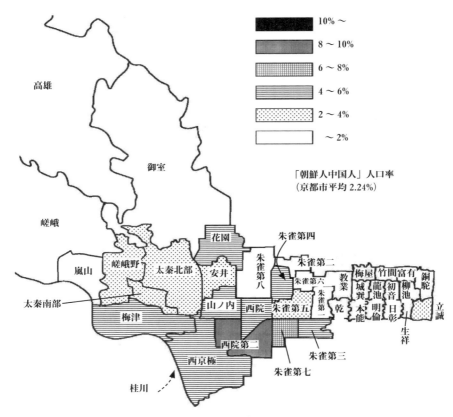

図 2-12　京都市中京区・右京区学区別「朝鮮人中国人」人口率（1970 年）

人口率が 4.97% と比較的高く、蒸水洗工場も 3 社が立地していた。同じく、天神川沿いの山ノ内学区も「朝鮮人中国人」人口率 5.07% であり、蒸水洗工場も 3 社立地する学区であった。以上のように、右京区南部の桂川や天神川沿いの学区で、朝鮮人が多数居住し、蒸水洗工場がこれらの学区に多数立地していたことが分かる。

　上記の通り、中京区であれば、西部の四条通より南側の西高瀬川が貫く朱雀第三学区や朱雀第七学区、右京区であれば、南部の桂川沿いの梅津学区や西京極学区、また、天神川沿いの山ノ内学区に在日朝鮮人が多数居住し、蒸水洗工場も多く所在していた。そして、それら学区の中間にあたる西院第二学区や西院学区に、京都の在日朝鮮人関連の民族団体や民族系金融機関、宗教施設、教育機関が所在し、在日朝鮮人も多数居住するという、京都市西部における在日朝鮮人の居住

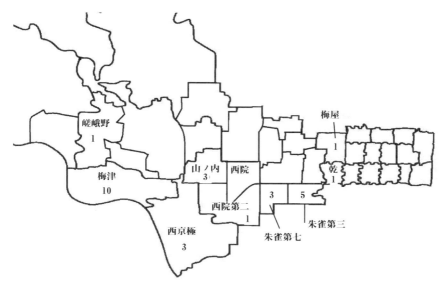

図 2-13　京都市中京区・右京区の学区別の蒸水洗組合加盟者の分布（1970年）

地と産業の構造を読み解くことができる。以上、図 2-12 の学区別「朝鮮人中国人」人口率と、図 2-13 の蒸水洗加盟の工場の分布より、1970 年でも京都市の中京区と右京区において、朝鮮人が居住した地域と蒸水洗工場の立地した地域に関連があることが見受けられる。

小括

　本章では 1945 年から 1959 年の在日朝鮮人の同業者組合について見てきた。そして 1970 年の京都市北区、上京区、中京区、右京区における在日朝鮮人の居住地と、同業者組合に加盟した事業者や工場の立地について論じた。ここでは在日朝鮮人の同業者組合を西陣織産業と京友禅産業とに区分して整理する。
　個人の記憶や記録などによるものであるが、西陣織産業内において原料である生糸の配給権獲得や朝鮮人同士の相互扶助を目的に、1945 年直後から朝鮮人連盟を中心に朝鮮人の組合設立の機運が高まり、1946 年に朝鮮人西陣織物工業協同組合（朝鮮人織物組合）が結成されたと考えられる。また、この朝鮮人織物組合の設立は西陣織産業の他の日本人組合に比べても、かなり早いものであったと言われている。

そして新聞の広告から、1947年に朝鮮人第二西陣織物工業協同組合（第二組合）が設立されたことを確認した。この第二組合がどのような経緯で誕生し、朝鮮人織物組合がどのような違いがあるのかは、未だ明確に分かっていないが、1953年から1957年の間に朝鮮人織物組合に統合されていったと考えられる。

1950年の朝鮮戦争勃発後、朝鮮人織物組合内で思想的な対立が激化する。ここで朝鮮人織物組合のやり方に批判的な朝鮮人業者が脱退し、彼らを中心に1950年代に相互着尺織物協同組合（相互着尺組合）を結成したことが、個人の記録から推測される。

『京都新聞』の紙面上で確認できる朝鮮人織物組合の活動として、日本国内の自然災害被害への義援金集めや、業界でのエネルギー節約運動の取り組み、「労働基準法」の普及など、朝鮮人織物組合を筆頭に、朝鮮人の組合は日本社会に対して比較的協力的であった。日本人社会への協力姿勢を通じて、西陣業界内での朝鮮人の地位向上を目指したのではないだろうか。

また、1949年9月、連合国最高司令官総司令部（GHQ）の団体等規制令により朝鮮人連盟は解散命令を受け、朝鮮人の日本での生活を保障する組織が消滅する。こうした苦しい状況の中で、京都市長の高山義三に朝鮮人織物組合が中心となって直接交渉をし、京都市との協調的関係を構築しようとした。

そして1950年代後半からは、西陣織産業における総合的組合を作る動き、組合を一本化しようという活動の中で、朝鮮人織物組合や相互着尺組合は、またしても日本人の組合に対して協力的であった。こうした協調姿勢によって朝鮮人の二組合は、業界での上部組合「西陣織工業組合」の中での地位を確固としたものにすることができたと考えることができる。しかし、「帰国事業」が近づく1959年には朝鮮人織物組合は朝鮮人独自の活動を取れないなど、同業者組合のもつ力は弱くなっていった。

本章1節の最後の部分で、朝鮮人織物組合と相互着尺組合の組合員数推移と組合員の分布を見た。『西陣年鑑』（1959年～1996年）の組合員名簿によれば、朝鮮人織物組合は1965年のピーク時には74人の織物業者が加盟したものの、1985年には19人に激減する。日本人の服装の洋装化に伴う着物需要の低下や、1973年の第一次オイルショックによる消費不況が影響したのであろう。また、相互着尺組合を見ると、1959年当初より加盟者数が朝鮮人織物組合の3分の1程度と少なかった。続いて、1965年から1996年にかけて10人台を維持していた。だが、2003年、相互着尺組合はその名称自体が『西陣年鑑』に記載されなくなる。さらに朝鮮人織物組合は加盟者数を公表しなくなり、2008年から組合の名称も『西

『陣年鑑』に記載されなくなり、以降、西陣織工業組合が発行する資料の中では一切登場しなくなる。

また、1970年の国勢調査における各学区の「朝鮮人中国人」と朝鮮人織物組合と相互着尺組合の加盟者の立地を考察した。1970年当時、京都市北区南部の柏野学区や紫野学区、上京区西部の翔鸞学区、仁和学区、乾隆学区の「朝鮮人中国人」人口率が高い学区において、朝鮮人織物組合と相互着尺組合の加盟経営者が多かった。1章で1935年の朝鮮人の居住と西陣織産業の関連を説明したように、1970年においても朝鮮人の居住地と西陣織産業の生産の集中地域がほぼ重なると考えられる。

京友禅産業内では、1章で見てきた通り1930年代後半から京都染物水洗業組合や京都蒸業組合など、後の組合の萌芽となるものが存在していた。この組織を土台として、1948年に京都蒸水洗工業協同組合（蒸水洗組合）が設立したと推測される。

蒸水洗組合の主要な活動は、他工程の業者や問屋との交渉、原材料の共同購入、組合加盟の工場で働く労働者の厚生年金台帳管理など、多岐に渡っていた。その中でも1950年代、新聞紙面で確認できる象徴的な活動としては、1953年の労働者・経営者を含めた組合総出のストライキがあった。蒸水洗工場の操業停止によって、京友禅産業の生産全体がストップしてしまうなど、業界全体に与える蒸水洗組合の活動の影響はかなり大きかった。同時期、組合非加盟で蒸水洗加工をする同業者に、組合長が主導して蒸水洗組合として圧迫をかけるという暴力事件も発生したことが、『京都新聞』によって報道されている。また民族系新聞『解放新聞』や『朝鮮民報』に蒸水組合理事長名義で広告を掲載した。こうした活動によって、この組合は民族新聞側によって朝鮮人の同業者組合として認識されたようである。

では、京友禅産業には、西陣織産業のような朝鮮人だけの同業者組合は、なぜ存在しなかったのだろうか。京友禅産業の蒸水洗工程では労働者としても経営者としても、ほとんどが在日朝鮮人であった。いわば、西陣織産業において在日朝鮮人は数的マイノリティーであったのであるが、京友禅の特定一工程である蒸水洗工程では在日朝鮮人は数的マジョリティーであったと考えることが出来る。よって、この一工程でどのような同業者組合を作ったとしても、加盟経営者の大多数が朝鮮人となる。本章で取り上げた蒸水洗組合の場合、多数の朝鮮人と少数の日本人によって運営される同業者組合であった。それゆえ、京友禅産業界に朝鮮人を代表する同業者組合を、あえて作る必要がなかったのではないかと、筆者

は現在のところ考えている。

　本章2節の最後では、蒸水洗組合の組合員数推移と組合員の分布を見た。蒸水洗組合の組合会員数推移によれば、1960年代から1970年代のピーク時には50以上の組合加盟の工場が存在した。1971年の「水質汚濁防止法」の施行や、1973年のオイルショックによる燃料・原料費の高騰、日本の消費経済の落ち込みなどの問題が影響し、1980年代以降、急激に組合員数は減少した。1990年代初頭までのバブル経済の中では、組合員数を20社から30社を維持するが、それ以降より減少する。2000年代の後半からは、蒸水洗工場で使われる燃料費の急騰を受け組合員数はなおも減少し、2008年時点では12社であった。

　また、1970年の国勢調査における各学区の「朝鮮人中国人」と蒸水洗組合の加盟者の立地を考察した。1970年当時、京都市中京区西部の朱雀第七学区や朱雀第三学区、右京区の桂川沿いの梅津学区や西京極学区、天神川沿いの山ノ内学区で「朝鮮人中国人」人口比率が他学区に比べ相対的に高く、そうした学区に蒸水洗組合の加盟工場が多く立地していたことが分かった。1章で1935年の朝鮮人の居住と京友禅産業の関連を見たように、1970年においても朝鮮人の居住地と京友禅産業の蒸水洗工場の立地に一定の関連があったと考えられる。このように本章では、戦後の在日朝鮮人の居住地と京都の地場産業である繊維産業（西陣織産業、京友禅産業）に、依然として関連があることを説明してきた。

　以上、本章では朝鮮人織物組合や蒸水洗組合などの京都の繊維産業に存在した朝鮮人の同業者組合の考察を行った。1945年から1959年までの15年という時間の中ではあったが、西陣織産業や京友禅産業のなかで朝鮮人の同業者組合がどのように結成されたのか、また、どのような活動を行ってきたのか論じた。

　先行研究では韓載香が、京都の朝鮮人の同業者組合が果たした役割について、「結果的には、親睦維持の機能が中心となり、在日企業、在日産業のためにコミュニティの経済力を集約する動きは認められなかった」と論じている。[140]だが、本書で新聞記事に登場する朝鮮人の同業者組合を見た場合、韓載香が指摘した朝鮮人のコミュニティとは異なる姿が見られた。たとえば、西陣織産業では朝鮮人に対する日常的な偏見が存在する中でいかに朝鮮人の地位を業界内で向上させるかなどの活動が見られた。朝鮮人連盟が解散を命じられた際は、京都の朝鮮人の生活を保障するよう京都市長に直談判するような力強い動きも存在した。また、京友禅産業では蒸水洗組合は日本人の労働者や経営者と一体となって、他工程へ

140　韓載香 前掲書102頁。

の賃上げを要求するストライキ活動を展開し、京友禅製品の生産ライン全体を止めるまでに猛烈な動きを見せていた。

　1945年から1959年の期間で京都の繊維産業の朝鮮人の同業者組合を見ると、各同業者組合の活動は韓載香が指摘するような「親睦維持の機能が中心」に留まるようなものでは決してなく、むしろ同業者組合が中心となって京都の繊維産業のあり様を左右するような活動が行われていたといえる。特に同時期、西陣織産業において朝鮮人織物組合が中心となり、それまで「見えない人々[141]」であった朝鮮人を可視化するような活動が京都の産業界に起こった。1959年からではあるが、西陣織産業の公的資料『西陣年鑑』に「朝鮮人織物組合」の名前を登場させた意義は大きいのではないか。

---

141 飯沼二郎 前掲書9頁。

第3章　西陣織産業における
　　　　在日朝鮮人

　本章では、戦前から戦後にかけて、西陣織産業に従事した在日朝鮮人の経営者・労働者の労働について、個人の記録などの資料やインタビューでの語りをもとに考察する。それら各事例を通じ、在日朝鮮人がどのような経緯で朝鮮の故郷を離れ、日本に渡航、その後西陣織産業に就労したのかを分析する。また同産業の全盛期や下火になる時期、彼らはどのように対応したのかを論考する。

　ここでは、戦後の西陣織産業と在日朝鮮人に関する研究を整理しておく。韓載香は、西陣織や京友禅などの京都の繊維産業における在日朝鮮人のコミュニティ機能を論じている。[1]このコミュニティ機能を通じた情報で、京都の在日朝鮮人経営者は繊維産業からパチンコ産業への転業を図ったことが指摘されている。だが、韓載香の研究では在日朝鮮人経営者の経済活動や、彼らが運営した企業が研究対象とされており、労働者については言及されていない。

　また、李洙任は西陣織産業に従事した在日朝鮮人のエスニシティについて考察している。李洙任は、西陣織産業に従事した在日朝鮮人2人に詳細なインタビューを行い、彼らの日本までの渡航経験や西陣織産業への就労経路、就労する際の日本人と朝鮮人との関係、彼らの労働観などを丹念に描き出している。[2]しかし李洙任の研究でも対象は、小規模であるものの経営者として西陣織産業に従事した在日朝鮮人であり、労働者として就労し続けた者については不明な部分が多い。

　權肅寅（권숙인）の研究[3]は、西陣織産業に従事した在日朝鮮人に関する既存の研究を整理しながら、独自に2010年代でも織屋を経営する在日朝鮮人家族の事

1　韓載香『「在日企業」の産業経済史　その社会的基盤とダイナミズム』（名古屋大学出版会 2010）70–103 頁。
2　李洙任「京都西陣と朝鮮人移民」『在日コリアンの経済活動──移住労働者、起業家の過去・現在・未来』（不二出版 2012）36–60 頁、「京都の伝統産業に携わった朝鮮人移民の労働観」前掲書 61–80 頁。
3　권숙인（權肅寅）「일본의 전통, 교토의 섬유산업을 뒷받침해온 재일조선인（日本の伝統、京都の繊維産業を支えてきた在日朝鮮人）」『사회와 역사』第 91 輯（한국사회사학회 2011）325–372 頁。

例を紹介し、三代続く西陣織産業経営者の労働と彼らの民族意識を論考している。ただ權肅寅の研究も、やはり経営者を対象にしたものであった。

　以上のように、先行研究においては在日朝鮮人の経営者の事例に偏重しており、労働者の事例を含んだ研究は多くない。たとえ経営者に関する研究の場合であっても、対象者がいかに労働者から経営者になっていくのか、あるいは経営者であった者がどのように労働者になったのかなど、その過程については論考する余地がある。あわせて、先行研究においては西陣織産業の成長期や斜陽へと向かう時期に、在日朝鮮人の経営者や労働者がどのような対応をしたのかについて描かれてはいない。また、西陣織産業において日本人と朝鮮人とはどのような関係であったのかなど、未だ不明な点が多い。以上の先行研究の限界を踏まえ、西陣織産業における労働の実践や、同産業の盛衰の中での在日朝鮮人の対応について、日本人と朝鮮人との関係はどのようなものであったかなど、経営者と労働者を含めて考察する必要があるだろう。

　そこで、本章では７人の在日朝鮮人の事例をもとに西陣織産業における在日朝鮮人の労働と生活を考察する。具体的に西陣織産業における在日朝鮮人の労働に関して、戦前の朝鮮人が各個人としてどのように京都に定住するようになり、西陣織産業で就労するようになったのか、また、その労働の実践として、西陣織産業の中で彼らは、いかに技能を習得したのかを見ていく。そして、西陣織産業の盛衰を受け、在日朝鮮人は経営者や労働者としてどのように対応したのかを、経営者と労働者に区分して論じる。西陣織産業に従事した在日朝鮮人７人の事例を、彼らが残した資料やインタビュー調査、先行研究中における個人に関する記録などを参考し、考察を行う。

　この７人の事例を扱うことで、ある時は労働者として、また、ある時は経営者として西陣織産業に従事した在日朝鮮人が行ってきた労働が、まさに生きるために何をしたのかという部分として、明らかになると考える。そうした在日朝鮮人の労働を考察するためにも、この７人の個々の事例が重要になるのではないだろうか。

　本章では、これらを西陣織産業に従事した７人の事例を通して明らかにしていくのであるが、この７事例だけで、西陣織産業に従事した在日朝鮮人の全てがそうであったと普遍化することはできない。しかし、筆者は彼らの個々の事例を見ることで、西陣織産業に従事する在日朝鮮人の労働や経営と、それら労働の一部を知ることが可能になると考える。この記録や語りには、歴史的事実と食い違う部分が存在するかもしれない。それらが事実かどうかも重要であるが、個人の記

録であれインタビューによる語りであれ、彼らがなぜ、そのように語るのかが重要であると筆者は考え、本章における事例の主要な資料として用いる。

第1節　資料とインタビューの整理

ここで、本章の各事例として扱う西陣織産業に従事した人々、計7人を簡単に紹介する。また、その7人をどのような資料をもとに論考していくのかについても記しておく。

①　C1氏（1911年〜2000年）は在日朝鮮人一世の男性である。1950年代まで西陣織製品の製造業・卸売・流通業者を行っていた。本章を書くにあたって、孫C3氏の卒業論文（1987年執筆『時代の先駆者　C1氏の歩み』（大阪学院大学卒業論文1987）未公刊資料）を参考にした。また、2013年から2014年にかけて、筆者は、長男C2氏へのインタビューを実施した。

②　O1氏（1919年〜2010年）は在日朝鮮人一世の男性である。彼も、1980年代まで西陣織製品の製造業・整理業を行った。本章を書くにあたって、孫O3氏の調査実習報告書（1996年執筆「西陣織物と在日韓国・朝鮮人」『西陣着物産業と着物文化』（同志社大学文学部社会学科社会学専攻1998））を参考にした。同時に2012年から2014年、O1氏を知る関係者へのインタビューを実施した。

③　I1氏（1923年〜）は大邱生まれの在日朝鮮人一世、男性である。1970年代まで西陣織製品の製造業・整理業を行っていた。2014年と2016年、長男I2氏と共にインタビューを実施した。

④　玄順任氏（1926年〜2020年）は在日朝鮮人一世、女性である。筆者がインタビュー調査を行った2009年時は西陣織製品の製造業者であった。成大盛[4]と李洙任[5]による玄順任氏に関する記録を参考にした。2008年から2009年にかけて、筆者も本人へのインタビューを実施した。

⑤　李玄達氏（1929年〜2009年）は在日朝鮮人一世、男性である。1950年代から2008年まで、西陣織製品の製造業を行っていた。2008年時は販売・流通業者であった。李洙任による、李玄達氏に関する記録[6]を参考にした。2008年、本人へのインタビューを実施した。

4　成大盛「植民地支配の根性はまだ抜けていません　玄順任」小熊英二・姜尚中編『在日一世の記憶』（集英社2008）389–403頁（取材は成大盛、鄭明愛、原稿執筆は 成大盛）。

5　李洙任「京都西陣と朝鮮人移民」『在日コリアンの経済活動——移住労働者、起業家の過去・現在・未来』（不二出版2012）36–60頁。

6　李洙任「京都の伝統産業に携わった朝鮮人移民の労働観」前掲書61–80頁。

付表 3-1　西陣織産業に従事した 7 人の記録とインタビュー整理

	① C1 氏	② O1 氏	③ I1 氏	
生年／性別	1911 年／男性	1919 年／男性	1923 年／男性	
	在日朝鮮人一世	在日朝鮮人一世	在日朝鮮人一世	
出身	慶尚北道尚州郡	慶尚北道尚州郡	慶尚北道大邱府	
故郷での生活	両親は小作農。尚州居住の日本人無煙炭業者宅で住み込みで働き、日本語を習得する。	農林学校を卒業後、山林組合で働く。	父と兄が I1 氏が幼いころに他界。母と姉と生活。母の再婚後は姉と生活していた。	
渡日までの経緯	故郷尚州から日本へ働きに行く者が多かった。先に渡日した同郷者を頼って、C1 氏も 1928 年に日本へ渡る。	山林組合での給与に対する不満と、故郷を出て成功を収めたいという思いで、1939 年、日本へ渡る。	姉が京都に居留する朝鮮人と結婚。1931 年、I1 氏は姉とともに京都へ移住。	
西陣織産業への参入	1928 年、在日朝鮮人の紹介で西陣織工場で丁稚奉公として 1 年間就労。以降は労働者（織子）として就労する。	京友禅産業に従事する親戚の紹介で、当初はメリヤス工場で就労する。その後、西陣織工場に転職し、労働者（織子）として就労する。	義兄 T 氏が織機を所有しており、I1 氏はそこで丁稚奉公として就労。1937 年から労働者（織子）として就労する。	
技術習得に関して	「ひたすら」織ることで、技術を習得する。		まず、3 年間ビロード工場で丁稚奉公をしながら織物の技術を学ぶ。後に、西陣織の技術も本格的に習得する。I1 氏にとって西陣織の技術は難しいものではなかった。	
西陣織産業の生産拡大期にとった行動	1946 年、土地を購入し、西陣織工場「H 織店」を創業する。1950 年「K 商社」を創業し、西陣織製品の流通業を開始する。	日本人が放棄した西陣織工場の経営権を、1943 年に購入し、「F 織業店」を創業する。1958 年、大手百貨店に出品した着物が人気を得る。	日本人から土地を借り、そこで西陣織工場を創業する。最多時には、53 台の織機が存在した。	
西陣織産業での位置	西陣織製品の製造業（織屋）・流通業。	西陣織製品の製造業（織屋）、1964 年からは最終工程の整理業を担当する。	西陣織製品の製造業（織屋）・整理業。	
工場における労働者の雇用形態	C1 氏の自宅が職業斡旋所となっていた。日本人・朝鮮人の区別なく雇用した。	主に日本人女性を雇用した。	工場で働く者の大多数が日本人女性であった。	
同産業の成長停滞期にとった行動	「西陣織には未来がない」と予測し、不動産業へと転業する。	1980 年代から O1 氏の息子がパチンコ店を経営する、1994 年、息子の他界。O1 氏がパチンコ店の経営を引き継ぐ。	1963 年、経営上の不渡りを受け、大損害を被る。1970 年代からパチンコ店とボーリング場の経営を開始する。1985 年まで織機の貸し出しを行う。	

④玄順任氏	⑤李玄達氏	⑥金泰成氏	⑦L2氏
1926年／女性	1929年／男性	1938年／男性	1951年／女性
在日朝鮮人一世	在日朝鮮人一世	在日朝鮮人二世	在日朝鮮人二世
忠清南道燕岐郡	黄海道	京都生まれ。父金日秀氏は1915年、慶尚北道郡、母は醴泉郡出身。	京都生まれ。父L1氏は慶尚北道尚州郡出身、母は日本人。
父玄鐘厚氏は故郷で比較的裕福な地主の長男であったが、土地調査事業により一家が没落。		「元々は貧しい家庭というわけではない」。	1902年生まれの父L1氏に関して知らない部分が多いが、おそらく「すごく貧しかったと思う」。1966年L1氏が他界する。
1927年、父が日本へ渡る。1928年、父を追って、母と姉とともに玄順任氏も日本へ渡る。	1950年、朝鮮戦争勃発による徴兵を避け渡日。京都に住む親戚を頼り、李玄達氏も京都へ移住。	1934年、父が日本へ渡る。京都では親戚宅で下宿生活。	1925年、L1氏は渡日。1930年に日本人女性と結婚。
姉が西陣織工場で丁稚奉公をしており、玄順任氏は西陣織に興味を持つ。1940年、朝鮮人の紹介により西陣織工場で労働者（織子）として就労する。	親戚が西陣織工場経営者であり、1950年に李玄達氏もこの工場で丁稚奉公として就労する。	下宿先の親戚が西陣織工場を経営。父もそこで就労する。1939年、織機を借り、独立。金泰成氏は1962年より西陣織の家業を継ぐ。	父と姉が西陣織工場で就労する。1965年、L2氏も15歳で姉の働く工場で就労していた。
14歳時に就労していた工場で技術を学ぶ。全工程の技術を習得する。	半年間、ビロード工場で丁稚奉公をしながら、織物に関する技術を学ぶ。その後、西陣織の技術も本格的に習得する。より専門的な織物の技術は京都工芸繊維大学で学ぶ。	技術は先にそこで働いていた者から学ぶ。技術は比較的短期間で習得できた。父金日秀氏は「他人の何倍も多く働いた」という。	当初は同じ工場で就労する姉から技術を学ぶ。その後は、日本人・朝鮮人にかかわらず、技術を学び、また教え合う。
1945年、夫婦で西陣織工場を創業する。	工場で就労しながら、1953年から着物製品の流通と販売業を開始する。1966年に独立し、織機を借り西陣織工場を創業する。	1945年にビロード織機4台を購入する。1947年に西陣織工場を建設する。1950年には第二工場を建設し、経営規模を拡大させる。	L2氏が就労する1960年代には、すでに西陣織業の先行きが難しいと言われていた。
西陣織製品の製造業。	西陣織製品の販売・流通業。	西陣織製品の製造業。	工場労働者。出産などを理由に西陣織工場を4度転職。
		主に日本人を雇用した。	工場には日本人・朝鮮人が存在していた。「日本人経営の工場、在日経営の工場とで、働く労働者に日本人と朝鮮人の違いないように思う」。
2008年まで織屋として就労するが、病気により引退する。	2009年に李玄達氏が亡くなるまで、西陣織製品の流通・販売業者として就労する。	1984年、西陣織産業の製糸業者の紹介で、空調設備業に転業する。	1980年代末、作業中の事故によりけがを負い、西陣織産業を完全に引退する。

⑥　金泰成氏（1938年〜）は在日朝鮮人二世、男性である。1984年まで西陣織製品の製造業をしていた。本章を書くにあたって、本人作成資料を参考にするとともに、2011年と2017年にかけて、本人へのインタビューを実施した。

⑦　L2氏（1951年〜）は在日朝鮮人二世、女性である。2001年代まで、いくつかの西陣織工場を渡り歩く労働者であった。2008年から2014年にかけて、本人へのインタビューを実施した。また、部分的にではあるが文玉杓がL2氏へ行ったインタビュー資料も参照した。

付表3-1「西陣織産業に従事した7人の記録とインタビュー整理」は、上記7人の出生年、性別、出身などの属性と、故郷での生活、渡日までの経緯、西陣織産業への参入、技術習得の方法、同産業の生産拡大期にとった行動、同産業での位置、工場経営の中での雇用関係、斜陽期にとった行動についてなどを、整理したものである。

ここからは、朝鮮人が故郷でどのような生活をしていたのか、なぜ、彼らが日本へ渡り京都の西陣織産業で就労するようになるのかを論じる。また、西陣織産業における労働の実践として在日朝鮮人らはその技術はどのように習得するのか、そして、西陣織産業の盛衰を受けて、彼らはいかに対応したのかを考察する。

第2節　朝鮮での生活

(1) 困窮化する朝鮮農村

ここでは、朝鮮半島の故郷で朝鮮人はどのような生活をしていたのかを見ていく。まず、彼らが渡日する以前の故郷朝鮮での生活に関連して、その貧しさが強調されていることが共通的であると言えるだろう。①C1の場合、以下のように記録されている。

　　小作農民の両親に男5人の子供がいるとなると生活は麦めしも食えない様なさまであり、小作人で土地もほとんどなく収穫も少なく春にくさをたくさ

7　金泰成「『西陣織』と『友禅染』業の韓国・朝鮮人業者について」『京都「在日」社会の形成と生活・そして展望』（第三回　公開シンポジウム資料）（1998年11月14日開催　於 京都テルサ第一会議室）『民族文化教育研究　KIECE』（京都民族文化教育研究所2000）、「『西陣織』と『友禅染』業の韓国・朝鮮人業者について」『京都「在日」社会の形成と生活・そして展望』（第181回新島会　配布資料2007年11月17日開催）、『同志社とコリアとの交流──戦前を中心に─』（同朋社2014）。

8　문옥표（文玉杓）『교토 니시진오리（西陣織）의 문화사 – 일본 전통공예 직물업의 세계（京都西陣織の文化史──日本の伝統工芸織物業の世界）』（일조각2016）189-192頁。

ん獲ってきておかゆにして食べた。五・六歳の頃は、もっぱらしば刈りに行かされ、家の手伝いばかりして、親の愚痴ばかりを聞かされた。[9]

　小作農の両親のもとに子どもが5人もおり、非常に貧しい故郷慶尚北道尚州郡での生活難と、苦しい家庭環境が描かれている。C1氏は、少しでも家計を楽にするため、9歳のときに慶尚北道の中心都市の大邱まで行き、飴売りの仕事をしようとするが、後に家族に連れ戻された。[10]また、④玄順任氏の父玄鐘厚氏が渡日した経緯として故郷の貧困の問題は、李洙任の研究で以下のように描かれている。

　　父親（玄鐘厚氏）は、比較的裕福な地主の長男であった。朝鮮総督府は土地調査事業を開始し、朝鮮人の土地を接収した。…（中略）…玄鐘厚氏の実家では田畑の五分の四が接収され、残された土地で生計を立てていたが、残された土地から収穫された農作物も供出を強要された。それに加え、重税に喘ぎ、税が払えなくなると、警察当局によって拘束され、拷問を受けることがあった。生活が困窮を極める中で、玄鐘厚氏は日本への出稼ぎを決心する。朝鮮が日本植民地となり一七年が経過した一九二七年であった。[11]

　この玄順任氏の事例においても、朝鮮総督府が行った土地調査事業によって父玄鐘厚氏が土地の大部分を失ったこと、また、経済難により日本への渡航を余儀なくされたことなどが生々しく記録されている。このように、これら朝鮮人の渡日の背景には、日本の植民地化支配による故郷朝鮮での生活の困窮化という問題があった。京都市社会課の調査によれば、1935年当時、市内の朝鮮人労働従事者8154人中、「内地」に渡航した理由は朝鮮での「生活困難」34.1%、「求職出稼ぎ」31.2%、「金儲け」14.1%などとなり、経済的な理由で日本へ渡った者が全体の八割近くを占めていた。[12]彼らが日本へ渡る要因として、とりわけ④玄順任氏の事例で詳細に描かれているように、1910年から1918年にかけて、朝鮮では朝鮮総督府による土地調査事業が行われ土地所有権が明確化される過程で、多くの農民は土地を失い生活が貧窮化する状況下で日本へ渡ることになった。1919年

9　C3『時代の先駆者　C1氏の歩み』（大阪学院大学卒業論文 1987）6–7頁。
10　C3前掲書7頁。
11　李洙任「京都西陣と朝鮮人移民」『在日コリアンの経済活動——移住労働者、起業家の過去・現在・未来』（不二出版 2012）43頁。
12　京都市社会課『市内在住朝鮮出身者に関する調査』第41号（京都市社会課 1937）朴慶植編『在日朝鮮人関係資料集成』第3巻、三一書房 1976）所収 1147–1148頁。

の三・一運動まで、土地調査事業が朝鮮での故郷の貧困の問題と朝鮮人の渡日に与えた影響が大きかった。

また、三・一運動以降の第二段階の経済政策として、1920 年から 1934 年まで行われた産米増殖計画が、朝鮮の農村の貧困化の一因となったと考えられている[13]。この計画は植民地朝鮮から日本内地へ上質の米を送るものであり、品種改良・耕地法改善・土地改良などにより朝鮮米の増産と品質向上を目指す政策であった[14]。しかし、朝鮮人の農民にとっては多額の資金を要する政策であったため、彼らの生活はかえって悪化した。河合和男によれば、1910 年代から 1930 年代にかけて日本人 1 人当たりの米消費量は恒常的に年 1.1 石程度であったが[15]、朝鮮人 1 人当たり米消費量は 1912 年 0.77 石から 1932 年には 0.40 石へと激減したという[16]。このように、産米増殖計画は朝鮮人農民の深刻な食糧不足や経済破壊を引き起こしたことが指摘されている[17]。

そして、農業だけで十分な収入を得ることのできない農民は、故郷を離れ日本へ渡航し職を得ようとする者も増えていった[18]。本章の各事例においても、この産米増殖計画による朝鮮人農民の貧困化が、朝鮮人らに日本への渡航を促す一因となっていた。

だが、土地調査事業や産米増殖計画などによる朝鮮の農村社会の貧困が描かれていない事例もあった。②O1 の事例では、以下のように記録されている。

　　農林学校（中学校）を卒業し、木を伐採した後の土砂崩れや水害を防ぐ仕事のある山林組合に就職した。しかし、月給は安いし、こんな平和な田舎では大きくなれないからもっと勉強するか何処かへ行って経済的に成功したいと思うようになった。自分達のような者は、戦争で混乱している時が一旗揚げるチャンスである[19]。

13　西野辰吉「在日朝鮮人の歴史」『部落』12 月号（119 号）（部落問題研究所 1959）12 頁。

14　中央朝鮮協会編『朝鮮産米の増殖計画』（中央朝鮮協会 1926）1–53 頁。

15　1 石は約 180.39 リットル。

16　河合和男『朝鮮における産米増殖計画』（未来社 1986）169–170，186 頁、典拠資料は朝鮮総督府農林局『朝鮮米穀要覧』（3）（朝鮮総督府農林局 1935）138–139 頁。

17　河合和男 前掲書 186–187 頁。

18　水野直樹「定着化と二世の誕生――在日朝鮮人世界の形成」水野直樹・文京洙『在日朝鮮人 歴史と現在』（岩波書店 2015）23 頁。

19　O3「西陣織物と在日韓国・朝鮮人」『西陣着物産業と着物文化』（同志社大学文学部社会学科社会学専攻 1998）10 頁。

O1 氏の事例は、非常に閉塞した朝鮮農村を脱出し、日本内地へ経済的な成功を求めて渡ろうとした事例であったと考えられる。朝鮮人の渡日の背景として、外村大は経済的成功を得る可能性のある土地としての日本内地というイメージが一部には存在していたことを指摘している。外村大によれば、植民地期朝鮮農村と日本内地との間では経済的格差が存在し、そのような状況下で当時の朝鮮人には、日本がもたらした文化や日本人の身につけている服装などが、進むべき近代的な文明として、憧れをもって見られていたという[20]。

また、1937 年の「日中戦争」の勃発という事態も、O1 氏にとって成功するための「商機」に見えた。いずれにしても、O1 氏の事例の中では故郷の貧困の問題は描かれていないのであるが、経済的理由による渡日であったという点において、他の朝鮮人の渡日の事例と共通する。

(2) 渡日の経路

次に朝鮮人が、朝鮮の故郷からどのような経路で日本内地へ渡ることになったのだろうか。まず、① C1 氏については、以下のように記録されている。

> こんな情勢では食えないと考え、当時彼の近所から日本へ、いわゆる出稼ぎで働きに行っている人達がいたので、C1 氏は日本上陸を決心した。当時交通手段といえば、船であり、小学校時代に貯めた金で船賃を出すと、残りは五円であった。彼は、妻を国に残して、資金五円を持って日本へ行く船に乗ったのである。C1 氏十七才、一九二八年五月であった[21]。…（中略）…
>
> 彼は取り敢えず故郷で聞いた京都という町へ、片言ではあるが、工場主の家政夫をしていた時覚えた日本語を使いながら京都へ辿り着いた[22]。

上記のように、近隣に住む朝鮮人が京都で就労しているという漠然とした情報だけを聞いて、単身で京都へ来たという。C1 氏の場合、同郷の朝鮮人のつてを辿り、そこで具体的にどのような職に就くのかを決めずに日本へ渡るという、いわば「無計画渡日」であった。日本語能力に関して、彼が朝鮮の故郷にいた時、在朝日本人の工場主宅で学んだ日本語が生かされたという。慶尚北道尚州郡の中でも、尚州邑には韓国併合直後より日本人が居住するようになり、1920 年代に

20　外村大『在日朝鮮人社会の歴史学的研究』（緑蔭書房 2004）24–25 頁。
21　C3 前掲書 18–19 頁。
22　C3 前掲書 21 頁。

は 1000 人を超えるようになった。板垣竜太によれば、尚州郡に居住した日本人には、商工業者が多かったという[23]。尚州郡という地域では、朝鮮人と日本人との接触が朝鮮の他地域に比べ多かったことが考えられる。C1 氏の日本語能力の習得も、在朝日本人の工場主の自宅で家政夫として働いていた経験が肯定的に働いたようである。

また、②O1 氏の場合は以下のように記録されている。

> 1939 年（昭和 14 年）、19 歳のとき単身で日本へやってきた。最初は東京で就職しようと思い、職業紹介所で一週間ほど仕事を探したが、どこも劣悪な条件であきらめた。ひどい孤独感にも襲われたので、親戚や小学校時代の友達のいる京都へ急いだ[24]。

1939 年当時、O1 氏の親戚が京都に存在したとしており、O1 氏の日本への渡航は血縁関係を頼った渡航であったと言える。渡日当初、東京で就職しようとしていたことからも、彼の事例は、やはり日本での就労先を決めずに日本へ渡るという「無計画渡日」であった。O1 氏と同様に、⑥金泰成氏の父金日秀氏は 1915 年に慶尚北道義城郡で生まれたが、1934 年 19 歳の時に日本へと渡った。金日秀氏は当時、京都に住む伯父の家に下宿しながら織物業に携わった[25]。金日秀氏の事例も、やはり血縁関係を頼った渡日であったと考えることができる。

在日朝鮮人一世が、どのように日本へ渡ったのかを見ると、① C1 氏は同郷の者が京都で成功したという情報を頼って日本へ渡った者であり、② O2 氏や⑥金泰成氏の父金日秀氏は親戚のつてを辿り京都へ来た者であった。彼らのこうした渡日形態は、地縁血縁関係を利用した日本への渡航であったといえるだろう。

一方、地縁血縁関係を頼らない渡日の事例も存在した。④玄順任氏に関する記録の中では、渡日の経緯と手段が以下のように描かれている。

> 私の父は、借金をしてでも税金を支払えと言われました。税金が支払えなければ牢屋に放り込まれて拷問を受けたそうです。日本の警察官から日本に行ったら金儲けができると聞いて、このままでは家族が全滅すると思って日本に単身で渡ってきたのです。私が一歳八ヶ月の時、母は私をつれて父の

23　板垣竜太『朝鮮近代の歴史民族誌　慶北尚州の植民地経験』（明石書店 2008）122–130 頁。

24　O3 前掲書 10 頁。

25　および金泰成氏へのインタビュー（2011 年 1 月 29 日　京都市上京区 喫茶店にて実施）。

後を追いかけて、日本にやってきました。朝鮮に土地を持っていたことが、かえって不幸につながったと思います。土地をもっていなかったら税金で苦労することもなかったかもしれません[26]。

この語りより④玄順任氏の父玄鐘厚氏は、税金が払えないということで警察当局によって拷問を受けたという。このとき彼は警察官から「日本に行ったら金儲けができる」という話を聞き、「このままでは家族が全滅する」と思い、1927年に日本への渡航を決心する。単身で渡日後、玄鐘厚氏は京都まで辿り着き土木建築業に就いた。1928年、父を追って玄順任氏も1歳8ヶ月のときに母と姉と共に日本へ渡る[27]。このように、④玄順任氏の父玄鐘厚氏が日本へ渡るまでの動機付けには、日本の警察官が存在したようであり、最も初期の渡日は先述の地縁血縁関係を利用した渡航ではなかった。当初、父の玄鐘厚氏が渡日した後、その父を追って母と姉と渡日した。このような玄順任氏の事例は血縁の繋がりを頼った移住であり、まず家族の中の一人が移住した後、家族を移住先に呼び寄せるという「チェーン・マイグレーション[28]」の様相を見せていた。

第3節　西陣織産業に就くまで

(1) 生きるために織る

それでは日本まで渡って来た朝鮮人は、どのように西陣織産業で就労するようになったのか。①C1氏は、初め同郷の在日朝鮮人の紹介で京都市上京区柏野の「K織業店」の日本人経営者宅に住みながら、労働者として就労した。初任給は月収50銭と年少者の小遣い程度であったといい、また条件として一年間は「K織業店」で住みながら、工場や経営者宅の掃除や子守、家事の手伝いをした[29]。

ここで注目すべき点として、①C1氏の場合も西陣織での労働を始めた際、経営者宅に居住しながら勤務し、わずかではあるが給料を得ていたということである。通常、上記のような経営者宅に住み、研修生として就労する労働形態は「丁稚奉公」と呼ばれ、これは日本の商家などで雇用人として働く年少者を指す用語である。文玉杓によれば、江戸時代に丁稚奉公は一番多かったようであるが、明

26　李洙任 前掲書 43–44 頁。
27　李洙任 前掲書 44 頁。
28　水野直樹 前掲書 27–28 頁。
29　C3 前掲書 21–25 頁。

治以降、日本の産業界では近代的な雇用人へと転換し、次第に消滅していったという[30]。だが、西陣織産業では 20 世紀に入っても相変わらず丁稚奉公は残りつづけたようである。

①C1 氏と同じく、④玄順任の 3 歳年上の姉玄順礼氏も西陣織産業へ就労する契機として、日本人経営者の下で奉公人として働いていた。玄順礼氏の場合、8 歳のときに経営者宅で奉公を始めるが、そこでは食事こそ与えられるものの、給料は支払われることはなく、朝の 4 時から深夜零時まで働くという労働環境であったという[31]。これら事例より、西陣織産業へどのように就労するのかを見た場合、年少者が丁稚奉公として西陣織工場への住み込みながら就労するというパターンは、日本人労働者を含め西陣織産業への一般的な参入経路であったようである。

ある日本人労働者の事例であるが、小林八三氏は 1916 年に西陣織職人の子として生まれ、小学校 3 年生の時から 10 年間織物業者へ丁稚奉公の形で働き続けた。彼はその後 13 歳の時期から丸帯の製造を始め、50 年近く職人としてこの工程で働いたという[32]。この日本人労働者の小林氏のように、本書の①C1 氏や④玄順任の姉玄順礼氏などの事例から、日本人経営の西陣織工場での住み込みの丁稚奉公として就労した後に、西陣織産業に就労するようになる朝鮮人の年少者が存在した。

また、家族や親族の紹介により、西陣織産業に就く事例も存在した。③I1 氏が在日朝鮮人男性と結婚した姉を頼って京都へ来たとき、姉夫婦宅にはビロード織機があった。I1 氏はそこで家事や炊事を手伝う中で、ビロード織や西陣織に触れる機会があったという[33]。⑥金泰成氏の父金日秀氏も下宿先の伯父の家では西陣織産業の西陣織工場を経営しており、金日秀氏もそこで必然的に働くようになった[34]。

これら③I1 氏や⑥金日秀氏は、血縁関係を頼って西陣織工場で就労するようになった者である。先の日本人業者での丁稚奉公を契機とする就労の他にも、こうした家族親戚を始めとした朝鮮人同士の仕事の紹介が、西陣織産業では一般的に存在したようである。

30　文玉杓 前掲書 327 頁。
31　李洙任 前掲書 47 頁。
32　中谷寿志「小林夫妻の西陣織人生」中江克己編『日本の染織：西陣織．世界に誇る美術織物』第 11 巻（泰流社 1976）82–86 頁。
33　I1 氏へのインタビュー（2014 年 6 月 5 日 I1 氏宅にて実施）。
34　金泰成氏へのインタビュー（2011 年 1 月 29 日　京都市上京区 喫茶店にて実施）。

1章で見たように、京都府方面事業振興会の『西陣賃織業者に関する調査』によれば、1933年当時、上京区内の賃織業に「傭人」として従事する587人中、朝鮮出生者は126人と二割以上を占めていた。賃織業の世帯主に限って見た場合、4937人中、朝鮮出生者は49人と1%程度存在していた[35]。西陣織産業の戦前の生産拡大期にあたる1920年代から1930年代にかけて、労働力不足を補うために低賃金労働力として朝鮮人が採用されたと考えられる。また、京都市社会課の調査では、朝鮮人が京都の産業界内で、あくまで低賃金労働力としてではあるが、非常に重宝され歓迎されていたとしている[36]。ここで取り上げている各事例からも、1930年代から西陣織産業に就労する朝鮮人は相当数存在していたと推測できる。

　また、事例より共通的に見受けられるものとして、職業の選択肢がほとんどない中で朝鮮人は生きるために西陣織産業で就労したということである。その中でも象徴的な事例として、④玄順任氏は以下のように語る。

　　　西陣織は朝鮮人の目にもきれいに映った。そして、大勢の朝鮮人が一生懸命織っているのを見て、西陣には差別はないと思った。腕がたしかなら、朝鮮人でも仕事がもらえる、朝鮮人にとって夢みたいな仕事です。西陣織の仕事は身体にきつくて日本人はしたがらなかった。日本人ならやらんけど、朝鮮人は文句も言わずに働いたものです。西陣は、技術があれば食べていける場所でした[37]。

　この玄順任氏の語りは、玄順任氏が西陣織産業に就労する動機付けとして、「西陣織は朝鮮人の目にもきれいに映った」とし、西陣織製品とこの産業で働くことへの憧れが当初から存在したと強調するもので印象深い。しかし、同時にこの語りは、西陣織産業以外に朝鮮人が就労できる職業がなかったという現実を物語るものではないだろうか。「日本人ならやらんけど、朝鮮人は文句も言わずに働いた」という彼女の言葉を、日本人であれば職業の選択ができたが、朝鮮人はそれもできなかったと解することもできる。このように、他産業への就労が大幅に制限されていた朝鮮人は、生きるために西陣織産業で就労する者が多かったと考えられる。

35　京都府方面事業振興会『西陣賃織業者に関する調査』（京都府學務部社會課 1934）第二部調査統計 6–13 頁。
36　京都市社会課 前掲書 1184 頁。
37　李洙任 前掲書 48 頁。

(2) 技術の習得

では、朝鮮人は西陣織産業に参入した当初、西陣織に関する技術をどのように習得していったのだろうか。① C1 氏の場合、彼が技術を習得するために、必死に努力をした姿が描かれている。

> いい物を織れば給料も上がった。C1 氏は、ひたすら織った。C1 氏は努力した…（中略）…そうすると他人より一割以上多めに織れた。彼は昔から器用だったので、一年がすぎ、二年目には、月給を三〇円近く貰える様になった。しかし、C1 氏は、韓国の親の為、嫁の為、一切自分では、使わず、すべてお札に替えて韓国へ送った。[38]

以上のように、C1 氏が努力によって西陣織の技術を習得するとともに、少しでも他者よりも多くの製品を織ったという。そして、その後、彼の西陣織での技術が評価され、昇給に至ったことなども描かれている。西陣織の製造で得られた収入は、故郷の実家に送金していたようである。故郷の家族の生活を支えるということが、C1 氏にとって西陣織の技術習得の何よりのモチベーションになっていたようである。同様に、④玄順任氏は 14 歳のときに就労した左京区百万遍の西陣織工場で糸準備工程、製織工程の技術を覚えた。[39] 彼女は西陣織に関わる全工程を習おうと必死になり、その後は夫に西陣織の整経の技術を教えるまでになった。[40] ① C1 氏や④玄順任氏の事例では、西陣織産業参入当初の技術の習得に関して個人の努力が重要であったことが強調されている。

他方、一般的な西陣織より比較的習得が容易とされる織物であるビロード織の技術を習得した後、本格的に西陣織産業へと参入する朝鮮人も存在する。[41] 高野昭雄は、1920 年代から朝鮮人がビロード織に従事するようになったとし、戦前の朝鮮人の就労経験が戦後のビロードブームを始めとする西陣織産業の景気を支えたと指摘している。[42] 本章の事例でも③ I1 氏は 1931 年から 3 年間、ビロード織業を営む姉夫婦の下で家事や炊事をしながら、ビロード織の技術を覚えた。その後 I1 氏は西陣織の技術も習得し、西陣織産業へ本格的に参入した。彼もビロード

---

38 C3 前掲書 22 頁。
39 李洙任 前掲書 51 頁。
40 成大盛 前掲書 398 頁。
41 高野昭雄「京都の伝統産業、西陣織に従事した朝鮮人労働者 (3)」『コリアンコミュニティ研究』vol.5（こりあんコミュニティ研究会 2014）83 頁。
42 高野昭雄 前掲書 83–84、90 頁。

織の技術はそれほど複雑でなく、その習得も「簡単であった」と語る[43]。1950年代の事例であるが、⑤李玄達氏は「ビロードは他の織物に比べて、一年から一年半で一人前になれた。私は半年で技術を習得した[44]」と語るように、比較的に習得しやすいビロード織の技術を学んだ後に、西陣織の技術を本格的に学習したという事例もあった。

では、その技術は誰から教わったのだろうか。⑦L2氏の場合、最初は在日朝鮮人経営の工場で働く姉に教えてもらった。姉の不在時は、工場の他の誰かに教えてもらった[45]。⑥金泰成氏も技術に関して、先に参入している者から、日本人、朝鮮人関係なく伝授されることが多かったと語る[46]。

先行研究中で韓載香が京都の在日朝鮮人企業を分析した際、企業の成長局面において在日朝鮮人企業同士の情報の横断的共有は見られないと指摘している[47]。本書で西陣織産業に従事した朝鮮人を見た場合でも、彼らが初め労働者として技術を習得する際、朝鮮人独自の情報網や習得方法の共有というものは見られなかった。西陣織に関わる技術を学習するとき、あるいはそれを他の誰かに教えるとき、日本人と朝鮮人の分け隔てはなかったのではないかと考える[48]。こうして西陣織産業における在日朝鮮人の労働を見たとき、西陣織産業において在日朝鮮人と日本人との関係は互いに競争し合い、助け合うものに近かった。技術を習得する際、技術の指導を受けるときやそれを誰かに指導するとき、朝鮮人同士の技術の伝授のケースは現在のところ確認されていない。日本人、朝鮮人に関係なく技術の伝授が行われたと考えられ、西陣織産業においては比較的自由な労働空間が存在していたのではないか[49]。

第4節　成長期

戦後の西陣織産業は、1945年の敗戦直後から1960年代までが戦後の成長期で

43　I1氏へのインタビュー（2014年6月5日I1氏宅にて実施）。
44　李洙任 前掲書73頁。
45　L2氏へのインタビュー（2008年10月17日 京都市北区 喫茶店にて実施）。
46　金泰成氏へのインタビュー（2011年1月29日 京都市上京区 喫茶店にて実施）。
47　韓載香 前掲書102頁。
48　他方、戦前の朝鮮人の職業を見ると、ビロード製造に圧倒的多数を占めていた。そのため、朝鮮人同士の独自の技術の情報網や習得方法が存在した可能性もある。
49　これは、西陣織に関する技術習得を見たとき、日本人と朝鮮人の間で技術の伝授があったことを「比較的自由な労働空間」と形容したものである。2章で説明したように、朝鮮人に対する日常的な偏見や民族差別が存在したことも事実である。

あった。この時期、在日朝鮮人の経営者や労働者はどう対応したのだろうか。まず、1950年代から1960年代にかけて規模を大きく成長させた経営者の事例から見ていく。

労働者として西陣織工場で就労していた①C1氏であるが、1930年に大邱へ戻り、靴下製造業を始めたが、1932年に再び京都へと渡り西陣織工場で就労した。その副業として、屎尿回収の仕事などをしながら、1945年8月15日の日本の敗戦を迎えた[50]。1946年、C1氏はそれまで西陣織工場での仕事や、副業で行っていた屎尿回収などで蓄えた資金をもとに、京都市北区で西陣織製品を生産する「H織業店」を設立する[51]。そこで石油発動機を購入しベルトで織機を動かす技術を発明し、それを日本人や在日朝鮮人の同業者に見学させた。1950年、C1氏が「H織業店」の利益で「K商事」を創設し、そこで西陣御召、鏡台掛、テーブル掛、カーテン製造卸と流通業を行った[52]。以上のように、在日朝鮮人でありながら西陣織産業経営者でもあるC1氏は、在日朝鮮人の文化と西陣織の文化という、異なる領域のマージナル（周辺的）な位置に存在していたことになる。そのため彼が日本の敗戦前後からの経済動向を上手く読み、その後の西陣織産業の成長期に、画期的な発明や合理的な判断をできる肯定的な「マージナル・マン（marginal man)[53]」だったのではないだろうか。

この西陣織産業の成長期、①C1氏の他にも大きく成功したと語る在日朝鮮人の経営者の「逸話」が見受けられる。②O1氏の場合、1939年に渡日後、京都で労働者として西陣織工場を変えながら就労し、夜間学校に通った。そこでO1氏は資金を蓄えたのであろう。1943年、日本人が手放した織機数台と経営権を購入し、「F織業店」を始めた。当時、O1氏は「西陣織物産業は落ち目だったので皆に反対された」が、「日本人が捨てる時にしか朝鮮人には経営できるチャンスがない」と考え、西陣織工場の経営を始めたという[54]。「1958年銀座松坂屋に出品した着物が当選し、皇后陛下御成婚時に300反納めることができた。美智子さん

---

50 C3前掲書23–24頁。

51 C3前掲書27–28頁。

52 C3前掲書31–34頁。

53 アメリカの社会学者ロバート.E.パークによって、1920年代に設定された概念であり、互いに異質な二つの社会・文化集団の境界に位置し、その両方の影響を受けながら、いずれにも完全に帰属できない人間であるとする。折原浩によれば、この概念にパークの弟子ストークィストがマージナル・マンの特殊な地位を利用して科学、芸術などの特殊な役割をよりよく果たす創造的人間という意味を加えたという。折原浩『危機における人間と学問 マージナル・マンの理論とウェーバー像の変貌』（未来社1969）52–67頁。

54 O3前掲書11–12頁。

にあやかりたいという人々に人気を呼び、着物は品切れ状態が続いた」として、1950年代後半、彼の製造した着物が大きな人気を博したことまでが描かれている[55]。

　また、③I1氏は1950年から日本人の地主から土地を借り、そこで西陣織工場を創業する。1960年代、I1氏は工場に53台の織機が存在したとし、一つの工場でこれだけ多数の織機を所有する工場は「自分の工場ぐらいだった[56]」と語る。⑥金泰成氏の父金日秀氏の事例も、同時期に経営規模を大きくした在日朝鮮人経営者である。金日秀氏の経営は1945年に購入した織機4台から始まるのであるが、1947年に西陣織工場を建設し1950年には第二工場を建設するなど、生産規模を次第に拡大させていった[57]。

　⑤李玄達氏は西陣織工場で就労しながら、1955年から着物製品の流通と販売業を始める。業界では異例であった訪問販売という形式を採用し、同業者を集めて展示会を開催することで着物の売上を伸ばしていった[58]。李玄達氏は着物の販売・流通業者として、成功した事例だと考えられる。

　以上の①C1氏、②O1氏、③I1氏、⑤李玄達氏、⑥金泰成氏のような、比較的経営規模の大きな経営者の場合、彼らの記録や語りから、西陣織産業で経営規模を拡大する、画期的な技術を開発する、また新しい販売手法を確立するなど、何かしら成功したという「逸話」がみられた。

　しかし、経営規模の小さな経営者や労働者の場合は同様ではなかった。規模の小さい工場経営者であった④玄順任氏や、西陣織工場を転々としながら労働者として20年以上も西陣織工場で就労した⑦L2氏からは、先述したような大きく成功したという「逸話」を聞くことはなかった。

　④玄順任氏は朝鮮人男性と結婚後、大阪府枚方市で畑仕事をしていた。敗戦後、夫と共に「わたしが昔いた京都に行って、西陣織でも覚えて一旗あげよう」と京都へ戻った。朝鮮へ帰還する在日朝鮮人の紹介で整経の機械一式を入手し、夫婦で働く。そして彼女は、「全然一旗あがらずじまいでしたけれど、子どもたち（二男一女）も朝鮮学校に行かしまして、自分の住む家ぐらいはなんとか築きあげました[59]」と語る。玄順任氏が西陣織に携わったことで、それなりに家計を維持してきたようであるが、先の経営規模の大きい経営者のように大きく成功するという

55　O3 前掲書12頁。
56　I1氏へのインタビュー（2014年6月5日I1氏宅にて実施）。
57　金泰成氏へのインタビュー（2011年1月29日　京都市上京区 喫茶店にて実施）。
58　李洙任 前掲書76頁。
59　成大盛 前掲書398頁。

エピソードは見受けられず、経営規模の大きい織業者から織機を借りて製造する業者の位置に留まっていた。

また、一生を通して西陣織産業に携わってきた⑦ L2 氏も、西陣織産業の最盛期について以下のように語っている。

> 私が西陣やり始めた時期かな。よく「ガチャマン[60]」って言ってた時代もあったけどね。私らとは違う世界の話やった。家で賃機やってるとことか、私みたいに工場で織子として働いてた人らは、そんなもんやで。…（中略）…そら、西陣で上手いこといった人はいるやろけど、そういう成功する人は、一部のお金持ちのところだけ。少なくとも私の周りにはおらへんかった。[61]

一般の工場で就労する労働者にとって、この当時の西陣織産業での経営者のような「成功」を実感できるものではなかったと、L2 氏は語る。同時に彼女のこの語りからは、西陣織産業で成功する一部の経営者に対する、零細経営者や労働者の冷ややかな視線を感じることができるだろう。

このように、経営規模を拡大できたのは一部の経営者に限定されており、零細な経営者や西陣織工場に通いながら労働者として就労する者は、その当時に従事していた仕事を続けるしかなかったと考えられる。以上のように、西陣織産業で「成功した逸話」を語る者は経営規模の大きい経営者が中心的であり、経営規模の小さい工場経営者や工場労働者の事例からは、先の経営者のような「成功談」を聞くことはなかった。

第5節　西陣織産業の盛衰

1960 年代まで同産業は活況を呈したのであるが、日本の服装文化の変化や原材料高騰等により、同じ時期からこの産業の成長が難しくなる。西陣織産業の成長停滞期から斜陽の兆しを迎える中で、同産業に従事した朝鮮人はいかに対応したのか。ここでも経営する工場の規模の違いや、彼らが経営者か労働者であるかに留意しながら見ていく。

60　「ガチャマン景気」のこと。朝鮮戦争による特需により、日本の繊維産業全体で需要が増大し、「機械をガチャと動かせば『万』のお金がもうかった」という意味で「ガチャマン」と呼ばれた。「天声人語」（『朝日新聞』2012 年 5 月 16 日）。

61　L2 氏へのインタビュー（2012 年 12 月 27 日 L2 氏宅にて実施）。

戦後直後から 1950 年代にかけて、大きく成功した①C1 氏であるが、1950 年代末から「西陣織に未来はない[62]」といち早く感じた。そして、C1 氏は西陣織産業からの転業を図っていく。そして 1958 年、C1 氏は不動産事業に着手し、農園として使っていた京都市北区の土地に、部屋数 35 室のアパートを建設した。不動産を管理する会社「N 商事」を設立し、H 織業店の利益のある時期に購入した土地にアパート 8 棟を建設した。翌 1959 年、分譲住宅の方法を用い、右京区太秦で住宅販売を始めたという[63]。この①C1 氏の場合、西陣織産業から不動産事業へと円滑に転業した事例であった。

　②O1 氏は、1964 年に経営する織工場を「M 織物整理工場」と改称し、西陣織最終工程の仕上げ加工業へと転業した。O1 氏の場合、20 年近く仕上げ加工業を続け、後に経営を長男 O2 氏に任せ引退する。そして O2 氏は、この加工業をパチンコ産業に転業した[64]。同様に③I1 氏も 1960 年代から西陣織産業に限界を感じ、工場の建物と織機を他の西陣織産業者に貸し、自身はパチンコ店やボーリング場経営などの娯楽産業へ転換を図ったという[65]。先行研究で韓載香が指摘しているように[66]、本章で扱った事例でも西陣織産業からパチンコ産業へ転業した在日朝鮮人の経営者が②O1 氏と③I1 氏の事例より確認できた。

　他にも、全くの他業種へ転業した事例も存在する。⑥金泰成氏は 1980 年代まで西陣織産業を営むが、この時期から同産業からの転業を模索していた。そして 1984 年当時、取引関係があった日本人の西陣織産業の経営者から空調設備会社の紹介を受け、空調設備設置会社の経営を始めた[67]。

　これら①C1 氏、②O1 氏、③I1 氏、⑥金泰成氏の事例は、ある一定の規模を持った経営者であったため西陣織産業から不動産業やパチンコ産業、空調設備の設置など、他産業への転業が可能であったと推測できる。1961 年の松本俊夫監督の映画『西陣』では、家業として西陣織産業を営む者も、前近代的労働環境と封建的雇用関係、そして産業の将来性のなさゆえに、できる限り自分たちの子どもには西陣織の家業を継がせたくないという思いを強く描き出している。映画では産業内で労働力の再生産ができず、外部の労働力が絶えず必要になるというプ

62　C2 氏へのインタビュー（2013 年 9 月 17 日 C2 氏宅にて実施）。

63　C3 前掲書 43–49 頁。

64　O3 前掲書 12 頁。息子 O2 氏がパチンコ産業へ転業することに対し、O1 氏は抵抗があったことが描かれている。

65　I1 氏へのインタビュー（2014 年 6 月 5 日 I1 氏宅にて実施）。

66　韓載香 前掲書 101 頁。

67　金泰成氏へのインタビュー（2015 年 5 月 8 日　同志社大学にて実施）。

ロセスが強調されている[68]。本章の事例でも、① C1 氏や② O1 氏のような比較的規模の大きい在日朝鮮人経営者は、1950 年代末から早々と同産業の将来性を危惧し、全くの他産業への転換を模索していったようである。

だが、パチンコ産業などの他産業へ転業をした者だけではなく、西陣織産業で働き続けた在日朝鮮人も存在した。小規模な工場経営者であった④玄順任氏や、販売・流通業者⑤李玄達氏は、筆者がインタビューを行った 2008 年においても現役で西陣織産業に従事していた。そのインタビューの数ヶ月後、④玄順任氏は病気によりこの業界を引退した。⑤李玄達氏もインタビュー調査の 1 年後の2009 年、80 歳で他界した[69]。李玄達氏は亡くなる直前まで西陣織製品の販売・流通の仕事をしていた。玄順任氏や李玄達氏は、文字通り一生涯を通して西陣織を織り続けた人たちである。

⑦ L2 氏も、西陣織産業に労働者として従事し続けた一人である。1980 年代末に西陣織工場で織機から落下し[71]、それによる大ケガが原因で L2 氏はこの業界から完全に引退を決意した。この落下事故を巡って、織機の上の高所での作業をL2 氏にさせたこと、工場側が L2 氏のケガの補償をしようとしなかった[72]。これら処遇をめぐって、L2 氏は長く就労していた工場を相手に訴訟を起こそうとした。だが、紆余曲折の末、彼女は訴訟を取り下げることになった[73]。彼女は、これら就労時の思いや退職に至る過程を踏まえ、西陣織産業で働いてきたことを以下のように語る。

　　西陣には奇麗な部分とそうでない、汚い部分とがあって、私はその二つを嫌っていうほど、たっぷりと見てきました。そら奇麗な着物を作ってるってことで私自身、満たされることもあったし、それで家族が食べていける、生活していけるってことには感謝はしてる。…（中略）…

　　工場での事故があって。織機から落ちたんです。2 メートルくらいね。織機の上にあがって、修理をしてたんです。でそこから落ちて大ケガを負って、しばらく仕事できるかできひんかって状態になって。そこまでは、もうしょ

68　松本俊夫監督『西陣』（京都記録映画を見る会・「西陣」製作委員会 1961）。
69　李洙任 前掲書 8 頁。
70　KY 氏、LK 氏へのインタビュー（2015 年 11 月 23 日、京都市 KY 氏自宅にて実施）。
71　文玉杓 前掲書 189,191 頁。
72　工場側は、L2 氏が月給を得て就労している労働者ではなく、出来高で工賃を得ているために労災補償の責任はないと主張したという。文玉杓 前掲書 191 頁。
73　文玉杓 前掲書 191 頁。

うがない話。で、その工場は私のケガに対して、何の補償もせーへんって言う。そこで私の心がポキンと折れたんですね。ここでは会社は労働者を守る気がないな、あぁ、もう西陣では働けへんなと。それで、これは行くとこまで行って戦わんと。弁護士さん呼んだりしたね。まぁ、その前からいろいろあって。在日の問題もそうやけど、女性の問題でもいろいろあって、今でいうセクハラまがいなことも、普通にあった。そういう意味で、だいぶと遅れた業界なんです。いろんな汚いことがあったけど、あの事故のことで、これはもう無理やなと思いました[74]。

　L2氏は西陣織産業に就労することで家族を養ってきたこと、また、自分が美しい着物を製造していたことに自負を感じつつも、この産業内では在日朝鮮人を取り巻く問題はもちろんのこと、すべての労働者が抱える労働問題でもあったという[75]。さらに、工場内での事故により、しばらく働けなくなったと語る。そして、それ以上に彼女のケガに対する工場の対応にも失望し、西陣織の仕事からの引退を選んだ。彼女は、西陣織産業に再び戻る気はないと筆者に語る[76]。
　以上の事例のように、西陣織産業の成長停滞期から斜陽期にかけ他産業へ転出することなく、一生涯この産業で就労し続けた在日朝鮮人も存在した。2008年に筆者がL2氏へインタビューを行うなかで、労働者の立場から見た斜陽期の西陣織産業の状況として、彼女が述べた内容が非常に興味深い。

　　私が中学を卒業して、西陣の仕事就いたんが昭和40年（1965年）やねんけど、当時はね、京都の中やったら「糸へん」がつく仕事やったら、とりあえず、食いっぱぐれることはないって言われててん。繊維ってことで、西陣もそうやし、友禅なんかもそうやな。でも今から考えたら、昭和の40年やと、もうそんなこと言える時代やなかったって思う。…（中略）…
　　私は西陣、辞めてしばらく経つけど、今でも西陣歩いてると、だいぶ減ったんやけど、わずかに織機の音が聞こえるでしょ。今、織屋やってるところ

74　L2氏へのインタビュー（2008年10月17日 京都市北区 喫茶店にて実施）。
75　西陣織産業における労働環境や労働時間の問題は、第2章で同業者組合結成の流れの中でも幾度となく議論されてきた。特に「朝鮮人西陣織物工業協同組合」と「朝鮮人第二西陣織物工業組合」は、「労働基準法」の遵守を経営者に訴える活動を行ってきた。西陣織物工業組合『組合史——西陣織物工業組合二十年の歩み（昭和二十六年～昭和四十六年）』（西陣織物工業組合 1972）98–99頁。
76　L2氏へのインタビュー（2013年12月29日 L2氏宅にて実施）。

は、そら大変やと思うで。ほんまに、かわいそうや。[77]

　上記のように、L2 氏が西陣織産業へ初めて就労した 1965 年当時において、西陣織産業は発展途上で将来性のある仕事と労働者の目に映ったかもしれない。しかし、この彼女は 2008 年の時点から過去を見た場合、経営者としても労働者としても、既にその時点で西陣織産業の将来はかなり難しいものであったと回想する。もちろん、彼女は西陣織産業自体を肯定的に考えていない。むしろ、工場での落下事故やそれによるケガへの工場の対応など、彼女にとっては目を背けたくなる過去があった。[78]

　そんな L2 氏も、2000 年代に入っても西陣織産業の状況は一向に良くならない、逆に悪くなる一方であることを悲観する。そして、かつての西陣で、あれほど騒がしかった織機の音が聞こえなくなったことに寂しさを感じながら、今でも西陣織産業に携わり続ける人々を、「かわいそう」だと同情的に見るのではないか。

小括

　ここでは、本章で見てきた西陣織産業における在日朝鮮人の事例について整理する。まず、① C1 氏や④玄順任氏の事例より日本への渡航の理由として、植民地朝鮮の故郷での生活の困窮化という問題を挙げる者が多かった。その背景には、朝鮮総督府による土地調査事業や産米増殖計画が影響していた。また、故郷での生活苦と同時に② O1 氏のように内地での経済的成功を夢見て、日本へ渡航する者も存在した。そして、日本へ渡ってからどのような職業に従事するかを決めないまま、渡日するという「無計画渡日」の事例が多数みられた。

　西陣織産業へ参入する際、職業の選択肢が大幅に制限されていた在日朝鮮人は生きるため、この産業に就労することになった。本章で調査対象となった在日朝鮮人では、同郷の朝鮮人を介して西陣織産業で就労するようになった者が多かった。その一方、④玄順任氏のように西陣織での労働に対する憧れがあり、この産業に就労するようになった事例もあった。しかし、それも「西陣には差別はないと思った[79]」と語るように、他産業への就労が非常に制限されていたがために、西陣織産業での就労を選択したことを物語るものであった。

77　L2 氏へのインタビュー（2008 年 10 月 17 日 京都市北区 喫茶店にて実施）。
78　L2 氏へのインタビュー（2008 年 10 月 17 日 京都市北区 喫茶店にて実施）。
79　李洙任 前掲書 48 頁。

同産業の技術の習得について、①C1氏や④玄順任氏の事例のように在日朝鮮人は、生きるために技術を必死に獲得する事例が多かった。また、③I1氏や⑤李玄達氏のように比較的習得しやすいビロード織の技術を覚えた後に、西陣織の技術を本格的に学んだという事例もあった。この技術を習得する際、日本人と在日朝鮮人との間で大きな差異はみられなかったようである。

　続いて①C1氏や②O1氏のように、戦前から西陣織産業で労働者として働きながら資金を蓄積し、1945年以前より経営者として独立する事例が見られた。そして1950年代から1960年代半ばまでの戦後の西陣織産業の成長期、①C1氏や②O1氏、③I1氏などの規模の大きい経営者が、新しい製造方法を開発したり、大規模な工場を持ったりなど、経済的・社会的に「大きく成功した」という「逸話」がインタビューや彼らの子どもや孫が作成した資料からみられた。

　その一方で、零細な経営者や労働者の場合、そうした「成功例」と考えられる記述や語りを得ることはできなかった。その中でも、労働者として西陣織産業に携わり続けることになった⑦L2氏が「成功する人は一部のお金持ちのところだけ」と語るように、多数の労働者にとって西陣織産業での経済的な「成功」を実感できるものではなかった。

　1960年中盤以降、西陣織産業の成長停滞期から斜陽へと向かう時期、①C1氏や②O1氏、③I1氏、⑥金泰成氏などのような経営規模の大きい在日朝鮮人経営者は、不動産業や空調設備の設置業などの他産業へ転業する者が存在した。特に先行研究で韓載香が指摘[80]したパチンコ産業への転業が、本書でも二事例見られた。

　他方で規模の小さい経営者や労働者の場合、筆者のインタビュー当時において、彼らは西陣織産業に従事する者や、同産業から引退後も他産業で就労することのない者であった。④玄順任氏や⑤李玄達氏は筆者がインタビューを行った2008年当時、現役で西陣織産業の賃機や流通の仕事を行っていた。⑦のL2氏も1980年代末、工場内での事故により退職を余儀なくされるまでの20年間近く、彼女は西陣織産業で労働者として就労し続けた。

　まさに、これら事例で登場した在日朝鮮人は、一生涯を通して西陣織を織り続けた人々であった。韓載香の研究では、京都の繊維産業からパチンコ産業を始めとしたアミューズメント産業へ転業した在日朝鮮人経営者や、その企業そのものに研究の焦点が当てられている。本章では、一部分で他産業へ転業した事例も

80　韓載香 前掲書101頁。

あったが、西陣織産業から転業することなく、引退するまでこの産業に働き続けた在日朝鮮人も存在した。そうした者にとっては、西陣織産業から他産業へ転業するというのは難しかったかもしれない。

　7章では西陣織産業をはじめとした京都の繊維産業に、在日朝鮮人はいかなる民族的アイデンティティや労働に対する意識を持ったのかを考察する。

第4章　京友禅産業における朝鮮人労働者

　3章では京都の織物を生産する西陣織産業における在日朝鮮人を見てきた。一般的に、西陣織は京都の繊維産業の中では先に染めた糸を加工するため「先染め」と呼ばれ、京友禅は織られた白生地を染色するため「後染め」と呼ばれてきた。本4章から6章では京都の伝統繊維産業の「後染め」である京友禅産業における在日朝鮮人の労働について扱う。

　これまで戦後の京都の繊維産業における朝鮮人に関する研究では、研究対象を京都の繊維産業に就労した在日朝鮮人としているが、織物を生産する西陣織産業の事例が多数であり[1]、染物を生産する京友禅産業の事例研究は少なかった。韓載香の研究では、一部で京友禅産業に従事した在日朝鮮人経営者について扱われており、彼らが従事した京友禅産業と西陣織産業を含めて「繊維産業」として、在日朝鮮人のコミュニティ機能を分析している[2]。しかし、京友禅産業と西陣織産業では分業形態や立地状況は大きく異なることを指摘がなされている[3]。筆者も、これら繊維産業に置かれた朝鮮人の状況が異なるため、京友禅産業と西陣織産業とを個別に論じる必要があるのではないかと考える。

　そこで、本章では京友禅産業におけるある朝鮮人を考察するために、1960年から2006年まで実際に操業していた蒸水洗工場M（以下、「M」とする）を一事例

1　たとえば、李洙任「京都西陣と朝鮮人移民」李洙任編『在日コリアンの経済活動——移住労働者、起業家の過去・現在・未来』（不二出版 2012）36-60 頁や、「京都の伝統産業に携わった朝鮮人移民の労働観」前掲書 61-80 頁や、高野昭雄「戦後一九五〇年代の京都市西陣地区における韓国・朝鮮人」『社会科学』第 44 巻 44 号（同志社大学人文科学研究所 2015）1-33 頁などでは、西陣織産業に従事した在日朝鮮人が扱われている。
2　韓載香『「在日企業」の産業経済史 その社会的基盤とダイナミズム』（名古屋大学出版会 2010）80-96 頁。韓載香が行った調査対象の企業 6 社中、引き染め、型友禅、絞り染め、蒸水洗などの京友禅に関連する染色産業が 5 社、西陣織が 1 社である。これら 6 社が行う産業を「京都の繊維産業」と見なし、それら企業の創業の経緯について、また独立起業に必要な資金の調達方法、民族金融機関や一般金融機関との取引関係の変化などの分析を行っている。
3　高野昭雄「京都の伝統産業、西陣織に従事した朝鮮人労働者（1）」『コリアンコミュニティ研究』vol.3（こりあんコミュニティ研究会 2012）74 頁。

として扱う。本章は、Mで就労した朝鮮人労働者の就労状況を分析する。具体的には、Mの厚生年金台帳に記載された労働者の就労期間から、その労働形態を分析する。またMには、どのような労働者が存在し、彼らがどのような経緯でこのMに就労するようになったのか、工場内でどのような役割を担っていたのかも、インタビュー調査などで得られた語りより考察する。

この厚生年金台帳は、実際にMで就労していた労働者の半数をカバーする程度であり、この台帳に現れない労働者については不明な部分が存在する。また、本章はMの一事例を扱うに過ぎず、他の工場ではどうであったのかは不明な部分も多い。しかしながら、実在した工場の労働者に着目することによって、これまでの先行研究では論じられることが少なかった在日朝鮮人の労働者の就労状況を、検討することが可能になるのではないかと考える。

第1節　工場Mの創業前史

(1) 創業者KW氏の略歴

ここでは、Mの創業者KW氏の渡日から1960年に工場Mが操業するまでの経緯について見ていく。工場Mの初代経営者となる故KW氏は、1919年日本の植民地支配下にあった朝鮮半島の慶尚北道高霊郡で生まれた。そして1938年、18歳の時に日本へ渡ったという[5]。釜山から下関へと渡ったKW氏は、大阪でゴム製造業に従事した後、1939年、他の在日朝鮮人（後に妻となるLB氏の叔父）の人間関係を辿って、京都の京友禅の蒸水洗工場で働くようになる。日本語がほと

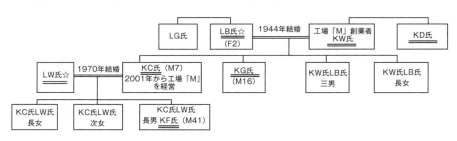

図4－1　工場「M」経営者家族 関係図
（下線のある者はMでの就労経験のある者、☆は女性労働者）

4　故KW氏、故LB氏についてのエピソードは、長男KC氏、次男KG氏、およびKC氏の妻LW氏へのインタビュー調査から構成している。
5　朝鮮半島の故郷でKW氏がどのような生活をし、どのような経緯で氏が日本へ渡るようになったのかKC氏やKG氏も「よく分からない」と語る。

んど分からない状態での日本への渡航であったが、KW 氏は休日には日本語の映画を鑑賞して、日本語を学習した。また、彼は古新聞を端から端までくまなく読むことで日本語能力を獲得したと、息子の KC 氏に語っている。[6]

日本へ渡ってきてから 6 年後の 1944 年、KW 氏は京都の京友禅工場で知り合った在日朝鮮人の LB 氏（1928 年慶尚南道咸安郡生まれ）と結婚し、その後三男一女をもうけた。図 4-1 がこの家族の関係図である。また、本研究で調査に協力して下さった KC 氏（創業者 KW 氏の長男）LW 氏夫婦は、二女一男をもうけた。

(2) 堀川蒸工場と M

1950 年、京都の京友禅工場で知り合った在日朝鮮人と協同で蒸水洗を行う「堀川蒸工場」の経営を始める。当時の工場では、妻 LB 氏や朝鮮戦争の混乱を避けて 1951 年に 16 歳で日本へ渡って来た実弟の KD 氏など、主に KW 氏の家族によって工場の運営がなされていた。

1960 年、蒸水洗工場を共同経営していた在日朝鮮人とは経営方針の違いにより別れ、KW 氏は単独で中京区の壬生で蒸水洗工場 M を創業する。妻 LB 氏は労働者の食事や炊事の世話をしながら、この M の経営に参加した。1960 年代は京都で知り合った在日朝鮮人（図 4-6 の M1 や M3）や、工場の生産繁忙期には労働者の家族を雇うことで M の運営は行われていた。その後 KW 氏の実弟 KD 氏は 1975 年に M から独立し、右京区の梅津で染色工場を創業した。また、この工場 M は 2 章 2 節で論じた「京都友禅蒸水洗工業協同組合」（蒸水洗組合）に、創業 3 年後の 1963 年から廃業する 2006 年まで加入していた。

第 2 節　蒸水洗工場での労働

(1) 一般的な労働工程

ここからは、一般的な蒸水洗工場における労働工程（図 4-2）について整理しておく。まず、新参の労働者が就く工程として代表的なものに「しめり」がある。製品に、おがくずをまぶし、着物生地に適度な水分を与え、生地同士が接合するのを防ぐ工程である。

次に、湿らせた生地を木枠にかける「枠がけ」工程がその次の工程にあたる。そして「しごき」工程では、固形糊を模様の上から生地に塗っていく。この固形

6　KC 氏へのインタビュー（2009 年 12 月 18 日、KC 氏宅にて）。

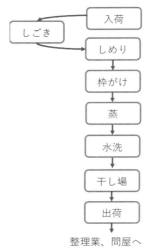

図 4-2　一般的な蒸水洗工場における作業工程[8]

写真 4-3　1960年代、桂川での「水洗」の様子。　写真 4-4　「干し場」。河川敷で着物生地を干している様子[12]。

糊を塗る作業に高度な技術が要求され、一人前の職人として、しごき工程を行うためには7年以上の年数が必要とされるという[7]。

続く、「蒸」の工程では枠にかけた生地を蒸箱や蒸機に入れ、染料を生地に浸透させる。この蒸機の蓋を開けるとき、労働者は高温の蒸気を浴びる可能性があり、非常に危険な工程でもある。また、この蒸箱や蒸機の温度を管理する人

は「ボイラーマン」と呼ばれ、通常、蒸水洗工場の経営者が担うことが多かった。この工場Mの場合も、経営者のKW氏がボイラーマンを務めていた。[9]

蒸工程が終わった生地は、余分な染料や糊を流し落とすために「水洗」の工程に出される。この工程はかつて「友禅流し」と呼ばれ、川の水深が浅く小波がある河川で生地を流して行われていた。だが、1971年の「水質汚濁防止法」の施行により一般の河川で製品の水洗が行えなくなる。そこで、工場内に地下水を汲み上げ人工の小川を作り、水洗工程が行われるようになった。[10]この水洗工程では、生地を洗う時間や水洗の仕方などの技術が要求され、作業実施日時の水温や、その地域の地下水の水質についての知識が必須となる。同じ京都といっても、堀川周辺と桂川沿いの地下水は水質や水温は大きく異なり、また季節による差も大きい。本書でのインタビュー調査より、この水洗工程で一人前の職人として就労するためには、10年近くの年数を要するという。[11]

水洗工程を終えた生地は、「干し場」の工程で乾燥を行う。干し場は、他の工程と比較すると軽い肉体労働であったため、主に女性労働者や就業年齢に達していない子どもが従事する工程とされてきた。[13]Mもその例外ではなく、1970年代までは、主にMで就労する男性労働者の妻が担当していた。5章で後述するが、京友禅産業全体の不況が深刻化する1970年代後半以降、経営者の妻（LB氏）や長男KC氏の妻（LW氏）などの経営者家族の女性も、この干し場を担当した。[14]

(2) 「きつい」、「汚い」、「危険」な労働

一般的な蒸水洗工場内には蒸機があるため、どの工程でも夏は暑い中で働かなければならず、大量の冷水を扱うために冬は非常に寒くなるという。[15]どの工程も肉体労働であるが、とりわけ高温で危険な蒸機を扱う蒸工程と、冷水に浸かりながら中腰で作業を行う水洗工程は、いわゆる「3K労働」[16]（きつい、汚い、危険）として京友禅産業関係者の中で広く知られていた。[17]蒸水洗産業界全体で機械を導入

7　KC氏へのインタビュー（2008年6月15日、KC氏宅にて）。
8　京都友禅蒸水洗工業協同組合提供資料とKC氏へのインタビューより筆者が作成。
9　KC氏へのインタビュー（2008年6月15日、KC氏宅にて）。
10　京友禅史編纂特別委員会『京の友禅史』（染織と生活社1992）209頁。
11　KG氏へのインタビュー（2009年6月6日、KG氏が勤務する工場にて）。
12　写真4-3、および写真4-4は、1960年代に父親が京友禅産業に従事していたL氏から提供を受けたものである。
13　三戸公 前掲書60頁。
14　KC氏へのインタビュー（2008年6月15日、KC氏宅にて）。
15　KC氏へのインタビュー（2008年6月15日、KC氏宅にて）。

する 1960 年代前半までは、こうした労働集約型の工程が多かった。事例の工場
M での工程は、他の一般的な蒸水洗工場と同様であったという[18]。蒸水洗工場で
の労働と労働者について KC 氏は以下のように語る。

　　まぁ、とにかく蒸工場での労働ってきついんよ。夏は蒸し暑いところで、
　ずっと働かなあかんし、冬は冷たい水に浸かりながら中腰で働かなあかん。
　きつい、汚い、危険って、今でいう典型的な 3K 労働やねんで。それで体壊
　す人も多かったし。そういう労働環境やからか、働いた後は、みんな酒飲ま
　んとやってられへんねん。酒飲んだら、また気が荒なって暴れるし、喧嘩も
　しょっちゅうやった[19]。

以上のように、M の創業者の長男 KC 氏は蒸水洗工場での労働の過酷さを「3K
労働」であったとし、そこで働く労働者の気性の粗さについても、労働の過酷
さのせいだったとも語る。実際、KC 氏自身も長年の水洗作業による業務疾病で、
一部の指の関節が動かなくなった[20]。
　また工場 M の規模に関して、KC 氏は以下のように語る。

　　うちの工場（M）は大きくもなく、かといって小さくもなく。そら、梅津
　とか西京極の桂川沿いのほうに行ったら大きな蒸工場もあるよ。そこらは景
　気良いときは 100 人以上人が、いたんちゃうか思うよ。うちなんかは、多く
　ても 30 人いくか、いかんかくらいやった。もちろん、家族だけでやっては
　る小さい蒸工場も、ぎょうさんあったけど[21]。

京都市右京区側の梅津や西京極の桂川東岸は大規模な工場が多いが、京都市内
中心部に近い中京区壬生の工場は比較的小規模な工場が多かった。京友禅産業の

16　水野直樹によれば、第一次世界大戦後、日本における朝鮮人の定着化における過程で「3K 労働」
　　に従事するようになったという。また、京友禅産業では蒸や水洗などの労働環境が劣悪で肉体
　　を酷使する工程に、多数の朝鮮人労働者が従事していたと指摘している。水野直樹「定着化と
　　二世の誕生――在日朝鮮人世界の形成」水野直樹・文京洙『在日朝鮮人 歴史と現在』（岩波書
　　店 2015）29–31 頁。
17　蒸水洗工場と取引がある京友禅業者 J 氏へのインタビュー（2008 年 6 月 18 日、J 氏が経営す
　　る京友禅工場にて）。
18　KC 氏へのインタビュー（2008 年 6 月 15 日、KC 氏宅にて）。
19　KC 氏へのインタビュー（2008 年 6 月 15 日、KC 氏宅にて）。
20　KC 氏へのインタビュー（2008 年 6 月 15 日、KC 氏宅にて）。
21　KC 氏へのインタビュー（2008 年 6 月 15 日、KC 氏宅にて）。

他の蒸水洗工場で見た場合、本章で扱う工場 M の経営規模は中規模であったようである[22]。

第３節　M の厚生年金台帳における労働者の類型

本章の事例として扱う工場 M には、1963 年から 2006 年まで就労していた労働者の厚生年金台帳[23]が存在していた。本章では、この台帳にもとづいて労働者の就労日と退職日から彼らの労働期間について分析を行う。経営者 KW 氏は、M で働く労働者を厚生年金に加入させていた。創業者の長男で、二代目の経営者[24]である KC 氏によれば、この M で就労したことのある労働者の半数近くが厚生年金に加入していた印象であるという[25]。

厚生（基礎）年金台帳一覧表

住　所　京都市中京区壬生[redacted]
名　称　[redacted]
事業主　[redacted]
明=明治，大=大正，昭=昭和，平=平成

事業所記号	[redacted]
事業所番号	

電話番号
ﾌｧｸｽ番号

番号	氏　名	年 月 日生	取 得 日	厚生(基礎)年金番号	喪 失 日	備　考
61						
62	[redacted]	昭 14/ 8/ 8		[redacted]	昭 60/ 5/ 2	
63						
64	[redacted]	昭 17/ 5/ 7	昭 38/ 1/ 1	[redacted]	昭 50/ 1/ 1	# 42
65	[redacted]	昭 4/ 6/12	昭 42/ 2/ 1	[redacted]	昭 45/ 2/ 1	# 50
66	[redacted]	昭 24/12/15	昭 42/ 3/ 1	[redacted]	昭 42/ 6/ 1	
67	[redacted]	昭 12/11/19	昭 42/ 3/ 1	[redacted]	昭 退職	# 35
68	[redacted]	昭 3/ 4/25	昭 42/ 5/ 1	[redacted]	昭 退職	
69	[redacted]	昭 26/ 2/11	昭 42/10/ 1	[redacted]	昭 46/ 9/21	
70	[redacted]	昭 14/12/ 8	昭 42/11/ 1	[redacted]	昭 44/12/ 1	# 55
71	[redacted]	昭 12/ 2/26	昭 42/11/ 1	[redacted]	昭 退職	
72	[redacted]	昭 10/ 8/10	昭 43/ 2/ 1	[redacted]	H 18.9.1	
73	[redacted]	昭 12/ 4/13	昭 43/ 2/ 1	[redacted]	昭 退職	
74	[redacted]	大 15/ 3/19	昭 43/ 6/ 1	[redacted]	昭 45/ 3/21	# 54
75	[redacted]			[redacted]	昭 47/10/ 1	
76	[redacted]	昭 7/ 7/ 9	昭 43/ 9/ 1	[redacted]	昭 44/11/ 1	
77	[redacted]	昭 9/ 5/ 8	昭 43/10/ 1	[redacted]	昭 62/ 5/ 1	
78	[redacted]	昭 6/ 7/21		[redacted]		# 40
			昭 43/11/ 1	[redacted]	昭 44/ 3/ 1	
79	[redacted]	大 8/ 3/22		[redacted]	昭 61/ 5/11	
80	[redacted]			[redacted]	昭 49/ 7/11	
81	[redacted]	昭 20/ 9/20	昭 41/ 7/10	[redacted]	H 18.9.1	
82	[redacted]	昭 23/ 2/ 8	昭 44/ 4/15	[redacted]	H 18.9.1	
83	[redacted]	明 44/ 3/23	昭 44/11/ 1	[redacted]	昭 45/ 2/17	
84	[redacted]	昭 4/ 9/18	昭 44/12/ 1	[redacted]	昭 45/ 8/ 1	
85	[redacted]	昭 12/10/18	昭 44/12/ 1	[redacted]	昭 46/ 9/ 1	
86	[redacted]	昭 2/ 1/28	昭 44/12/ 1	[redacted]	昭 46/ 3/ 1	
87	[redacted]	大 8/ 3/22	昭 45/ 3/ 1	[redacted]	昭 46/ 6/ 1	
88	[redacted]	昭 21/ 1/22	昭 45/ 5/26	[redacted]	昭 49/ 7/ 1	
89	[redacted]	昭 22/12/ 6	昭 45/ 6/29	[redacted]	昭 53/12/ 1	# 52
90	[redacted]	昭 14/12/ 8	昭 45/　/	[redacted]	昭 58/ 5/ 1	# 70

昭和37年4月　日 住所・名称変更

図 4-5 工場 M の厚生年金台帳の一例

22　KC 氏へのインタビュー（2008 年 6 月 15 日、KC 氏宅にて）。

23　蒸水洗組合『厚生（基礎）年金台帳一覧表』（未公刊資料）。2 章で扱った蒸水洗組合が、この台帳の管理を行っていた。

24　KW 氏の他界により、2001 年に M の経営は KC 氏に引き継がれ、通常であれば「事業主」となる KC 氏は厚生年金の被保険者の対象外となる。しかし、複雑な事務的手続きを避けるため、2001 年以降も M では、その事業主として故 KW 氏の名義が使われおり、KC 氏は M の経営を引き継ぐ 2001 年から M が廃業する 2006 年までの間も、厚生年金に労働者として加入していた。

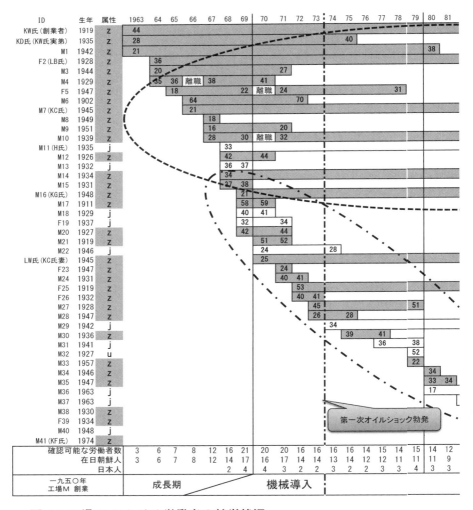

図 4-6 工場 M における労働者の就労状況

凡例

M……男性、 z……朝鮮人、F……女性、 j……日本人、u……不明

マス内の数字は取得日年齢と喪失日年齢。

※ただし KW 氏と KD 氏の就労年度は、工場 M の関係者からの聞き取り調査、LW 氏は本人からの聞き取り調査からである。

(京都友禅蒸水洗工業協同組合提供の工場 M の厚生年金台帳と M 関係者の協力より作成)

第4章　京友禅産業における朝鮮人労働者　149

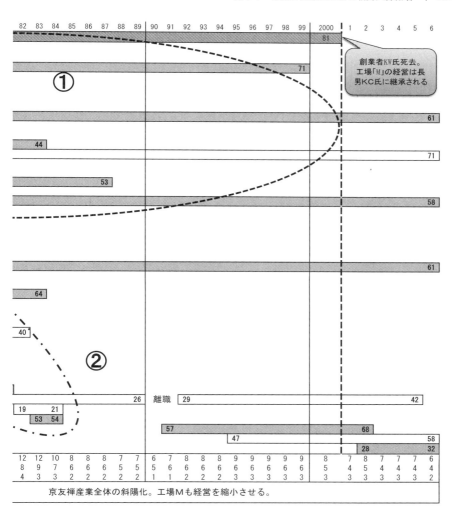

写真4-5は、Mの厚生年金台帳の一例である。厚生年金台帳には、通し番号、氏名、生年月日、取得日（Mへの就業開始日）、厚生年金番号、その喪失日（Mでの退職日）、および備考欄[27]で構成されている。

　この厚生年金台帳を用いて、Mの労働者の就労状況を論じるにあたって、厚生年金に加入していなかった人々について触れておく。まず、Mにおける女性労働者は男性労働者と同じフルタイム労働者ではなく、多くが労働時間の短いパートタイム労働者であった。臨時的にこの工場で働いていた者が多数であったために、女性の場合、年金非加入の者が多かったと推測される。また、フルタイム労働者であっても既婚女性の場合、男性の厚生年金や国民年金の「被扶養者」となることが多く、厚生年金に加入しない者が多かった。

　続いて、「密航者[28]」としてこの工場で就労していた労働者の場合、自身の名前が厚生年金台帳などの記録に残ることを避ける者が多かったのではないだろうか。そうした者も、この厚生年金には加入しないことが多かったと考えられる。このように、このMの厚生年金台帳が、Mで就労した労働者の全てを記録するものではないことに留意しなければいけない。

　図4-6[29]は、工場Mの厚生年金台帳をもとに筆者が作成したものである。台帳に記載されている就業年度が早い者から順に並べたもので、左側にあるのはMに就業した時の年齢で右側は離職時の年齢である。また、事業主およびその親族

25　KC氏へのインタビュー（2009年8月8日、KC氏宅にて）。KC氏がMの厚生年金台帳を見た中で、KCが思い出せない人物1名存在した。図4-6「工場Mにおける労働者の就労状況」のM32の男性労働者（1927年生まれ）の男性が、その人物である。朝鮮人であるのか日本人であるのかも不明であるとして、本章では「u」と表記している。

26　厚生年金台帳中で個人情報に関わる部分は、筆者が墨塗りにした。

27　Mで再び就労した者や、就労中に亡くなった者、また結婚等で名前を変更した者などが備考欄に記録されている。

28　ここでいう「密航者」とは、日本の敗戦直後に日本に渡航した朝鮮人である。連合国総司令部は彼らを「不法入国者」として逮捕し送還することを日本政府に指示をした。森田芳夫によれば、「密航者」は「不法入国者」であるとして、1947年5月2日以降は「外国人登録令」、1952年4月28日以降は「外国人登録令」と「出入国管理令」により検挙されたという。森田芳夫『数字が語る在日韓国・朝鮮人』（明石書店1996）86-87頁。また、『朝鮮を知る事典』の「密航」項では、「法律用語では〈不法入国〉の通称であり、〈旅券又は船員手帳をもたないで船舶等を利用して密かに本邦に滞在するもの〉をさしているが、これはあくまで国法の視点から事態を捉えた語句である」と指摘がなされている。戦後、韓国からの「密航者」の場合、1960年代半ばまでは日本から引き揚げた者が家族ぐるみで再度生活の場を求めて来たケースや日本に居住する親族との同居を目的として来るケースが多かったが、1960年代後半以降は日本に職場を求める出稼ぎが多くなったという。小沢有作「密航」頁 伊藤亜人・大村益夫・梶村秀樹・武田幸男監修『朝鮮を知る事典』（平凡社2000）402-403頁。

29　M創業の1960年から組合に加盟する1963年までのMの厚生年金加入者記録も、どこかに存在していたはずではある。だが、その部分を蒸水洗組合やKC氏は管理しておらず、1960年から1962年までの期間を図4-6に反映することができなかった。

第4章　京友禅産業における朝鮮人労働者　151

であるなどの理由で厚生年金非加入の KW 氏、KD 氏、LW 氏（KC 氏の妻[30]）の労働従事期間も、図 4-6 の「確認可能な労働者」に付け加えた。

　M における労働者の就労形態の特徴を捉えるために、ここでは図 4-6 に現れる M の労働者を二つの類型に分けて説明をしておく。

⑴　経営者家族と、在日朝鮮人の紹介で就労するようになった者

　まず、図 4-6 の①の円中に現れる労働者とし、経営者の家族の一員として働いていた者を取り上げる。創業者である KW 氏やその妻 LB 氏（F2）や、KW 氏の実弟で韓国から日本に「密航」してきた KD 氏、KW 氏の長男次男（KC 氏（M7）、KG 氏（M16））も労働者として働いた。そして KC 氏が結婚後は彼の妻 LW 氏も M で働いていた。つまり、①のグループの労働者の中心となるのは、この工場 M の経営者家族であった。

　渡日後の KW 氏が京都で知り合った在日朝鮮人労働者（M1 や M3）や、KD 氏以外も韓国から日本へ「密航」して来た者が、少なからず M で就労していた。M9 は 1967 年、16 歳のときに生活苦のため釜山から「密航」という手段で日本に渡り、彼の親族で京都に住む在日朝鮮人の紹介を通して、M で働くようになったという[31]。KC 氏も筆者が厚生年金台帳を見せるまで、M9 が厚生年金に未加入であったと考えていた。この M9 について、KC 氏は以下のように語る。

　　　あれ、M くん（M9 が日本で使っていた名前）も台帳に入ってるやん。確か、俺が東京の朝大（朝鮮大学校）を卒業して京都戻って来たくらいのときに、ちょうど彼も密航でうちの工場（M）に来ててね。幼いし、体が小さい子やったから、工場の中でいろいろとからかわれたりしてて。彼も厚生年金入ってたんや。てっきり密航で来てたから、（厚生年金に）入ってへんもんやと思ってた。結局ね、彼も 5 年くらいでここ辞めてね。今は釜山で餅屋をやってるって聞いてんねんけど[32]。

　KC 氏の語りから、経営者家族であっても M の労働者が厚生年金に加入していたかどうかは把握していない部分が多いことが分かる。図 4-6 には現れないもの

30　LW 氏へのインタビュー（2010 年 1 月 10 日、KC 氏宅にて）。夫 KC 氏の厚生年金の「被扶養者」のために、LW 氏は厚生年金に非加入であった。
31　KC 氏へのインタビュー（2009 年 9 月 25 日、2014 年 8 月、KC 氏宅にて）。
32　KC 氏へのインタビュー（2009 年 9 月 25 日、KC 氏宅にて）。

の、M9 以外にも 10 人近くの「密航者」が M で就労していたようである[33]。それ
ら「密航者」も親族・知人などを辿って、京都までたどり着いたのであるが、日
本の法律上、非正規の入国であるため、日本で正規に就労することができなかっ
た。M は、そうした「密航」という手段で日本へ渡航した者の「受け皿」となっ
ていたとも考えることができる。1970 年から M で労働者の衣食住生活を支えて
きた LW 氏は、「密航」という手段で日本へ渡り M で就労していた者について、
以下のように回想する。

　　地方（京都以外の地域）から出てきた人ってのは、だいたい工場の寮とかに
　住むのね。まぁ密航で来た人もそこで生活してはったんやけど、そういう人
　はあんまり外には出歩かはらへんかったわ。家で、ずーっと、じっとして
　はってん。工場の中では一応、誰が在日や、誰が日本人や、韓国人やってい
　うのは関係なかったんやけどね。…（中略）…
　　工場の中でたとえば、人間関係で気に入らんこととかあるでしょ。そした
　ら警察に「あの人、密航者や」って言うんよ。そういうことは、あったわ[34]。

　LW 氏の語りからも、M で働く多くの労働者は工場や M の社宅で生活し、工
場内では在日朝鮮人、日本人、そして韓国から来た韓国人などが、ともに働いて
いた様子を想像することができる。インタビューのように、彼らが労働者として
就労するとき、たとえば、作業に関わる技術や技能、知識を習得するとき、また、
それらを他の人に教え伝えるとき、工場内でコミュニケーションを取るとき、主
に日本語を中心に行っていた[35]。
　その一方、1970 年代の初頭においても「密航者」として日本に来た韓国人労
働者は、独自のコミュニティを作っていたようだ。それゆえに、日本語と朝鮮語
という言語の差異という部分で、「密航者」が関与する人間関係上の問題も存在
し、警察への「密告」もあったようである。1960 年代半ばまでの韓国から日本
への「密航者」は親族との同居を目的としたケースが多く、いわば難民の性格
を帯びていたにもかかわらず、日本の法律的には「違法」であると認識された[36]。
LW 氏が M へ来た当初の 1970 年代初頭でさえも、彼らが工場内での地下生活を

33　KC 氏へのインタビュー（2009 年 9 月 25 日、KC 氏宅にて）。
34　LW 氏へのインタビュー（2010 年 1 月 10 日、KC 氏宅にて）。
35　KC 氏へのインタビュー（2009 年 9 月 25 日、KC 氏宅にて）。
36　小沢有作 前掲書 402-403 頁。

余儀なくされていたようである。

　また、①のグループには日本人労働者も存在する。M11 の H 氏は日本人であ
るが、彼は 1935 年、日本による植民地期の済州島で生まれた。1945 年の日本の
敗戦後も、彼はしばらく済州島で生活していたという。1968 年、H 氏は親の故
郷である京都に引き揚げようとするが、日本には住所がなく、彼が働けるような
場所もなかった。そこで、大阪の韓国領事館と KW 氏が所属していた居留民団
の依頼で、H 氏を M で雇用するようになった。[37] その後、彼は M が廃業する 2006
年までの 38 年間、この工場で働き続けることになった。この H 氏について、M
の創業者の長男 KC 氏とその妻 LW 氏は、以下のように語る。

　　（KC 氏）…H さんの話はそら面白かった。日本人やけど済州島で生まれて、
　なんか海女とかの手伝いしてはって、それで済州島の人と結婚して、こっち
　（京都）に来て、うちの工場で働くって話。風変わりな人やったけど、うち
　（M）で長い間、働いてくれてはった。[38]

　　（LW 氏）そら、そんな話あるんかって思ったもん。あんた（H 氏）、それ小
　説にでもしたらええんちゃうってくらい、おもしろかった。みんな工場で仕事
　しながらでも、そうやって雑談して笑っててんよ。奥さんも済州島の人でね。
　仕事忙しいときは、よく干し場で手伝ってくれてはってん。…（中略）…
　　韓国語もだいぶとできはってね。もちろん、奥さん、韓国の人やもん。H
　さんは密航してきた人と、こっちの生まれの人（日本生まれの在日朝鮮人労働者、
　日本人労働者）ら双方の話分かってくれはった。[39]

　この KC 氏と LW 氏の回想からも、日本人でありながら済州島に生まれ、33
歳までそこで生活して後、1960 年代後半に親の出身地である京都へと渡り M
で就労したという H 氏の経歴は、非常に珍しい事例であると考えられる。当時、
工場 M には日本語を母語とする日本生まれの在日朝鮮人や日本人労働者と、朝
鮮語を母語とする労働者が存在し、言語の違いにより何かと齟齬が生じることが
あった。そのような問題を解決する際、彼らの仲裁役としても H 氏は M で重宝
されていたようである。

37　KC 氏へのインタビュー（2009 年 9 月 25 日、KC 氏宅にて）。
38　KC 氏へのインタビュー（2009 年 9 月 25 日、KC 氏宅にて）。
39　LW 氏へのインタビュー（2009 年 9 月 25 日、KC 氏宅にて）。

再び、労働者の類型に話を戻す。①のグループの労働者は、就労年数が長い者が多いことが特徴の一つである。経営者 KW 氏や経営者家族の KC 氏や KG 氏などの就労年数が長いのは当然であるが、1963 年から 1980 年までの 18 年間、就労していた M1 や、1968 年から 1988 年まで 20 年間就労していた M14、先述した M11 の H 氏など、①の円に現れる労働者は後述する②の労働者と違い、10 年以上、この工場 M で就労した者が多いと言えるだろう。

また、家族を除いて、在日朝鮮人の労働者は就労に関し「他に選択肢がなかった」や「他に就職できるようなところがなかった」、「生きるために」という理由で就労した。KC 氏によれば自身の親戚や故郷での知人、日本で知り合った在日朝鮮人などを通して、M が「何の知識や技能がなくても働けるところ」であることを知り、M で働くようになった者が多いという[40]。したがって、M に就労した当初は京友禅の蒸水洗業に関して技術的に未熟な者が多かったのであるが、長年この工場で働く過程を通して、京友禅産業に関する知識や能力を体得する者もいた[41]。

(2)「流れ」の労働者

次に、図 4-6 の下部②の楕円に現れる就労年数が比較的短い労働者について説明する。彼らは工場 M の生産拡大に対応する労働者として登場し、京友禅産業界の中では一般的に「流れ」と呼ばれてきた。図 4-6 から、そうした就労年数の短い労働者には、朝鮮人労働者と日本人労働者の双方が存在していることが分かる[42]。KC 氏によれば、1971 年から 1972 年の 2 年間だけ M で就労した M24 や、1977 年の 1 年間だけ就労した M33 が典型的な流れの朝鮮人労働者であるという。日本人労働者であれば 1977 年から 1979 年までの 3 年間就労していた M31 が、典型的な流れの日本人労働者にあたる[43]。

この流れの労働者は、短ければ数ヶ月間、長くても数年程度だけ工場 M で働き、他の工場の給与や待遇などの条件が良ければ次から次へと他の工場へと渡り歩いて行く。業界内で彼らが「流れ」と呼ばれるのは、上記のように「ジョブ・ホッピング」を繰り返す労働者であるからである。流れの労働者は、通常、労働者同士が持つ人間関係を使って就労する[44]。京友禅産業の景気や各工場の求人、給

---

40 KC 氏へのインタビュー（2009 年 10 月 23 日、KC 氏宅にて）。
41 KC 氏へのインタビュー（2009 年 10 月 23 日、KC 氏宅にて）。
42 厚生年金保険法の「適用除外」項目の中で「臨時に使用される者（2 ヶ月以内の期間を定めて使用される者）」は厚生年金への加入は除外となる。よって、流れの労働者の中で M での就労期間が 2 ヶ月に満たない者は、厚生年金加入の適用除外となり、図 4-6 に反映されない。
43 KC 氏へのインタビュー（2009 年 10 月 23 日、KC 氏宅にて）。

与等の動向についての情報は、流れの労働者間の中で共有されていたようであった。こうした流れの労働者に関して M の創業者の次男 KG 氏は、以下のように回想する。

　　仕事終わりに、壬生の中新道とか西院のほうの居酒屋とか銭湯とか行くでしょ。そん時、流れの職人らが大きな声で聞こえてくるんよ。いや、どこの工場で景気いいし、給料もいい、どこそこで求人出てたで、とか、今は「しごき」の職人の需要があるとか。引き抜きの話もよくしててね。うちの工場来るかとか。もちろん、うちんとこ（M）のこと話してる時もあったし、うちんとこの工場で働いてる人らが、そういうこと言ってたこともあった。人間、酔ってたら、特に声が大きくなるねん。銭湯やったら、声が余計に響くしな。そん時は、本当に何か、いたたまれん気分になってね。小さくなってお酒飲むか、すぐ店出るかやね[45]。

　KG 氏が語るように、流れの労働者間のそうした情報は経営者家族の耳にも届いており、日常的に通う居酒屋や公衆浴場で、流れの労働者同士が工場 M や他の工場について語り合う光景が頻繁に見られたようである。工場での終業後、工場近くの空間で、そのような京友禅産業の動向や工場間のリクルートなどの情報が会話として交わされていたという。そして、流れの労働者は、これらの情報を頼り京友禅の蒸水洗工場を渡り歩いた。
　また、いわゆる「職人」という意識が強いというのも流れの労働者の特徴の一つである。職業上に必要な技術や知識をこの工場 M で習得する者もいれば、他の工場で学んだ後に、この M で就労した者もいた。そして、M4 のように KW 氏をたよって蒸水洗業に従事するようになった朝鮮人労働者であっても、ここで技術や知識を身につけた後に、流れの労働者として M での就労と離職を繰り返す者も存在した[46]。
　その中でも腕のいい職人気質の労働者は、他の工場から引き抜きの対象になることもあった。引き抜きの対象になる者には、主にしごきと水洗工程の労働者が

44　KC 氏へのインタビュー（2009 年 6 月 5 日、KC 氏宅にて）、KG 氏へのインタビュー（2009 年 9 月 19 日、KG 氏が勤務する工場にて）。
45　KG 氏へのインタビュー（2009 年 6 月 6 日、KG 氏が勤務する工場にて）。
46　KC 氏へのインタビュー（2010 年 1 月 10 日、KC 氏宅にて）。就労、離職を何度と繰り返す労働者がより条件のよい工場へ転職するケースもある一方で、蒸水洗工場の水洗工程でケガを負い一時的に休職する事例もあったという。

多かったが、他の工程の労働者も存在した。この流れの労働者は、職人であると
いう意識が強いため、経営者家族から見た場合「（労働者としては）扱いにくい者
が多かった」とKC氏は語る[47]。

　　流れの労働者って、やっぱり職人で、とにかく腕はいいんよ。何やらして
　も、そら一流。自分の腕によっぽど自信があるんやろな。だから、うちの従
　業員の行事、たとえば、春の花見だとか、夏の社員旅行だとかに混じろうと
　せんかったし、その点では扱いにくかった。…（中略）…
　　流れでもね、大宮通りを境にして、気質が全然違うねん。大宮通りから東
　から来るのは職人で、やっぱり職人として気高いし、仕事はしっかりする。
　大宮通りの西から来るのは全くの労働者で、その日稼いだお金をその日のお
　酒とか博打で使ってしまう人。でね、経営者にとって一番困るのが、夏始め
　の忙しい時期に、そういう流れに突然、連れ立って辞められることやった[48]。

　上記のように、KC氏は流れの労働者の高い技術力と扱いにくさを語ると同時
に、流れのなかにも多様性があり、より職人意識が高い者と、まさに労働者と
いう者が存在したようである。こうした流れの労働者が生産の繁忙期に連れ立っ
て他工場へ引き抜かれてしまうという事態を、経営者家族として恐れていたとも
KC氏は語る。

第4節　Mの成長期における労働者

　4節から6節まで、先の図4-6の工場Mにおける労働者の就労状況を参照し
ながら、時期別の工場Mにおける労働者の動向について見ていく。本節ではM
の成長期における労働者についてである。

(1) 京都での仕事探し

　京友禅産業全体の生産量が増加した時期は、1960年代から1970年代にかけて
であった。この工場Mも、この時期に経営規模を拡大させた工場の一つであっ
た。図4-6を見れば、この時期は主に①のグループの労働者を中心に工場の経営

47　KC氏へのインタビュー（2014年5月29日、KC氏宅にて）。
48　KC氏へのインタビュー（2014年5月29日、KC氏宅にて）。

がなされていたことが分かる。1969 年に M には図 4-6 で確認が可能な労働者が21 人存在しており、そのうち在日朝鮮人が 17 人を占めていた。

　M において、韓国からの「密航者」が多かったのも、この時期までであった。先述の M9 のように「密航者」として日本に渡り、親戚や知人のつてをたどり京都まで来て、蒸水洗工場で働くようになる者が 1960 年代の後半までは度々見られたようである[49]。日本での住居を決めないまま、日本へ渡って来たこれらの労働者や、他の在日朝鮮人から「京都の工場で何か仕事があるらしい」という情報だけを得て、他地域から京都に移住して就労する在日朝鮮人労働者も多数存在したという[50]。

　1960 年代の M の成長期から就労している労働者は、10 年以上就労する者が多かった。もちろん、1960 年代のこの時期から一年の中で繁忙期にあたる夏前にだけ、流れの労働者も一時的に雇用されるが、目立った存在ではなかった[51]。

　就職差別を受けることが多かった在日朝鮮人や、また法的には違法な形で韓国から日本へ「密航」してきた者が、日本の一般企業に就職することは非常に難しい。そんな彼らにとって蒸水洗工場での労働は肉体的に過酷ではあるが、一定の収入を確実に得られるという点では、ある意味で妥協できる仕事でもあった。また、成長段階の M にとっては未熟練の労働者を雇用してでも、製品を生産すればするほど利益になる時期でもあった。

(2) 労働者の生活

　こうした京都以外の地域や労働者のために、M では宿舎が提供されていた。もちろん、「密航者」として M で就労した者の中には、そうしたところにも住まず、工場 M の 2 階（屋根裏）で住む者もいたという。通常、蒸水洗工場の屋根裏は、夏場は暑くて到底生活できないのだが、真冬は蒸機の熱のおかげで暖かく住みやすい環境であった[52]。

　この M の成長期、経営者妻の LB 氏や LW 氏は工場内での食事の用意や労働者の作業着の洗濯、社宅の掃除や管理など、工場の裏方として他の工場労働者の衣食住生活を支える役割を担っていた[53]。そして、労働者の親睦を兼ねて花見や社員旅行などのイベントも行ったという。

49　KC 氏、LW 氏へのインタビュー（2010 年 1 月 10 日、KC 氏宅にて）。
50　KC 氏へのインタビュー（2009 年 9 月 25 日、KC 氏宅にて）。
51　KC 氏へのインタビュー（2014 年 5 月 29 日、KC 氏宅にて）。
52　KC 氏へのインタビュー（2009 年 9 月 25 日、KC 氏宅にて）。
53　LW 氏へのインタビュー（2010 年 1 月 10 日、KC 氏宅にて）。

あの時は何をしても、お祭りみたいになってた。そら工場にはいろんな労働者がいてて、みんな仕事終わりに酒飲んで飯食って、博打したり、議論したり、喧嘩したり、それでまた酒飲む。みんな酒ばっかり飲んでるから気が荒いねん。それで、一年のうち4月は花見に行くし、忙しい時期終わった8月頃には社員旅行で海行ってたりして、楽しかった。そん時、俺なんか、まだ中学生くらいやったけど、今でもあの時代は楽しかったって覚えてる。[54]

KC氏にとって幼少期、Mの成長期の労働者について、どこか牧歌的に語る。実際、当時の工場がどのような状況であったのか分かりかねるものの、1950年代から1960年代前半にかけて、Mにおいては在日朝鮮人の労働者や韓国から「密航」してMで就労することになった者は、住居と労働の現場が近接した環境の中で衣食住生活を共にしていた。本章では工場Mでの労働者の生活を簡単にまとめるのに留めるが、6章では労働者の衣食住生活や労働以外の余暇生活、また、それら生活と労働との関係を詳細に論じる。

第5節　Mにおける機械の導入

(1) 機械導入による単純労働の消滅と「流れ」の労働者

　1960年代が京友禅産業の成長期であったが、この1960年代の後半から産業全体で積極的に機械の導入が進められた。その中でも、他の工程を担う工場よりも生産規模の大きかった蒸水洗工場では、より一層の機械化が進められた。[55] Mにおいても機械化の進展によって、それまで肉体労働で行われていた、いわゆる「3K労働」的な工程は減っていく。

　たとえば、蒸箱に石炭をくべる作業は簡単な作業であるが、肉体的にきつい労働であり、工場で働き始めて間もない新参の労働者が主に従事する作業の一つであった。しかし、1960年代中盤、石油で動く蒸機の登場により石炭を蒸箱にくべる作業は必要がなくなった。その結果として、新参の労働者でも働ける工程が一つ減ることになった。このような機械化の導入が他の工程でも積極的に進められ、蒸工場において単純作業ではあるが、肉体的に過酷な労働集約型の作業は次

54　KC氏へのインタビュー（2009年9月25日、KC氏宅にて）。
55　KC氏へのインタビュー（2013年1月29日、KC氏宅にて）。

第に少なくなっていった。

　機械化が進み単純作業が少なくなるということは、これらの作業に従事する労働者も少なくなることを意味していた。図4-6に現れるMの労働者は1969年代のピーク時には21人いたのであるが、1973年は16人になり、わずか4年の間に5人もその数を減らしている。1972年に70歳で工場を退職したM6の労働者のように、この時期には就労経験の長い、高齢の在日朝鮮人一世の労働者が工場から引退していった。だが、それでも「水洗」や「しごき」など、高度な技術が要求され、機械に置き換えることが不可能な工程や、「干し場」のような肉体的に過酷な労働は相変わらず存在し続けた。

　また、京友禅産業全体には生産の繁忙期と閑散期が存在する。通常は夏に向けて製品を生産するため、一年のうち4月から6月の3ヶ月間がMにとって最も忙しい時期となる。そこでこの繁忙期に対応すべく、一時的な労働力が要求された。この臨時の労働力として、先述の流れの労働者が重宝されるようになった。換言するならば、当時のMもこの繁忙期に高い給与を出して流れの労働者を雇用する余裕があった。図4-6を見ると、先の①の労働者数は数人の古参労働者を残して1970年代以降、徐々に少なくなっていくのであるが、それに代わる労働者として、②に現れる流れの労働者が数年ほどの短期間に、Mに就労し退職している様子を見ることができる。

(2) 機械導入への二世の思い

　この工場Mにおいて機械を積極的に導入しようとしたのは、1966年からMで本格的に就労し始めた創業者の長男KC氏であった。彼は機械の導入に関して、以下の通り語る。

　　アボジらの一世は、そら死にもの狂いで懸命に働いてたと思うねん。毎日生き残るために必死で、それこそ、いろんな汚いこと、危険なこと含め、生きるためになんでもやるって感じで…（中略）…
　　でも、俺ら二世はやっぱり違う。子どもの頃から、手伝いというか、いろんな仕事で日本人の工場を見に行くことがよくあってね。そん時、ほんまに恥ずかしい思いがした。日本人の工場と比べて、朝鮮人の工場ってだけで肉体労働やし、いろんな危険なこととか、無駄な部分がまだまだ残ってて。そ

56　KC氏へのインタビュー（2009年9月25日、KC氏宅にて）。

れで、こんなんじゃあかんなってことで、この時期、銀行でお金を借りてき
て、機械を買って入れててん。そういう意味では、組合全体で厚生年金を労
働者にしっかり加入させるってのも、同じ話やねんけど。他の工場でも、だ
いたいこの頃から二世らがいろいろと工場の運営に関与するようなったん
ちゃうか。[57]

1960年代半ばのこの時期、それまで「生きるためになんでもやる」という一
世のKW氏とは異なり、より「日本人の工場のようにMを運営したかった」と
二世のKC氏は語る。たしかに、生産を効率的に行うことを目的に、この時期の
Mにおいて機械が積極的に導入されたと説明した。しかし、機械の導入の背景
には工場Mを日本人の京友禅工場での労働と変わらない労働環境にしたかった
という、在日朝鮮人二世の動機も混在したようである。この時期の機械の導入を
巡って、在日朝鮮人一世と二世の間で労働の仕方や工場の運営方法へ相違が見ら
れた。

第6節　京友禅産業斜陽の中で

(1) 労働者の減少

戦後の日本の服装文化の変化や、1971年の「水質汚濁防止法」の施行など、
京友禅産業をとりまく環境は1970年代以降、徐々に厳しくなっていく。その中
でも、京友禅産業全体で最も衝撃的な出来事として、1973年に起こった第一次
オイルショックがある。これに伴う燃料費や、生糸や反物などの原材料価格の高
騰が各工場の経営を圧迫し大きな問題となった。[58]こうして1973年を境に、京友
禅産業をとりまく状況は急速に悪化していった。この頃のMについてKC氏は、
以下のように語る。

大阪万博の頃やったから、1970年の頃やな。俺が25歳の時やった。景気
がその頃はそれなりに良かったし、このMも壬生から西の方に移転させる
話があってん。それで西京極と吉祥院の間くらいの大きな農家さんから、土
地まで購入してて。経営をもっと大きくしようとして。それからしばらくし

57　KC氏へのインタビュー（2013年1月29日、KC氏宅にて）。
58　京友禅史編纂特別委員会 前掲書271頁。

て、オイルショックが突然起こんねん。燃料の石油が一気に値上がりするわ、他の染料もつられて値上がりするわで、業界が大変なことになって。おまけに日本国内も消費不況ってことで、ものが売れなくなる。特に着物なんかの高級品が売れなくなった。あの時は、これじゃいかんって慌てて、その土地を自動車のディーラーに売って対応したんやけど[59]。

　KC氏によれば1970年代初頭まで工場Mでは経営規模を拡大し、工場を壬生から郊外へ移転させる動きがあったという。しかし、1973年に突発したオイルショックにより、Mの工場移転の計画は立ち消えとなり、購入した土地は自動車販売業者に売却した。その後、京友禅産業の不況は続き、燃料費や原材料費の高騰や、着物製品がなおさら売れなくなるという構造不況の中で、Mの経営も急速に難しくなっていったという[60]。

　労働者の雇用面でも、京友禅産業全体の不況を受けてMでは1960年代までのように京友禅に関して未経験の労働者を新しく雇うことは、少なくなっていった。その結果、労働者の数は年を経るごとに少なくなっていく。図4-6を見ると1969年21人であった労働者は、1989年には7人にまで減少する。減少したとはいえ、問屋からの受注に応えるため、1980年代に入るまでは②の流れの労働者が雇用された。

　同時に、それまで工場労働者の衣食住生活を支えた経営者家族の労働の様子も一変していった。それまで労働者の衣食住生活を工場裏で支えていた経営者妻のLB氏や、1970年からMで働く長男妻のLW氏も、実戦力として工場労働に従事するようになった。この時、女性の労働者は主に図4-2の干し場と、しめりの作業工程を担当するようになった。5章で論じるが、LW氏は朝方から昼間は工場内で労働した後、家では従来通り家庭内で家事や育児の仕事も担わなければならなくなったと語っている。

　もちろん、洗濯機や炊飯器、掃除機などの家電製品の普及により、家事や工場内での他の労働者の衣食住生活を支える労働は、「幾分、少なくなった」という。しかし、工場内での肉体労働も担わなければならなくなったという意味では、女性の家族労働者が行う労働量は確実に増加していった[61]。京友禅産業全体の景気後退が、これまで女性が炊事や洗濯などの補助的な労働でMの操業を支えていた

59　KC氏へのインタビュー（2009年9月25日、KC氏宅にて）。
60　KC氏へのインタビュー（2009年9月25日、KC氏宅にて）。
61　LW氏へのインタビュー（2010年1月10日、KC氏宅にて）。

状況を、工場の現場で肉体労働をしながら家庭内では家事労働もするという形態
に変質させていった。

　また、Mにおいて、流れの労働者を頻繁に雇わなくなるのは1980年代になっ
てからのことである。図4-6で確認できるように工場Mが流れの労働者を雇用
することも次第に難しくなり、②の流れの労働者は1984年を最後に途絶えてい
るのが分かる。

(2) 家族と少数の労働者による工場運営

　1980年代後半から1990年代の初頭のバブル経済を受けて、短期的にではある
が、一時的に高額な京友禅製品がよく売れるようになった。この時期、市場動向
に追随して規模を拡大させて、高額な工場設備を導入した蒸水洗工場も一部に存
在した。しかしMの場合、他の工場に追随することはなく、工場の経営を拡大
させる方針を取らなかった[62]。

　1999年に経営者の妻LB氏が、2001年には経営者KW氏が他界する。その後
のMの経営は、KW氏の長男KC氏に引き継がれることとなった。長男KC氏
や次男KG氏、厚生年金台帳には記載されていないKC氏の妻LW氏や、1968
年から継続してMで働く古参の日本人労働者H氏など、少数の労働者によって
工場の運営がなされていた。

　図4-6の中で、1990年代から工場Mで働き始めた者は、他の蒸水洗工場の元
経営者の妻であった在日朝鮮人女性のF39や、勤めていた京友禅工場が廃業し
た後にMで就労をしたM40などであった[63]。2000年代に入ると、新規に就労す
る者はKC氏の長男KF氏（M41）が最後であり、図4-6で労働者数の変化を見
ることはできない。2006年のMの従業員は6人であり、そのうち在日朝鮮人は
4人であった。Mでは流れの労働者を新しく雇用せず、家族労働者と就労年数
の長い少数の労働者だけで工場操業を行っていた。しかし、それでも京友禅産業
の長期にわたる不況には対処できず、2006年にMは廃業することになった。

　2000年代に入ってからのことをKC氏は、以下のように回想する。

　　　オモニが亡くなって、アボジもその数年後に亡くなって。で前々から家族
　　でいろいろと話し合ってたんやけど、もう蒸し屋[64]を辞めようってなっててん。

62　KC氏へのインタビュー（2009年9月25日、KC氏宅にて）。KC氏によれば、この時分、M
　　で無理な投資をしなかったことは、今考えると正しい選択であったとも語る。
63　KC氏へのインタビュー（2013年1月29日、KC氏宅にて）。

俺は M が持ってたデザインというか型で、製品を他の工場で生産して流通する仕事やってるし、ちょうどその頃、「伝統工芸士」にもなって、まぁブローカーみたいな仕事をしてる。弟（KG 氏）は M の機械とかで、もう一度、蒸し屋をやろうとしたんやけど、やっぱり続かんで、2、3 年でやめて。今は梅津の在日がやってる「Y」という工場で水洗の仕事をしてる。まぁこの業界やったらよくあること[64]。

M は 2006 年に廃業するのであるが、2002 年頃より KC 氏は M が使用していた型を使い京友禅製品の生産・流通の仕事を始める。また、弟の KG 氏は M の機械を使い再び蒸水洗工場を経営しようとするが、それは数年で廃業した。2009 年の時点で他の在日朝鮮人が経営する蒸水洗工場 Y[66]で労働者として就労していた。この KG 氏のように経営者であっても、景気の動向により一時的に労働者になることも、この京友禅産業においては「よくあること」だと兄 KC 氏は語る[67]。

小括

ここでは、4 章で扱った事例を整理する。M の創業者 KW 氏は 1938 年、18 歳の若さで渡日し、翌年 1939 年、京都の京友禅の蒸水洗工場で働くようになる。KW 氏は朝鮮人女性 LB 氏として結婚し家族をもうけるかたわら、1950 年に京都の京友禅工場で知り合った在日朝鮮人と協同で、蒸水洗工程を担当する「堀川蒸工場」の経営を始めたところから、M の歴史は始まる。

一般的な蒸水洗工場には、「しめり」、「枠がけ」、「しごき」、「蒸」、「水洗」、「干し場」などの工程が存在した。どの工程も肉体労働であるが、とりわけ高温で危険な蒸機を扱う蒸工程と、冷水に浸かりながら作業を行う水洗工程は、「きつい」、「汚い」、「危険」な「3K 労働」であった。また、「干し場」の工程には女性や年少者が労働力として用いられた。

そして工場における労働者の類型である。M には経営者家族を中心とした家族労働者に加えて「京都の工場で何か仕事があるらしい」という在日朝鮮人同士の情報を通じて、この工場 M に就労するようになった者がいた。後者の中には

64　蒸水洗工場のこと。
65　KC 氏へのインタビュー（2009 年 9 月 25 日、KC 氏宅にて）。
66　この蒸水洗工場 Y も 2010 年代に入り廃業した。
67　KC 氏へのインタビュー（2009 年 9 月 25 日、KC 氏宅にて）。

日本の一般企業での就職が難しい在日朝鮮人や、韓国から日本に「密航」した者、また日本人であるが済州島生まれで日本での就職が難しかった労働者なども含まれる。彼らの場合、初職の現場がMであることが多数であり、就労期間が10年以上と比較的長期間就労する者が多かった。他方、工場内には「流れ」と呼ばれる労働者達も存在した。流れの労働者は一般的に職人気質である者が多く、京友禅や染色に関する技術と知識に秀でていた。また、就労期間が1年から3年と短いのも流れの労働者の特徴の一つであった。

　堀川蒸工場が創業を開始する1950年から、1960年代中盤までは、経営者KW氏の家族や知人などが中心（図4-6の①の円に現れる労働者たち）となって、工場の運営が行われていた。とりわけ1950年代から1960年代にかけて、韓国から日本に「密航」した者や、日本人に比べて一般企業への就職の機会が大きく制限されていた在日朝鮮人にとっては、蒸水洗工場での労働は過酷ではあるが、一定した収入を確実に得られる職業でもあった。このMへの就業を紹介する朝鮮人同士の人間関係と、その人間関係を通して得られる情報は、彼らの生存にとって非常に大きな意味を持っていた。家族関係と在日朝鮮人ということで結びついた人間関係を通して、多くの在日朝鮮人がこのMで就労することになった。職業選択が大幅に制限されていた在日朝鮮人が就業の機会を得る上で、この人間関係は彼らが日本社会で生き抜くための重要な資源となっていた。

　その一方で、京友禅産業界では1960年代後半から1970年代初頭にかけて、効率よく大量に製品を生産することが求められた。同時に、工場内において少しでも「3K労働」を減らそうとする在日朝鮮人の経営者家族の思いも併存した。本章の事例の工場Mにおいても、生産工程の機械化がこのKC氏らによって積極的に進められ、労働集約型の作業工程は消滅していく。結果として、1970年代の初頭から工場の労働者は、徐々に減少していくことになった。

　しかし、同時期からある一定の技術を持つ流れの労働者（②の楕円に現れる労働者たち）がMでは重宝されるようになる。京友禅産業の不況が深刻化する1973年以降も繁忙期の労働力不足に対応するため、即戦力を持つ流れの労働者はフレキシブルな労働力として用いられるようになった。この流れの労働者の中には、在日朝鮮人と日本人の双方が含まれていた。

　流れの労働者は、京友禅産業の蒸水洗工場やその周辺で交わされる情報をもとに、工場を渡り歩く人々であると工場では認識されていた。現在働いている工場よりも少しでも条件のいい工場があれば、彼らはその工場に移動していくと見られていた。彼らのこのような繋がりは、Mや他の蒸水洗工場で就労する中で作

り上げられていく人間関係であったといえるだろう。時代経過の中で、この「流れ」の人間関係に、朝鮮人労働者も組み込まれていくようになったと考えられる。

　1980年代後半以降、京友禅産業の長い不況の中で、流れの労働者が雇用されることも少なくなり、Mは経営者の家族と就労期間が長い古参の労働者によって運営されるようになった。そして2006年、Mは廃業する。2002年からMの経営と並行して、創業者KW氏の長男KC氏は京友禅産業の製造・流通業を始める。次男KG氏は、一時、蒸水洗工場の経営を試みるが、筆者の調査当時の2009年、在日朝鮮人の経営する他の蒸水洗工場で流れの職人として就労していた。経営者の家族であっても、京友禅産業の景気動向によって、ある時は経営者、またある時は労働者にもなることが明らかになった。

　本章では、Mの労働者の就労状況を論じてきた。以後、5章と6章ではこの蒸水洗工場Mにおける労働者や経営者家族について彼らの労働やその生活に注目しながら考察していく。

第5章　在日朝鮮人女性の労働と生活
──京友禅産業で働いてきた女性の生活史（life history）を通して

　一般的に京友禅産業の蒸水洗工程では、労働内容と環境が過酷であるため、男性労働者が大多数であり、女性労働者は少ないと言われている。たとえば、本書の1章部分では京都府による『朝鮮人調査表』をもとに、1928年の京都府における朝鮮人の職業のうち、染色産業733人中、男性714人（97.6%）、女性19人（2.4%）と、京友禅産業を始めとした染色産業では朝鮮人男性の就労が圧倒的に多く、朝鮮人女性が少ないことが特徴的であると指摘した。

　また、戦後1957年、京友禅産業の広巾友禅業の染工程であるが、京都機械染色業の場合でも、日本人を含めた男性労働者が3491人（73.5%）、女性労働者1258人（26.5%）と女性労働者数は増加するが、やはり女性労働者数は男性労働者数の半数にも満たない産業であった。4章の蒸水洗工場Mにおいても、図4-6の確認可能な労働者43人中、男性労働者36人に対し女性労働者は7人と圧倒的に少なかった。以上のように戦前、戦後を通して、京友禅産業全体では男性労働者に比べ女性労働者が少ないと考えられてきた。

　しかし、工場Mにおいて、女性労働者が少なくとも7人存在したのも事実である。4章で部分的に触れたが、数としては少ないといっても、そうした女性労働者の存在によってMの運営が可能となっていたことが見えてきた。そこで本章では、京友禅産業における在日朝鮮人女性について考察する。具体的には4章で扱ったMにおいて36年間、経営者の家族として、また、労働者として就労してきた一人の在日朝鮮人女性、LW氏のライフヒストリーを扱う。そして彼女のライフヒストリーを通して、京友禅産業に従事した在日朝鮮人女性の労働と生活を論考する。

　通常、女性や民族的マイノリティーは自身の記録を残すことが難しいために、

1　京都府『朝鮮人調査表』（京都府1928）朴慶植『在日朝鮮人 関係資料』第1巻（三一書房1975）所収695-696頁。

2　出石邦保「広巾友禅業」宗藤圭三・黒松巌編『傳統産業の近代化──京友禅業の構造』（有斐閣1959）164頁。

そうした人々の経験や言葉を取り出すため、彼女らのライフヒストリーが一般的に用いられている。本書でもこの在日朝鮮人女性のライフヒストリーを見ることで、彼女らの生活を描き出すことができると考える。また、現在まで男性中心に構成されてきた在日朝鮮人社会に女性の視角を加え、逆説的ではあるが、男性をも含めた詳細な在日朝鮮人の家族史を描き出すことも可能になるのではないか。

本章で扱うライフヒストリーは、1945年から、筆者が調査を行った2013年にまで続く在日朝鮮人女性LW氏の一生涯についてである。筆者は、2008年から2013年にかけて彼女のライフヒストリーに関して調査した。以下の表5-1が、彼女の略歴である。

本章では、この表5-1をもとに彼女の労働とそれを支えた生活を考察する。具体的には、LW氏がどのような生い立ちであったのか、また、どういった経緯でこの工場Mを訪れ、就労するようになったのかを考察する。あわせて、そこでの彼女の労働が、いかに変化していったのかについても論じる。

同時に、LW氏が就労していた工場Mとその経営者家族についても、本章で考察する。たとえば、どのような人が工場で働いていたのか。また、その当時の工場はいかなる状況であったかを考察する。そして彼らの労働や生活とLW氏は、

表5-1　LW氏の略歴

1945年1月	福島県の農村で在日朝鮮人二世として誕生。
1954年	両親とともに神奈川県川崎市へ移住。
1960年6月	東京朝鮮中高級学校へ入学。
1963年4月	川崎朝鮮初級学校と在日本朝鮮人総連合会で事務員として働く。
1970年3月	KC氏と結婚。京都市へ移住。 当初は工場の労働者の衣食住生活を支える経営者家族としてMで働く。
1971年	長女誕生。 1971年の「水質汚濁防止法」の施行、1973年 オイルショックなどにより京友禅産業全体が打撃を受ける。
1974年	次女誕生。
1976年	長男誕生。 家事育児をしながら、LW氏もMで実際に労働に従事する。特に「干し場」の工程を担当する。
1980年代後半〜	日本のバブル経済により一時的に京友禅産業は好景気の気配を見せるが、その後は低迷する。
1999年	経営者妻LB氏が死去。
2001年	経営者KW氏がが死去。経営はKC氏に引き継がれる。LW氏は相変わらず工場労働者としてMで就労する。
2006年〜	工場Mは廃業する。KC氏は京友禅製品の流通業を始める。 LW氏はKC氏の仕事を手伝いながら、家事に専念する。

（LW氏とKC氏へのインタビュー（2008年8月〜2013年2月）を基に作成）

第5章　在日朝鮮人女性の労働と生活　　169

どのような関係であったのか。時代経過の中で、それらがどう変化していったのか。以上を、LW 氏の視点を通じ在日朝鮮人の労働や生活を論じる。

第1節　川崎での生活

(1) 幼少期、学生時代

　LW 氏は 1945 年 1 月、日本の敗戦直前、福島県会津若松近くの農村で、在日朝鮮人の二世として生まれた。彼女の父は慶尚南道固城郡出身であり、父は家族とともに日本へ渡ってきたという。母は慶尚南道の密陽郡出身であるが、単身で日本へ渡ってきたため、LW 氏自身、母方の家族についてはよく分からないと語る[3]。

　敗戦前後より彼女の父は土木建築業の労働者として、日本全国各地を転々としていた。そのため、LW 氏も福島県の農村で生まれたが、彼女が 10 歳の時に、父方の祖父母家族の住む神奈川県川崎市の湾岸部へ移住することになった。LW 氏一家が移り住んだその地域も、朝鮮人の集住地域であった[4]。

　　　物心あるころね。そうなると、その頃になると、もうアボジ、オモニ、ハラボジ（祖父）、ハルモニ（祖母）とかと住んでた川崎の頃かな。近所にはアボジの兄弟とか親戚もいててね。アボジは日雇いとかで土木の仕事をいろんなところでしてて、家におらんかった。オモニも何しててか分からんねんけど、家にはいないことが多かったんよね。だから、子どものころはハルモニ、ハラボジと一緒にいた記憶ばっかりなんよね。豆腐売ったりしてて、私も小さい頃から、そこ手伝ってて[5]。

　LW 氏の幼少期、川崎に住んでいた頃、父は建築現場で働く労働者であったため家にはほとんど居なかった。母はどのような職業に就いていたのか、当時の LW 氏には分からないのであるが、母も家に居ることがほとんどなかったという。祖父母は川崎で豆腐店を経営しており、彼女はいつも祖父母の家業の手伝いをしていた。そのため LW 氏が幼い時は、いつも祖父母と一緒にいた記憶ばかりであ

3　LW 氏へのインタビュー（2010 年 1 月 10 日、KC 氏宅にて）。
4　橋本みゆき「共に生きるコリアンな街づくり――川崎『おおひん地区』の地域的文脈」『在日朝鮮人史研究』43 号（緑蔭書房 2013）147-171 頁。
5　LW 氏へのインタビュー（2010 年 1 月 10 日、KC 氏宅にて）。

るという。しかしながら、その祖父母家族も1960年代に朝鮮民主主義人民共和国への「帰国事業[6]」で、新潟港から共和国へと去った。以後、彼女は祖父母家族には一度も会ったことがない[7]。

LW氏は小学校と中学校は川崎市内の公立学校へ通うが、15歳の時、東京朝鮮中高級学校へ通うようになった。1960年の4月のことである。

　　ちょうど、その年の4月、李承晩のあの事件があったの覚えてる。4月19日のデモとか日比谷公園でやってて。あの時、私、入学したばっかりで何にも分からずにやってたんやけど、楽しかったわ。李承晩がどういうこととしてたのかも分かってなかったけど、そういう雰囲気やったんよ。…（中略）…
　　ウリマル（朝鮮語）もそこで勉強して。家ではみんな会話では使うんやけど、ちゃんと言葉として勉強したんは、この時が初めてやったね。家の中でアボジ、オモニらが使ってた言葉が、その時ようやく理解できたんよ[8]。

LW氏が高校へ入学した1960年4月、韓国では李承晩政権の打倒を目指す「四月革命[9]」が起こり、帰国事業によって運動の高揚を迎えていた朝鮮総連は、これを「帰国事業に続く勝利」と位置づけ、日本国内で運動を展開していた[10]。LW氏も、自然とこれらの在日朝鮮人の民族・学生運動に参加するようになる。当時の彼女にとっては、李承晩がどんな人物であるのか、1960年当時の韓国では一体何が起こっているのか、そして日本でのこの運動がどのような意義を持つのか、よく分かっていなかった。しかし、この運動は彼女の高校時代の青春そのものであり、「楽しかった」という記憶だけが残ったという[11]。1960年の四月革命とそれ

6　朝鮮民主主義人民共和国への帰還により、9万人以上の在日朝鮮人が共和国での新しい生活を求めて、1959年12月以降、日本を去った。この事業は1984年まで続いた。ただこの時、「帰国」した在日朝鮮人の大多数が朝鮮半島南部出身者であった。テッサ・モーリス－スズキ『北朝鮮へのエクソダス　「帰国事業」の影をたどる』（田代泰子訳）（朝日新聞社2007）24-25頁。

7　LW氏へのインタビュー（2010年1月10日、KC氏宅にて）。

8　LW氏へのインタビュー（2010年1月10日、KC氏宅にて）。

9　1960年4月に韓国での不正選挙に端を発した運動で、学生らによる李承晩政権打倒した「四月革命」を指す。この時期は日本でも日米安保条約改定阻止闘争が高揚期を迎えており、李承晩が退陣を表明した4月26日、約8万人の学生らが国会に請願活動を行った。同年8月14日、金日成は朝鮮半島南北の異なる体制を保障する「南北連邦成案」を韓国側に提起し、韓国では進歩勢力や学生の統一論議が活発化し、さらに在日朝鮮人社会の統一への機運が高揚するという時期でもあった。文京洙「二世たちの模索」水野直樹・文京洙『在日朝鮮人　歴史と現在』（岩波書店2015）150-151頁。

10　小野直樹・文京洙『在日朝鮮人　歴史と現在』（岩波書店　2015）150頁。

に呼応する形で行われた運動が、LW 氏に「在日朝鮮人」として一種の高揚感を与えたのは確かなようだ。

　同時に彼女はこの時、初めて学校で朝鮮語を学んだ。彼女の家庭では彼女を除いた家族が朝鮮語で会話することがあったが、日本生まれの彼女の母語は日本語であった。そういうわけで、彼女は大人たちの話す朝鮮語での会話はなんとなく理解することはできる程度であり、彼女が自発的に朝鮮語を使うことはなかったようである。こうした状況は、LW 氏や 7 章で扱う L2 氏を始めとした在日朝鮮人二世三世らの共通的な言語的な環境であったと考えられる[12]。両親たちが話していたが彼女には理解できなかった「ウリマル」、つまり朝鮮語であるが、それを朝鮮学校へ行くことでようやく学ぶことができたことに、彼女は感動したとも語る[13]。

(2) KC 氏との出会い

　東京朝鮮中高級学校を卒業した 1963 年春、LW 氏は川崎朝鮮中高級学校と在日本朝鮮人総連合会の商工会で事務員として働くようになる。後の 1964 年の 8 月、現在の LW 氏の夫 KC 氏と出会った。

　　朝鮮学校って夏に毎年、夏季学校（ハ ギ ハッキョ）ってあるのよ。2 週間くらいのその期間中、朝大（東京の朝鮮大学校）の学生が各家庭をこうやって回ってきて、私ら、そういう学生の食事や洗濯の世話をするの。その夏、来たのが私より一つ年下のあの人（KC 氏）やって。…（中略）…

　　「イルクン」ってので、地域の在日の家とか工場とか行って奉仕活動をするんよ。そん時があの人（KC 氏）との出会いやね。ずっと私のこと見てくる学生いるなって思ったら、あれよあれよとこういうことなって[14]。

11　LW 氏へのインタビュー（2010 年 1 月 10 日、KC 氏宅にて）。
12　2003 年、鄭喜恵と八島智子が在日大韓基督教会に通う 148 名（一世が 22.3%、二世が 37.2%、三世が 40.5%）に言語使用状況を調査したところ、二世の場合、祖父母との会話で朝鮮語を使う者は 16.4%、相手が父・母・夫・妻・子との会話では 0.2 ～ 7.3%、三世の場合は相手に関係なく 2.0% 弱しか朝鮮語が使われていなかった。鄭喜恵・八島智子「在日韓国人の言語使用とアイデンティティー」『多文化関係学』3（多文化関係学会 2006）144-145 頁。以上は 2000 年代初頭に行われた調査の報告書であるが、時代や調査対象者は違えでも 1960 年代の在日朝鮮人二世三世の言語に関する環境は、同様な状況であったと予想される。
13　LW 氏へのインタビュー（2010 年 1 月 10 日、KC 氏宅にて）。
14　LW 氏へのインタビュー（2010 年 1 月 10 日、KC 氏宅にて）。

LW 氏と KC 氏との出会いは、朝鮮学校主催の夏季学校で KC 氏が「イルクン[15]」として、川崎の朝鮮人集住地域で奉仕活動をしていたところから始まる。当時、KC 氏は京都から来た朝鮮大学校の大学 1 年生であった。二人の出会いの記述に関しては、KC 氏が残した記録がより詳しい。奉仕活動を終えて東京へ戻る前日、KC 氏は LW 氏に電話をかけ、「結婚までしよう」とプロポーズをした。その後、6 年の交際期間を経て、結婚する[16]。

しかし、朝鮮総連と関係があった LW 氏家族にとって一人娘の彼女が、遠く京都、それも民団と関係が深い KC 氏の家に嫁ぐことに、若干の不安があったかもしれないという。とりわけ LW 氏の母親は、初め二人の結婚に反対であった[17]。それでも、思想的なことや政治的な問題は重要な問題ではないとして、彼女の両親は一人娘が在日朝鮮人男性と結婚することを許してくれたという[18]。1970 年 3 月、LW 氏は KC 氏と結婚し、KC 氏の家族が住む京都へ移り住むことになった。

第 2 節　女性の家族労働者の役割

(1) 労働者の生活を支える

この工場 M で女性の家族労働者は、いかに働き、適応していたのか。ここでは、この工場 M での LW 氏の役割と彼女の労働の実態について見ていく。

あの人（KC 氏）の実家、初めは京都で染物屋してるとは聞いてたんやけど、こんな大きいところとは思わんかった。友禅がなんなのかも分からないまま、ここに来たんよね。初めて、ここに来て 30 人くらい従業員の人がいてて、驚いたわ。そん時やっと、あっ「飯炊き女」として嫁に来たんやと思ったもん。ハネムーンとか、そんな雰囲気、まったくなかったわ。まぁ

15　日本語に直訳すると「働く人」という意味であり、朝鮮語で本来は働き手や人材などの意味を指す。「取材ノート　イルクンについて」（『朝鮮新報』2019 年 10 月 25 日）。また文京洙によれば、朝鮮民主主義人民共和国や朝鮮総連の在日朝鮮人の組織運動の活動家という意味合いで用いられるこがあるという。文京洙「イルクン」頁 朴一編『在日コリアン辞典』（明石書店 2010）36 頁。

16　KC「아슬아슬한 기억의 고백 (息をのむような記憶の告白)」경상북도・인문사회연구소편집（慶尚北道・人文社会研究所編集）『고향 곁에 머무는 마음, 자이니치 경북인 (故郷の傍に留まる思い、在日慶北人)』（코뮤니타스 2016）139 頁。筆者訳。

17　KC 前掲書 139-141。当初、LW 氏の母親も二人の結婚に反対であったが、KC 氏の母親 LB 氏も反対していた。その理由には KC 氏の母親の家庭が、とりわけ政治的に保守的な家庭であったことと、1959 年から始まる「帰国事業」の影響があったのではないかと KC 氏の記録では描かれている。

18　LW 氏へのインタビュー（2010 年 1 月 10 日、KC 氏宅にて）。

その家にシジビ（嫁ぐことの）に行くって、そういうことなんやとも思うけど…（中略）…ここのお母さん（LB氏）が中央卸売市場でタラの干したもの買ってきて、それ煮たりして賄いにしてた。そら人数が多かったから、だいたい食事は汁物が多かったね[19]。

　以上のように、初め京都のKC氏の家へ嫁いだとき、この工場Mの労働者の多さに驚いたと語る。京都の蒸水洗工場の中では中規模であった工場Mも、彼女の目には相当に規模の大きい工場のように映ったようである。そしてLW氏KC氏夫婦はMで他の労働者と生活していたため、LW氏が期待していたような新婚生活ではなかったとも語る。

　既存の研究では京友禅産業に従事する労働者は男性が中心的であり、その中でも蒸水洗工場の場合は男性労働者が大多数であると考えられてきた[20]。この工場Mでも男性労働者が多かったという点では、先行研究と同様に、1970年代でも工場に勤務する者は男性が多かったという[21]。

　この当時、LW氏のような女性の家族労働者は、30人近くの労働者の食事の準備や、彼らの作業着の洗濯、また、彼らが生活する宿舎の掃除などの、目には見えない部分で働いていた。工場Mでは、この見えない部分をLW氏や経営者の妻LB氏が担うことを当然のように期待されていたようである。

　女性の働きを中心にMの運営を見ると、女性労働の存在なしでは工場での男性労働者は働くことができず、工場で製品を生産することもできなかったと考えることができる。LW氏やLB氏のような女性の家族労働者が存在してこそ、工場Mの経営が成立していた。しかしながら、彼女らが「家族労働者」であったために、賃金は支払われることのない「アンペイド（unpaid）[22]」な労働力として扱われていた。

19　LW氏へのインタビュー（2010年1月10日、KC氏宅にて）。
20　三戸公　前掲書60頁。
21　LW氏へのインタビュー（2010年1月10日、KC氏宅にて）。
22　世界システム論と女性の労働の関係について論じた古田睦美は、既存の「経済的活動」や「生産」という範疇に入っているが、家族的就労など統計的に把握されてこなかった労働をインフォーマル・セクターとして、家事労働とともに「アンペイド・ワーク」であると指摘している。たとえば、自営業世帯主以外の家族従業者として無給で妻が働けば、それはおおよそアンペイド・ワークと見なせるという。古田睦美「アンペイド・ワーク論の課題と可能性——世界システム・パースペクティブから見たアンペイド・ワーク」川崎賢子・中村陽一編『アンペイド・ワークとは何か』（藤原書店2000）19-20頁。

⑵ 家事と工場での労働

　彼女は1971年に長女を、1974年に次女を、1976年には長男を出産する。LW氏の家庭では妻として家事をしながら、母として3人の子どもを育て、工場では家族労働者として、他の労働者の生活を支える役割を担った。

> 　あの時分はさ、家のこともそうやったし、工場のことでも、ずっと洗濯してなあかんし、食事のことも何作るか、お母さん（LB氏）の言うことを聞いて動かなあかんし、大変やって目が回りそうな毎日やった。毎日の献立を考えるんも案外、大変なもんやねんよ。汁物でもずっと同じもの出すわけにもいかへんしね。すじ肉とか、干したタラが、どこ行ったら安いの売ってるんか聞いて、いろいろ工夫もしなあかんかった。…（中略）…まぁ今から考えたら、あれはあれで忙しかったけど、楽しかったよね。工場で、みんなでワイワイしてる雰囲気は好きやった。[23]

　LW氏の記憶の中では、1970年代前半までの工場労働者の生活を支える仕事を「楽しかった」としつつも、やはり家庭を持ちながらアンペイドな労働を行うことが負担であったとも語る。とりわけ労働者の作業着の洗濯は、洗濯機をずっと稼働させるほど忙しかった。また、工場での食事の準備には献立が偏ったものにならないようにする、食材を効率的に仕入れるようにするなどの創意工夫が必要であった。しかしながら、この当時のMでの生活を彼女が以上のように楽しく語るのは、その後のMでの労働と家庭での仕事の両立が、肉体的により過酷なものになっていったことが一因なのかもしれない。

第3節　女性の家族労働者の労働の変化

⑴ 工場での肉体労働へ

　4章で扱ったように、1970年代初頭に全盛期であった京友禅産業は日本人の服装文化の変化や海外生産品の台頭、原材料費の高騰などにより、徐々に厳しくなっていく。特に、1973年に起きた第一次オイルショックの影響は大きく、この年を境に京友禅産業の生産量は大きく減少していった。もちろん、KW氏が経

23　LW氏へのインタビュー（2010年1月10日、KC氏宅にて）。

営する工場 M もこの影響から逃れることができず、LW 氏のような女性家族労働者もその余波を受けることになる。

> 　私がここに来たときは従業員が 30 人くらい、いててね。若い子は住み込みで工場に居るでしょ。そら賑やかやった。だから日曜日とか、みんな遊びに行くから、工場は逆にシーンとしてて寂しかったし、なんか嫌やってん。…（中略）…それが私ここに来て、しばらくしたら、工場、あれよあれよと人が少なくなってきて。最後の方は 10 人もいなかったね。人が少なくなると、その分、私が働かなあかんようになる。もちろん、前やってた食事の準備とか洗濯とか掃除とかの雑用もやるのよ。[24]

　1970 年に彼女が工場 M へ来た当初、30 人近くの労働者がおり、彼らの生活を支えるのが LW 氏の主な役割であった。しかし時代が下るにつれて、LW 氏の目にも M の労働者がどんどんと減っていく様子が確認できたという。LW 氏はそれまでの生活を支える仕事をしつつ、工場 M において減少した労働者の分の肉体労働を並行して行わなければいけなくなった。

(2) 干し場での仕事
　それでは、減少した労働者の分の仕事として LW 氏はどのような工程を行っていたのだろうか。彼女が工場 M の中で行っていた工程について、以下のように語っている。

> 　工場の中では、だいたい干し場やってた。しめりとか、他の作業もしたこともあるけど、それは数えるくらい。工場は何しか暑かったんよ。そらあの中に蒸機があるからやけど。干し場って生地、乾かすためにボイラーの上にあるでしょ。だから夏は暑くて、冬は逆にすきま風が入ってきて凍えるし。他の女の人も、だいたい、干し場やる人多かったね。…（中略）…私、もともと、こういうなん器用なほうやってんよ。やから、この仕事で技術的なことで困ったことはないねぇ。分からんことあったら、だいたい、あの人（KC 氏）に聞いて解決してたわ。そら、難しい作業も無いことはないけど、景気が悪くなってきて、そういう仕事も少なくなってきたんちゃう。それよりは、

24　LW 氏へのインタビュー（2010 年 1 月 10 日、KC 氏宅にて）。

蒸屋の仕事は肉体労働で、きついには変わりなかったけど。…（中略）…もちろん、ここのお母さん（LB氏）もそうやったし。お母さんは、あの後、体悪くしはった。[25]

　上記のように、干し場での工程も夏場は非常に蒸し暑く、冬場は寒い環境の中で就労しなければいけなかった。そういう環境の中でもLW氏は、干し場の工程をKC氏から指導を受けながら、彼女の持ち前の器用さで問題なくこなしていたともいう。そして、干し場の工程にはLW氏だけでなく、家族労働者であった義母LBも就労していた。その労働の中でLB氏は健康を悪くしたとし、この蒸水洗工場での労働が女性にとって肉体的に過酷であったと語る。

(3)「イルクン」の妻
　LW氏が工場Mで工程の現場で肉体労働するようになったのであるが、夫KC氏は工場Mで就労しながら、Mの外では民団の仕事や「京都国際学園」の理事の一人を長年務めていた。また、2000年代に入ってからは、地域の在日朝鮮人二世や三世に朝鮮語の講義をするなどの活動も行う。以下は、LW氏が語るKC氏の工場Mの外での活動についてである。

　　子育てしながら私は工場で働いてるっていうのに、あの人（KC氏）は遊んでばっかしやった。私なんか遊ぶ暇もなかった。…（中略）…
　　遊んでるように見えてもまぁ、アボジ（KC氏）、学校（民族学校）の仕事もいろいろあったし、あれはあれで大変なことやねんけど。学校の運営って、やっぱり寄付というか奉仕というかボランティアで成立するところがあって。アボジら（KC氏、KW氏）は、寄付もようさんしたし、韓国中学の理事会の仕事で、会議とか野球の行事のことで、しょっちゅう学校にいとかなあかん。[26]民団とか領事館とかとも連絡取らなあかん。…（中略）…
　　それに最近になって、民団の韓国語教室も始めてるやん。アボジ、言葉のことでは、すごい熱心やろ。家ではね、部屋でずっと勉強してはんねん。あれには頭下がるし、そういう部分は尊敬してる。[27]

25　LW氏へのインタビュー（2010年1月10日、KC氏宅にて）。
26　現在の「京都国際学園」。
27　LW氏へのインタビュー（2010年1月10日、KC氏宅にて）。

LW 氏は「遊んでばっかし」と、夫 KC 氏に対する若干の不満を言いつつも、1970 年代より KC 氏が民族学校の運営に関わっていたことを好意的に捉えている。そして、夫 KC 氏が民族学校の運営に携わり、そこに彼の労力や時間が費やされるためには、妻 LW 氏自身が工場で肉体労働をしなければいけなかったことも、「ある意味で必要である」と考えていた。2000 年代に入り、KC 氏は地域の在日朝鮮人二世三世や日本人を対象とした朝鮮語教室にも尽力するのであるが、こうした教育活動に妻 LW 氏は教室の財務部門を担当した。

　一般的に朝鮮総連系の社会の中では、朝鮮人男性が「イルクン」として民族運動や教育に尽力するかたわら、女性が家事から育児などの家庭の領域と、そして工場での労働まで担うということがよくみられた。[28]LW 氏の事例は居留民団に所属する家庭であったが、戦後の在日朝鮮人女性の労働と生活と同時に、それによって支えられる在日朝鮮人男性の民族運動や民族教育の一例であるのではないか。

(4) 染色工場の臭い

　LW 氏のライフヒストリーは、経営者家族として工場 M で就労するようになったが、その後に工場で肉体労働をする労働者として働くようになった事例であった。

　1970 年代以降、京友禅産業の景気動向が悪くなると、工場では以前のように多くの労働者を雇用できなくなった。このような状態になると、不足した労働力を補充するために他の労働者の食事や炊事を世話する者であった家族労働者でさえも、工場の最前線で働かなければならなくなった。

　1999 年には経営者妻 LB 氏が、2001 年経営者であった KW 氏が他界する。その後の工場 M の経営は KW 氏の長男 KC 氏に引き継がれる。LW 氏は経営者夫人になったが、彼女が他の労働者の食事や炊事の世話と家事も行いながら、工場で肉体労働に従事するという状況に変わりはなかった。彼女はこの工場 M での生活を懐かしがるように、以下のように語った。

28　ドキュメンタリー映画『海女のリャンさん』の中では、大阪在住の主人公、梁義憲氏が 1960 年代前後、無償で民族学校の設立や運営に奔走したイルクンの夫と家族の生活を支えるために、対馬での海女や大阪での内職などの長時間労働を行っていたことが描かれている。LW 氏の事例も女性の労働者の家事労働のみならず、現場での労働によって、男性の民族運動が支えられていたという点で梁義憲氏の事例と共通している。原村政樹監督『海女のリャンさん』（桜映画社 2004）。

まぁ、それでも人（労働者）が減った分、ご飯とか洗濯とかいろんな世話する分も減って、私の負担も楽になったんやけどね。…（中略）…

それでも（京友禅産業界の様子は）、だいぶと寂しくなったね。何しか、昔私がここに来た時、染料の臭いとか蒸気とかの煙で、すごかったんよ。このあたり一帯（京都市中京区西部の壬生周辺）が、ああいう、むせるような臭いが立ち込めててね。今じゃ、風向きで、たまに染色工場の臭いを感じることがあるんくらいやねんけど。[29]

2006年、工場Mはデザイン部門を残し廃業する。その時、ようやくLW氏もMでの労働から離れることになった。再び他の工場で働こうという意欲はないとも語る。以降、彼女は他の工場の製品の包装など、たまにKC氏の仕事を手伝うこともあるという。[30]

小括

ここではLW氏のライフヒストリーを通して、何が見えてくるのか整理しておく。まず、LW氏の事例は経営者家族と結婚を契機に、京友禅産業の蒸水洗工場で就労するようになった在日朝鮮人女性の一事例であった。LW氏が1970年に初めて工場Mを訪れた際、彼女は他の労働者の生活を助ける補助的な労働を家族労働者の一員として担った。しかし、1970年代中盤以降になると、京友禅産業全体の不況や、排水制限などを受けるなどの問題が起こり、そのことによって工場経営は徐々に難しくなり、工場の労働者数を減らしながら対応した。

そのため、工場Mでは労働力の不安定な状況が季節によって起こることになった。労働力が不足するときLW氏のような女性の家族労働者が、臨時的な労働力として扱われた。この当時、LW氏だけでなくLW氏の義母のLB氏も、臨時的に工場Mで他の労働者とともに肉体労働に就いていた。本来は工場の経営者家族として労働者の生活を助ける人員であった彼女らも、京友禅産業全体の不景気が深刻になると工場の最前線で肉体労働に従事するようになった。

ここで、LW氏が主に担当していた「干し場」という工程についても言及しておく。この工程は、1950年代に三戸公が先行研究で述べているように、主に女性労働者や就業年齢に達していない年少者が従事する工程であった。そのため干

29　LW氏へのインタビュー（2010年1月10日、KC氏宅にて）。
30　LW氏へのインタビュー（2016年3月1日、KC氏宅にて）。

し場の技術的な熟練度は、それほど必要ではなく、他の工程に比べれば肉体的に過酷ではないと考えられていた[31]。LW氏の場合でも、技術の熟練度はほとんど必要なかったとし、LW氏自身は夫KC氏の指導を受けることで、簡単に干し場の工程に慣れることができたと語る。しかしながら、この労働も過酷な肉体労働という点では、蒸水洗工場の他工程と比べていくぶん軽いというだけで、一般的な女性が行う労働と比べると重労働であったと言える。

次に、女性労働者をめぐる議論として「ジェンダー（gender：文化的・社会的な性）」の視点と、「アンペイド・ワーク」の視点を通してLW氏の労働を分析してみよう。LW氏が当初は工場M内での食事準備や炊事などの補助的な作業は、まさしく「アンペイド・ワーク」そのものであった。LW氏が女性であり、工場経営者の家族の一員であったため、賃金が支払われないままこれら補助的労働を継続的にすることになった。以上のように考えた場合、1970年にLW氏が初めて工場Mを訪れたとき、そこには厳然たる男女別の分業体制が存在していたと考えることができる。

しかし、1973年のオイルショック以降、京友禅産業全体の恒常的な不景気がLW氏の労働を変化させていく。彼女は他の労働者の衣食住生活を支えながら、融通の利く労働力としてMで働いた。LW氏の従事していた労働そのもの変化していく過程を見たとき、工場内に厳然した分業という実態は解消したかのように見える。だが、LW氏が工場経営者の家族であるため、彼女が従事していた労働に賃金は支払われることはなく、相変わらず無賃金の「アンペイド・ワーク」の担い手として扱われていたと考えられる。

ここまでは、京友禅産業におけるLW氏の労働をジェンダーの枠組みから分析してきた。こうした「アンペイド・ワーク」の状況自体は、一見すると在日朝鮮人女性特有のものではなく、一般的な京友禅産業の工場で家族労働者として就労する日本人の女性労働者も共通していたと考えられる。

それでは、日本人女性の労働と朝鮮人女性の労働とでは、どういった部分が異なっていたのか考察する必要がある。日本人女性との相違点として、在日朝鮮人女性の場合、彼女らの労働によって男性の民族活動が支えられていたという点ではなかろうか。

妻LW氏は工場で補助労働者として、労働者の生活を支えながら、肉体労働も行っていた。その最中、夫KC氏は何をしていたかと言うと、経営者家族として

31　三戸公　前掲書60頁。

工場 M を運営するかたわら、民族学校の理事や地域の在日朝鮮人二世三世や日本人を対象にした朝鮮語教室の教師の仕事を行っていた。

　しかし、LW 氏のような女性の家族労働者が存在しなければ、工場 M の運営も夫 KC 氏の民族教育への献身的な活動も、成り立たなかったかもしれない。だとするならば、LW 氏ら女性労働者は京都の繊維産業の労働だけでなく、男性が主に行っていた民族教育を論じる上でも、不可欠な存在でと言えるだろう。KC 氏 LW 氏家族は朝鮮総連系ではなく居留民団系の家族ではあったが、妻が夫の民族教育を労働で支えるという意味において、KC 氏、LW 氏ともに夫婦そろっての「イルクン」であったのではないだろうか。

第6章　在日朝鮮人労働者の衣食住生活——蒸水洗工場Mを事例に

　6章では、戦後の在日朝鮮人の衣食住生活を4章5章で扱った工場Mを事例に論考する。本章で扱う在日朝鮮人の「衣食住生活」とは、ある工場での経営者や労働者の労働を下支えした部分と考え、戦後の在日朝鮮人の衣食住生活を論じる。工場Mが操業を始める1950年から廃業する2006年にかけて、工場における在日朝鮮人の衣食住生活と労働がどのように変化していくのかを考察する。

　2000年代に入り、韓載香や李洙任[2]、權肅寅らにより、京都の繊維産業に従事した在日朝鮮人に関する実証的な研究が行われ、注目され始めている。とりわけ、文化人類学の分野においてその研究が進められている。まず、李洙任がオーラルヒストリーの手法を用いて、西陣織に携わった在日朝鮮人2人の就労経緯や労働や経営の実践、就労する中で生まれる労働観などを詳細に描き出そうとしている[4]。また、權肅寅は日本で発表されてきた既存の研究を韓国国内で紹介しつつ、具体的事例として三代続く在日朝鮮人の西陣織産業経営者の労働と、彼らの民族意識と着物に対する認識などの考察を行っている[5]。

　以上のように、先行研究では在日朝鮮人がいかなる労働を行い、技術を習得したのか、資本を蓄積したのかなどが論じられてきた。しかしながら、彼らの労働を存続させるための日常生活に関して、たとえば、どこに居住していたのか、どのようなものを食べていたか、どのような衣服を着用していたのか、そして労働以外の時間の余暇生活をどのように過ごしていたのかなど、言及されることはな

1　韓載香『「在日企業」の産業経済史 その社会的基盤とダイナミズム』（名古屋大学出版会 2010）。

2　李洙任「京都西陣と朝鮮人移民」李洙任編『在日コリアンの経済活動——移住労働者、起業家の過去・現在・未来』（不二出版 2012）36–60頁、および「京都の伝統産業に携わった朝鮮人移民の労働観」前掲書61–80頁。

3　권숙인（權肅寅）「일본의 전통, 교토의 섬유산업을 뒷받침해온 재일조선인（日本の伝統、京都の繊維産業を支えてきた在日朝鮮人）」『사회와 역사』第91輯（한국사회사학회 2011）325–372頁。

4　李洙任 前掲書36–60頁、61–80頁。

5　권숙인（權肅寅）前掲書361–364頁。

かった。

　そこで本章では、京友禅産業の蒸水洗工程に従事した在日朝鮮人の生活を論考する。その中でも、彼らの労働を下支えした日常生活としての衣食住生活に着目し、労働と衣食住生活がいかに関連し変化していったのかを論じる。本章における「衣食住生活」は、日常生活における服に関わる「衣生活」、どのようなものを食べ飲んでいたのかという「食生活」、どのような環境で住んでいたのかという「住生活」の三つの領域を指す。筆者はこれら三つの領域が衣食住生活として機能することで、人の労働は可能になると考える。同時に、この労働によって得られた収入によって衣食住生活が営まれていたと見るならば、労働と衣食住生活は切っても切れない密接な関係であったと考えられる。特に本章では、ある工場における労働者の衣食住生活に着目し、戦後の在日朝鮮人の労働のあり様を明らかにする。

第1節　住生活、労働者の住環境

(1) 改築までの工場 M

　ここでは、労働者の生活の場がどのような空間であったのかを見ていく。まず1960年、KW 氏は他の在日朝鮮人と共同経営していた堀川蒸工場から離れ、堀川通りから西に入った壬生地域に 120 坪の土地を購入した。その土地の西側に簡易の工場を建設した。敷地の東側には、経営者 KW 氏家族が居住する 1 階建ての住宅も建てられた（図 6-1 参照）。M の東側の進入路が狭小すぎて、蒸水洗工程で必要なボイラーや高圧ガマなどを搬入できなかった。そこで当時、工場 M の西側の地上を走っていた国鉄山陰本線側から工場内にこれら機械を搬入したという[6]。

　当時は、工場 M も KW 氏宅も平屋建てであった。KW 氏 LB 氏夫婦はもちろんのこと、工場と住宅が改築されるまで、彼らの子ども（図 4-1 参照。長男 KC 氏、次男 KG 氏、三男、長女）もこの住宅で生活していた。4 章で前述したように、1951 年に韓国から日本へ渡ってきた KW 氏の実弟 KD 氏も、当初は KW 氏宅で生活していたが、1970 年頃に独立した[7]。以上のように、M が建設された 1960 年当初より、経営者家族が工場に居住しながら就労するという「職住一体」[8]の居住形態がここでも見られた。

6　KC 氏へのインタビュー（2019 年 2 月 1 日、KC 氏宅にて）。
7　KC 氏へのインタビュー（2009 年 6 月 23 日、KC 氏宅にて）。

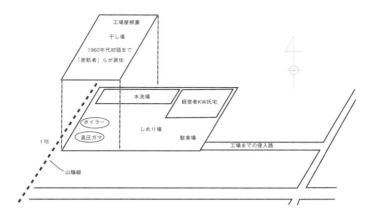

図 6-1　1960 年代中盤までの工場 M の見取り図

　工場 M に隣接する住宅には経営者家族が居住していたのであるが、では工場 M の朝鮮人労働者はどこに住んでいたのだろうか。まず、京都市内在住の朝鮮人の場合、自宅から通う者が大多数であった。M が所在した中京区西部の壬生や右京区の梅津や西院から、あるいは南区から自転車で通勤する者が多かったという。彼らの生活圏は、近ければ徒歩や自転車、遠くてもオートバイで移動できる京都市の西部や南部の範囲内であった。

　しかしながら、4 章 3 節「M の厚生年金台帳における労働者の類型」部分で前述したように、日本国内の他地方から在日朝鮮人同士のつてをたどり、この工場 M で就労するようになった朝鮮人労働者も存在する。1960 年代の中盤までは、これら他地方から来た在日朝鮮人の中には工場 M の 2 階部分、つまり屋根裏やしめり作業を行う「しめり場」で寝食を行う者が存在した。蒸機の熱気のために夏場の日中は、暑くて生活できないのだが、冬場は非常に過ごしやすかった。特に、「密航」という手段で渡日してきた朝鮮人労働者の場合、この工場 2 階やしめり場で生活する者が多かったという。この当時の工場 M と隣接する KW 氏宅の建設は、京都市内の在日朝鮮人の建築業者が施工した。

8　ここでは、住居と労働の現場が近接した生活様式を指す。鯵坂学「京都の伝統産業と『まち』の移り変わり」鯵坂学・小松秀雄編『京都の「まち」の社会学』(世界思想社 2008) 8 頁。
9　KC 氏へのインタビュー (2019 年 2 月 1 日、KC 氏宅にて)。
10　KC 氏へのインタビュー (2008 年 6 月 15 日、KC 氏宅にて)。
11　KC 氏へのインタビュー (2019 年 2 月 1 日、KC 氏宅にて)。

(2) 改築後の工場 M

　1965 年、経営者 KW 氏は工場 M の東側に隣接する染色工場の敷地を日本人染色業者から購入する[12]。その際、土地の一階部分の屋外に駐車場としごき工程を専門に行う「しごき場」を設置し、その上に経営者家族や労働者が生活する部屋 4 室を建築した（図 6-2、右上部分）。この改築の際にも、ボイラーや高圧ガマなどの大型機械は、当時地上を走っていた山陰線側から出し入れしたという[13]。

　経営者 KW 氏の長男 KC 氏や次男 KG 氏は、そのうちの一室で生活していた。KC 氏は、この自室にビリヤード台を設置し、友人を招いて遊んでいた[14]。この KC 氏の語りから、この部屋は少なくとも 13 畳を超える広さであったと予想される[15]。この部屋に居住する労働者は、1 階のしごき場の隣に設置された工場の共用トイレを使用した。浴室に関しては、工場内には設置されておらず、夏場は水洗場での水浴びで済ませる者もいたが、近隣の公衆浴場に通う者が多かった。

　このしごき場の上の部屋は、1 階部分が屋外であるため真冬の生活は相当寒かったと思われる。だが、KC 氏自身はこの当時を回想しながら、しごき場 2 階の寒さについて「若かったから」と気にしたことはなく、それよりも工場の水洗

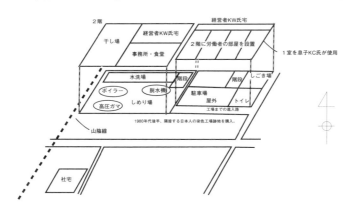

図 6-2　改築後の工場 M の見取り図、および社宅

12　KW 氏もこの日本人業者も染色業を営んでいたため、土地売買が容易であったと考えられる。
13　KC 氏へのインタビュー（2019 年 2 月 1 日、KC 氏宅にて）。
14　KC 氏へのインタビュー（2019 年 2 月 1 日、KC 氏宅にて）。
15　一般的な中型ビリヤード台はクッション内径が横 127cm（50 インチ）、縦 254cm（100 インチ）、外枠 13cm であり、キューの長さは 137 〜 147cm である。현대레저연구회（現代レジャー研究會）『전통 당구（伝統撞球）』（太乙出版社 1994）32–37 頁。一室にビリヤード台を設置しようとすると、台と打つスペースを含めて約 447cm × 564cm で約 25 平方メートル（13.7 畳）以上の空間が必要となる。

工程の労働のほうが「よっぽど寒かった」と語る[16]。

　このしごき場2階の部屋には、KC氏KG氏兄弟がそうであったように工場Mで就労する労働者も居住した。工場に住み込む朝鮮人労働者は、2人から3人共同でその部屋を使用していた。住み込み労働者の場合、男性が多かったようであるが、稀に女性もこの部屋を使うことがあった。KC氏の記憶によれば、Mの改築直後の1960年代後半、大阪方面から来た在日朝鮮人女性が友人同士で工場Mで就労することがあった。その際、彼女らはこのしごき場の2階の一室を3人共同で使用していたようである[17]。

　工場敷地の拡張と同時に、工場Mと経営者KC氏宅を新しく設置し、それまで平屋建ての工場と住宅を取り払い、敷地の全面に2階建ての工場を新築した。この新築の工場は1階全面を占め、以前と同じく水洗場や高圧ガマ、ボイラー、脱水機などの機械が設置された。また、工場の2階には工場Mの事務所、食堂、調理場、その奥にKW氏の住宅スペースが設けられた（図6-2、左上部分）。

　Mが改築を行った1965年頃、労働者の増加を受けて工場Mでは近隣の日本人から住宅を購入し、労働者や彼らの家族が居住する「社宅」として使用した（図6-2　道路を挟んで左下部分）。単身で生活する者は工場のしごき場2階で生活するが、家族と生活する労働者はこの社宅で生活していた。4章で前述した済州島生まれの日本人労働者H氏が、1968年から1980年代の中盤まで、彼の家族と共にこの社宅に居住していたという[18]。

　だが、労働者が漸減していく1970年代以降、工場内や社宅で生活する労働者も少なくなり、しごき場2階の部屋はやがて使われなくなり、物置として使用された。また、1980年代の後半以降、H氏も工場Mで就労するものの独立し、近隣に住居を構えるようになった。この社宅で家族とともに生活する労働者もいなくなり、この社宅は経営者家族の住宅として利用されることになった[19]。長男KC氏LW氏夫婦や次男KG氏も、工場Mの近隣に住居を構えた[20]。

　京友禅産業の生産には、繁忙期と閑散期が存在する。一般的な京友禅工場や蒸水洗工場の繁忙期は、製品が市場に出回る直前の4月から6月までの初夏である。

16　KC氏へのインタビュー（2019年2月1日、KC氏宅にて）。この寒さ問題と同じく、これら生活部屋はしごき場の真上に設置されているため、しごき作業で使用する固形糊特有の臭いが、絶えず部屋中に充満する独特な空間であったと考えられる。

17　KC氏へのインタビュー（2019年2月1日、KC氏宅にて）。

18　KC氏へのインタビュー（2019年2月6日、7月29日、KC氏宅にて）。

19　KC氏へのインタビュー（2019年2月6日、KC氏宅にて）、KM氏へのインタビュー（2021年8月1日、中京区喫茶店にて）。

20　KC氏へのインタビュー（2009年12月18日、KC氏宅にて）。

工場 M の場合もその例に漏れず、KC 氏によれば毎年 4 月から 6 月までが最も
忙しい時期であった。しかし、その時期以外は仕事が比較的少ない。また、雨天
時には着物生地を乾燥できなくなり、工場では操業が停止状態となる。そんな生
産の閑散期や雨天時には、朝鮮人労働者も日本人労働者も一緒になって、工場の
作業場や各自の部屋で時には博打を打ち、お酒を飲みながら過ごすことが多かっ
た[21]。

　では工場 M の労働空間や住環境の管理に関し、いかに行っていたのだろうか。
1965 年の工場 M の建物を新しく建築する際、日本人の建築業者に施工を依頼
した。1970 年代以降も工場の一部を改築、あるいは大規模な増築を行う場合は、
この建築業者や地域の他の地域業者などの外部業者に依頼した。他方、工場 M
や社宅の小規模な修繕や軽微な工事などは、経営者 KW 氏や息子 KC 氏 KG 氏た
ちが担当していた。また工場の生活部分の日常的な清掃は、経営者妻の LB 氏や
息子妻の LW 氏が担当した。また労働者が多かった時期は、工場に就労して間も
ない新参の労働者が行うこともあったという[22]。

(3)「密航者」の生活空間

　先述した通り日本国内の他地域から来た朝鮮人労働者の場合、創業初期には工
場の屋根裏やしめり場（図 6-1、工場の左部分）などで生活する者が多く、工場が
改築される 1960 年代以降は、工場のしごき場 2 階の部屋や工場が提供する社宅
で生活する者が多かった。しかし、「密航」という手段により工場 M で就労する
ようになった労働者の中には、1960 年代後半以降も提供されるしごき場上の部
屋や社宅よりも、工場内のしめり場や干し場（図 6-2、工場の 2 階西側部分）など
で生活する者もいたという[23]。

　以上のように「密航者」の場合、しごき場の上の 2 階の部屋や社宅といった工
場 M から住居として与えられた「公式的な空間」よりも、工場の中で臨時に居
住することが可能な「非公式な空間」を好む者が多かった。社宅など一般的な住
居に住むと、自身が密航したという事実が警察に発覚することを密航者らは恐れ
たのではないだろうか。そうした工場が提供する非公式な空間は、彼らが日本で
生存するための重要な空間であったと考えられる。

　また、1950 年代の堀川蒸工場の時代から 1960 年代の後半まで、警察による密

21　KC 氏へのインタビュー（2019 年 2 月 6 日、KC 氏宅にて）。
22　KC 氏へのインタビュー（2019 年 2 月 1 日、KC 氏宅にて）。
23　KC 氏へのインタビュー（2008 年 6 月 15 日、KC 氏宅にて）。

航者の取り締まりも頻繁に見られた。密航者の取り締まり自体は早朝に行われることが多く、かつてはその現場を何度か目撃したと KC 氏は語る。しかし、1970年代に入り密航者として渡日してくる者自体が減少すると、工場の非公式な空間で生活する労働者も見られなくなっていった。[24]

第2節　食生活、労働者たちの食事

(1) 食事の準備

　それでは、工場 M ではどのようなものが食べられていたのか。工場 M では福利厚生の一環として、労働者に昼食を提供していた。夏直前の生産の繁忙期には操業時間を延長し、労働者に夕食や間食も用意することがあった。労働者数が多い時代は、大人数分の調理が簡単な煮物料理や汁物料理が多かった。そうした工場 M の労働者の食事準備を、経営者妻の LB 氏や息子妻の LW 氏が担当していた。[25] KC 氏の記憶によれば、母の LB 氏は慶尚南道出身だからか、魚料理が多かったという。また冬場には、暖を取るために牛筋肉のスープが昼食としてよく出てきたという。また、労働者が最多であった 1970 年代の初頭まで、全従業員の食事は 1 回当たり白米 3 升を炊くのが基本であり、汁物も大鍋 2 個で調理をしていた。[26]

　工場内で提供される食事は、肉体労働をする者のために塩分が高いメニューが多く、朝鮮人労働者を対象とするため、ゴマ油やトウガラシ、ニンニクを使った朝鮮風の味つけが中心的であった。KW 氏によれば、工場内での食事に関しては日本人労働者も朝鮮人と同じものを食べていたようである。経営者家族は、もし日本人労働者が食べたくない朝鮮料理が食事として出た場合、「（日本人は）近所の食堂でうどんでも食べればいい」という考えであった。[27] このように、M での食事は朝鮮風の料理が基本ではあったが、それを嫌がる労働者は外食で済ましたという。

　また、工場 M で提供される食材を調達する仕事は、女性の家族労働者の仕事とされていた。野菜や魚など大量に買う場合、M の南側にある京都市中央卸売市場で購入することが多かった。ただ牛筋のスープを作る際、より良質の牛肉が

24　KC 氏へのインタビュー（2008 年 6 月 15 日、KC 氏宅にて）。
25　LW 氏へのインタビュー（2010 年 1 月 10 日、KC 氏宅にて）。
26　KC 氏へのインタビュー（2019 年 2 月 6 日、KC 氏宅にて）。
27　KC 氏へのインタビュー（2019 年 2 月 6 日、KC 氏宅にて）。

必要となる。牛肉を購入するため、「今、どこの精肉店が良い牛肉を安く売っているか」や「良いスジ肉を扱う店」など、この地域の在日朝鮮人が持つ情報網が重要になっていた[28]。労働者数が多いときは、労働者の妻に工場での調理を依頼し、彼女らを食事準備の労働力に充当した。時には、調理師募集の広告を出して近隣に居住する女性を臨時に雇用することもあった。先述した製造の繁忙期である4月から6月の間、そうした臨時の調理師を工場Mで頻繁に見かけたとLW氏は語る[29]。

1960年代中盤、工場Mが改築されるまでは、労働者は工場内の適当な場所で食事をとった。たとえば、しめり場などの作業をする場に腰かけて、労働者らは食事をしていたようである。また、天気のいい日は屋外の駐車場で食事をすることもあった。工場の改築後には工場の2階が食堂とされ、労働者らは基本的に食堂で食事をするようになった。しかし、最盛期であった1970年代初め、食堂だけでは狭く、30人以上の労働者全員が一斉に食事をすることができなかった。また、工場内の生産ラインを停止させないためにも、労働者らは輪番で食事を摂っていた[30]。

1980年代以降、京友禅産業の成長が停滞する。その時期から工場Mで就労する労働者は減少していき、それに合わせて労働者の食事を調理する労働者を雇用しなくなった。それでも、工場で労働者に食事を提供しないというわけにはいかず、当初は外部の業者に弁当を注文して対応した。だが、やがてその食事の提供も少なくなっていき、軽食だけの提供で終わることも多くなった。KC氏の娘KM氏によれば、工場Mの労働者が軽食として手軽に作ることのできるインスタントラーメンを各自で調理していたことが記憶に残っているという[31]。

(2) 日常的な飲酒

工場の生産繁閑期や雨天時に工場内で飲酒する労働者が多数いたことは、先述した通りであるが、労働者の中には日常的に飲酒をする者も多かった[32]。とりわけ水洗の労働者の場合、肉体労働の過酷さを忘れるかのように飲酒をしているようだった。過度に飲酒し、酩酊したせいで気性の粗くなる労働者も多数存在した。また、工場の中や外でも酒に酔って乱闘騒ぎを起こすということもあったという[33]。

28　LW氏へのインタビュー（2010年1月10日、KC氏宅にて）。
29　LW氏へのインタビュー（2010年1月10日、KC氏宅にて）。
30　KC氏へのインタビュー（2019年2月6日、KC氏宅にて）。
31　KC氏娘のKM氏へのインタビュー（2019年2月1日、KC氏宅にて）。
32　KC氏へのインタビュー（2019年2月9日、KC氏宅にて）。

お盆と正月を除いて工場Mでは酒類を提供するということはなかったが、労働者の中には個人的に給料の大部分を酒類の消費に充てる、あるいは外食店での飲酒に使ってしまう者も少なからずいたようである。また、過度なアルコール摂取のために体を悪くする労働者もいたという。これら飲酒の問題に関して創業者の孫KM氏は、工場Mで肉体的に過酷な労働をしている労働者にとって、飲酒は数少ない「生きがい」であったのではないかと考える。労働者らは酒を飲むことによって、次の日の働く活力を得ているようであったし、彼らは飲酒のために働いているようでもあったと語っている。[34]

(3) 給料日、冬至、ソルラル

普段の食事とは別に、工場Mでは毎月1日と15日の給料日に経営者KW氏が工場内のしめり場や駐車場などに七輪を数台設置し、肉を焼いて労働者に提供した。工場内に立ち込める煙と臭いが着物生地に付着しないよう、着物生地を作業場奥に置き紙で生地を覆い、肉を焼いた。この臭いに惹きつけられて、近隣住民が参加することもあったという。労働者や近隣の住民と工場Mで食事をしたのも、KC氏など京友禅産業の全盛期を知る経営者家族にとって楽しい記憶であったようである。給料日の他にも、花見や夏の社員旅行、蒸水洗組合が主催する運動会や「友禅流し」など、何か大きな行事があった後、このように工場で肉を焼いて食べることもあった。[35]

しかしながら、1970年代に入り工場内で労働者が住み込みで就労することが少なくなる。工場Mの労働者数が減少する中で給料日も月に1日だけとなり、

写真6-3　労働者がソルラルに食べたトックックとサツマイモの茎キムチ。[36]

33　KC氏へのインタビュー（2019年2月9日、KC氏宅にて）。
34　KM氏へのインタビュー（2019年2月1日、KC氏宅にて）。
35　KC氏へのインタビュー（2019年2月6日、KC氏宅にて）。

毎月2回から1回へと工場内で焼いて食べることも少なくなっていった[37]。労働者が漸減する1980年代からは、工場Mでは焼き肉自体が行われなくなっていった。

また、年間の恒例行事として冬至には小豆が入っているが甘くない「翌죽：パッチュ（小豆粥）」、正月やソルラル（陰暦の正月）には牛筋で出汁をとった「떡국：トックック（雑煮）」などを食べた。このように朝鮮の伝統的な恒例行事に即する形で、工場Wでも朝鮮風の料理が食されていたようである。トックックの材料のトック（떡：朝鮮風の餅）は、Wの調理場や自宅でLB氏やLW氏が調理して作ることもあったが、京都や大阪の朝鮮食品店から購入することが多かったという[38]。

第3節　衣生活、労働での作業着と私生活での衣服

(1) 労働での作業着

工場Mにおいては、朝鮮人労働者と日本人労働者との間で作業着の差は見られなかったという。工場内では労働者、経営者ともに、一般的に市販されている服を作業着として着て働く場合がほとんどであった。蒸水洗工場特有の事情として、特に夏場の工場は非常に暑くなる。そのため男性労働者はステテコを着用するだけで、ほぼ裸に下着のみ着用するという状態で働いた。節約のため、日常で着用し古くなった服を労働者らは作業着として利用することも多かったという[39]。

また、水洗の工程を担当する労働者は腰まであるゴム製長靴やパンツを着用し、一日中、冷水の中で作業を行った。時代が下り労働者数が減少し、工場内での分業が不明瞭になってくると、水洗工程担当の労働者であっても干し場やしめりの工程を担当するようになった。そのため水洗工程の労働者は、他の作業との兼業が可能なゴム製オーバーオール状の服を着用するようになった。経営者KW氏はゴム製の靴を近隣の靴屋で購入し、水洗を行う労働者に支給した。この靴屋の廃業後は、KC氏家族は京都中央卸売市場で水産業者用のゴム靴を購入したという[40]。このように、蒸水洗工場での労働者の作業着は、初めから「作業用の作業着」として揃えられたものではなく、市販されている一般の衣服や長靴などを蒸

36　2019年2月1日、筆者が撮影。調査のためKM氏が調理してくださった。
37　KC氏へのインタビュー（2019年2月6日、KC氏宅にて）。
38　LW氏へのインタビュー（2010年1月10日、KC氏宅にて）、KC氏へのインタビュー（2019年2月1日、KC氏宅にて）
39　KC氏へのインタビュー（2019年2月1日、KC氏宅にて）。
40　KC氏へのインタビュー（2019年2月6日、KC氏宅にて）。

水洗工場の労働作業に合わせる形で使用されるものが多かった。

　文化人類学者のクロード・レヴィ・ストロースは『野生の思考』の中で、世界各地の神話的思考の特性は雑多で広範囲でありながらも、限られた材料で表現されると指摘している。そこではどんな課題が与えられたとしても、材料が限られているため、それら材料を活用するしかないとし、そうした思考を、一種の知的な「ブリコラージュ（bricolage）：器用仕事」と呼んでいる。[41]

　事例の工場Mでも、各工程に対応するために限られた衣服を臨機応変に用いることで労働が行われるという、一種の「ブリコラージュ」が見られた。当初からMでは労働者の作業着というものは用意されておらず、彼らが日常的に着用していたステテコや古着、ゴム靴などを蒸水洗工場の各工程に即した形で再利用していくというものであった。こうした労働のあり様は、戦前から戦後にかけて京友禅産業の構造や労働環境が変化する中で、在日朝鮮人らが限定された資材を生産のために利用していく営みであったと見ることができる。

　続いて、一日の中での作業着の着用頻度を見ていこう。しごき工程を担当する労働者の場合、作業着は染料や糊が付着するために、作業中に何度も作業着を着替える必要があった。同様にしめりの工程でも、労働者はおがくずを全身に浴びながら働くために、彼らの作業着が汚れやすく、一日に何度も作業着を着替えたようである。[42]とりわけ、夏場には労働者らが汗だくで働くために、作業着を一日に何度も洗濯する必要があった。

　それでは、こうした工場での作業着をどう管理したのだろうか。近隣に居住しながら工場Mで就労する労働者の場合、作業着を洗う作業は労働者各自で行うことが多かった。だが、工場に住み込みながら働く労働者の作業着の場合、何人か分をまとめて、女性の家族労働者（LB氏、LW氏）が洗濯をしていた。[43]特に夏場、彼女らは労働者の食事の準備とともに、労働者の作業着の洗濯作業を一日に何度もしたという。[44]

　また、1960年代まで、工場Mでは労働者の作業着の洗濯は、洗濯板を用いて手作業で行われていた。1970年代に入り、工場内で機械が積極的に導入されることになった。そうなると、本来は着物生地の脱水のために導入された脱水機であるが、労働者の作業着の洗濯にも転用されるようになった。[45]LW氏はこれら

41　クロード・レヴィ・ストロース（Claude Lévi-Strauss）『野生の思考』（大橋保夫訳）（みすず書房1976）22頁。
42　KC氏へのインタビュー（2019年2月1日、KC氏宅にて）。
43　KC氏へのインタビュー（2019年2月1日、KC氏宅にて）。
44　LW氏へのインタビュー（2010年1月10日、KC氏宅にて）。

機械の導入により、多少は労働者の作業着の洗濯は「楽になった」と語る[46]。洗濯した作業着は、天気の良い日は工場の外に干し、悪天候時には工場の蒸機のボイラー熱を利用して乾燥させた。このように、工場Mにおいては当初は手作業で行われていた衣類の洗濯も、蒸水洗工場の着物生地の生産のために導入した機械を活用しながら行われるようになった。

(2) 私生活での衣服

　それでは工場での労働以外の場では、どのような衣服を着用していたのだろうか。一般的に、在日朝鮮人が就労することのできる他の職業に比べ、京友禅産業の蒸水洗工場での労働による収入は高いと考えられている。この工場Mの場合でも、それは同様であったという[47]。他の蒸水洗工場で就労した経験がある在日朝鮮人労働者のM氏によれば、私生活においては、労働者の服装は高価で派手なものが多かったという。M氏は、特に男性労働者の場合、普段の工場での労働では使い古した衣服や裸同然で働くことが多かった反動で、プライベートな場で彼らはおしゃれで高価な服を着たかったのではないかと語る。そして休日には、一般の日本人と同じように派手な服を着て、当時、京都の繁華街であった四条大宮界隈[48]で、映画を鑑賞し、飲み遊ぶ労働者が多かったとも語っている[49]。

　しかしながら、「密航者」として工場Mや他の蒸水洗工場で就労した者は、派手な服は着る者は少なかったようである。彼らの場合、仕事のない休日でも工場裏や人目のつかない所で過ごす者が多かった。1950年代より「密航」して就労する労働者を見てきたKC氏は、蒸水洗工場の労働で得た収入の多くを貯蓄し、故郷に送ろうとする者が多かったのではないかと語る。1970年代後半以降、「密航者」として日本に渡航し工場Mで就労する労働者は見かけなくなっていく[50]。

　経営者家族の事例であるが、Mの経営者家族は冠婚葬祭時やソルラルの際、朝鮮の伝統衣装「한복：ハンボク（韓服）」を着ることがあった。KC氏によれば、大阪の在日朝鮮人の韓服販売業者から購入していたようである[51]。2008年よりKC

45　KC氏へのインタビュー（2008年6月15日、KC氏宅にて）。
46　LW氏へのインタビュー（2010年1月10日、KC氏宅にて）。
47　KC氏へのインタビュー（2019年2月1日、KC氏宅にて）。
48　1963年、阪急電鉄京都線の河原町駅の延伸までは、この四条大宮周辺は阪急京都線や京福電鉄、京都市電が接続する京都市内西側のターミナル駅であった。生田誠『阪急全線古地図散歩』（フォト・パブリッシング 2018）124頁。
49　M氏へのインタビュー（2019年2月1日、民団中京支部にて）。M氏自身は、工場Mで就労したことはないが、壬生地域の蒸水洗工場や染色工場について大まかに把握しているという。
50　KC氏へのインタビュー（2008年6月15日、KC氏宅にて）。

氏を中心にこの M の経営者家族について調査しているのであるが、筆者が見る
限り、KC 氏がこの家族の中で誰よりも頻繁に韓服を着用しているようであった。
5 章で先述した韓国語教室に通う学生の結婚式や、京都国際学園での行事などに
おいても、KC 氏が率先して韓服を着ているようであった。

小括

　本章では 1960 年から 2006 年まで操業していた京友禅産業の蒸水洗工場 M の
事例を通じて、そこで就労した労働者の労働と衣食住生活を見てきた。
　まず、衣食住生活の「住生活」にあたる部分として、工場 M における労働者
らの住環境を見てきた。1960 年より京都市中京区の壬生で工場 M は操業を始め
るが、経営者 KW 氏家族は工場に隣接する家屋に居住しながら仕事をするという、
「職住一体」型の生活様式であった。また、M の労働者の多くは工場内で生活す
るか、近隣に居住する者は徒歩や自転車などで工場 M まで通勤していた。日本
の他地域から来た在日朝鮮人労働者や、韓国から「密航」という手段で渡航して
きた労働者は、1965 年に工場が改築されるまで、工場の屋根裏や「しめり場」
で居住する者が多かった。
　1965 年の工場改築以降は、新設された「しごき場」の 2 階に部屋や工場の
近隣に「社宅」が設置され、そこで生活する労働者が多かった。しかしながら、
「密航者」として渡航し工場 M で就労した労働者の中には、相変わらず臨時に居
住することが可能な、「非公式な空間」で生活する者が存在していたようである。
　労働者の食生活として、彼らがどのようなものを食べていたのか、その食事は
どのように準備されたのかを見てきた。工場 M の労働者には、福利厚生の一環
として昼食が提供されてきた。基本的には朝鮮料理であり、大量に調理すること
ができる汁物が出ることが多かったようである。また、M では冬至や正月やソ
ルラルなどの恒例行事の日には、パッチュクやトックックなどが食べられてい
た。1970 年代までの M の成長期、給料日に、肉を焼いて工場労働者や近隣住民
にふるまわれることもあった。そうした食事の調理や、食材料の調達は、LB 氏
や LW 氏を始めとした経営者家族の女性の役割とされてきた。
　続いて、労働者らはどのような服を着て働いていたのか、それらの服は管理さ
れていたのかなど、労働者らの衣生活を扱ってきた。まず、労働者らの作業着と

51　KC 氏へのインタビュー（2019 年 2 月 1 日、KC 氏宅にて）。

して初めから蒸水洗工場で労働のため用意された「作業着」というものはなく、日常的に着用して着なくなった服を着て働く労働者らが多かった。夏場には、ステテコ一枚とほぼ裸で就労する労働者も存在した。当初、水洗工程で働く労働者はゴム製の長靴や長ズボンなどを着用していたが、労働者数が減少し労働工程の分業が不明瞭になってくる頃から、他の工程でも就労可能なゴム製オーバーオール状の服が着用されるようになった。このようにMでの労働における衣服を見た場合、事前に準備されたものというものではなく、その場にあったものを労働の形態に沿う形で利用するという「ブリコラージュ」が見られた。

　また、しごき工程やしめり工程は作業着が染料やおがくずで汚れるため、一日作業着を何度も着替えることがあった。それら作業着は基本的には個人で洗濯するのであるが、工場に住み込んで就労する労働者の作業着を、LB氏やLW氏のような経営者家族の女性が洗濯することもあった。

　このように本章では1960年から2006年まで操業していた工場Mの労働者の日常生活として、彼らの労働と衣食住生活について「住生活」、「食生活」、「衣生活」と見てきた。簡単に一般化はできないのであるが、本章で舞台となった蒸水洗工場Mでの労働とは、ある意味で労働者が命をすり減らすかのような労働であった。それは大きなケガを負い、その負傷によって長期間の労働が不可能になるかのような働き方でもあった。工場内外での日常的な飲酒の問題も、本章の食生活の一部分で指摘した通りである。

　しかしながら、そうした生命をも脅かす労働によって得られたものとして、他地域の朝鮮人労働者よりも高い収入であり、その先には「日本人並み」に経済的に豊かな生活であった。工場Mや他の蒸水洗工場で就労している限り、食事に不自由することはなく、日本人のように高価な服を着ることが可能であり、休日には遊びに行くこともできた。そうした労働以外の衣食住生活や私生活の充実によって、肉体的に過酷な労働が可能になっていたのではないだろうか。職業選択の幅が大幅に制限されていた在日朝鮮人労働者や、ましてや韓国から「密航」してきた者にとって、不自由のない衣食住生活への希求は大きかったはずである。

　続いて、工場Mの労働と衣食住生活を下支えした経営者家族について言及しておく。衣食住生活の中で経営者家族の男女の性別役割分業が、明文化されてはいないものの存在した。例えば、工場の作業場や社宅の修繕などの仕事は経営者KW氏や息子KC氏などの男性が担当するのであるが、食事の用意や掃除洗濯などの日常的な労働は、経営者妻のLB氏や息子妻LW氏などの女性が担当した。

　ただし、そうした男女間の性別役割分業の内容も、時代の変遷とともに変わっ

ていく。1970年代までLB氏やLW氏のような経営者家族の中でも女性が、労働者の食事を作る炊事、工場の掃除、作業着などの洗濯など、労働者の衣食住生活を維持する労働を専門的に担当していた。しかし、京友禅産業の斜陽とそれに伴う労働者が減少することで、衣食住生活を下支えする労働をしつつも、工場Mで他の労働者が行っていた肉体労働に従事するようになる。本章では、経営者家族の労働のあり様も、製造設備の機械の導入や、京友禅産業の景気の動向と労働者数の減少ともに変容していく過程を見てきた。

　最後、工場Mを通じて見る在日朝鮮人の衣食住生活が労働と密接に関連しているという点を指摘しておく。たとえば、工場が小規模だった時期、労働者らはMの屋根裏で生活することが多く、食事も工場内で済ませることが大半であった。工場改築後は併設の宿舎や近隣の社宅に住む者も増えていき、そうした労働者のための食事が工場内で調理されていた。だが、1980年代以降、労働者そのものが減り、工場で食事をする機会も少なくなっていった。また、Mにおいて、1960年代まで労働者の作業着は主に手作業で洗濯されていた。しかし、1960年代後半、生産のための機械が導入された時期から、作業着の洗濯作業は生産に関連する機械によって行われるようになった。

　このように労働に関わる部分が変化することで、労働者の衣生活や食生活、住生活などのあり様も変化していったと考えられる。工場Mの在日朝鮮人の衣食住生活を見た場合、彼らの衣食住生活は「衣」、「食」、「住」のように区分することはできず、労働を支えながら、密接に関連していたのではないか。

第7章 京都の繊維産業に従事した在日朝鮮人の民族的アイデンティティ

　本書3章から6章までは、戦後京都の繊維産業（西陣織産業、京友禅産業）に従事した在日朝鮮人や工場の個々の事例を考察してきた。ところで、一般的に「日本の伝統産業」と考えられる産業の中で、在日朝鮮人はどのような民族的なアイデンティティを持ったのだろうか。そこで7章では、在日朝鮮人が京都の繊維産業において労働する中で持った民族的アイデンティティを見ていく。

　アイデンティティとは本来、アメリカの心理学者エリック・H・エリクソン（Erik Homburger Erikson）の用語であり、客観的には人格や集団、共同体の統合性と一貫性を示す概念である。また、アイデンティティは主観的に自分が他ならぬ自分であるという確信、ないし感覚を指すともされている[1]。現在、このアイデンティティという言葉は多様な文脈で使用されているのであるが、中谷猛によれば個人の意識の作用（反省・確認・承認）とその結果がアイデンティティであるという。そして、人間は社会の中で常に生きる意味を問い、自己と世界について様々な解釈を求める。また、人間を社会的動物と捉えた場合、多様な社会関係の中で置かれた自己の位置を知ろうとする。そうした知的作業の過程を把握する自己意識の作用を、中谷猛は「アイデンティティ」であると規定している[2]。

　本章の「民族的アイデンティティ」に関しても、この中谷猛のアイデンティティの規定を援用し、多様な社会関係の中で在日朝鮮人が自己を在日朝鮮人であると確認する意識やその作業であると考える。そして「在日朝鮮人の民族的アイデンティティの表出」とは、在日朝鮮人が「在日朝鮮人である」と感じる過程で生じる活動や感情であるとする。言い換えれば、そうしたアイデンティティの表出は、日本人の繊維産業経営者や労働者では見られない活動や感情であると捉えることができるだろう。

1　エリック.H. エリクソン『幼児期と社会1』（仁科弥生訳）（みすず書房 1977）、『幼児期と社会2』（仁科弥生訳）（みすず書房 1980）、および「アイデンティティ」頁『社会学小辞典（新盤）』（有斐閣 1997）1-2 頁。

2　中谷猛「ナショナル・アイデンティティとは何か」中谷猛・川上勉・高橋秀寿編『ナショナル・アイデンティティ論の現在——現代世界を読み解くために』（晃洋書房 2003）9-10 頁。

2010年代に入り、特に文化人類学の領域において、部分的にではあるものの京都の伝統産業の西陣織に携わった在日朝鮮人の労働観や、また彼らのアイデンティティが論じられ始めた。たとえば、權肅寅は三代続く在日朝鮮人の西陣織産業経営者の労働と、彼らの民族意識を扱っている。權肅寅の研究によれば、ある在日朝鮮人一世は西陣織産業における労働を、生計が難しい状況で生存のための手段と考えたのに対し、二世である長男は「生活をするためのもの」と考え、同産業の将来が不透明になる今、あえて次の世代が継がなくてもいいと考えていた。その一方、三世の孫の場合、西陣織産業を単純な経済性だけでなく「家業継承」としての意味を付与していたとし、同時に彼自身の民族的アイデンティティに対して、両親世代よりずっと柔軟な態度をとると分析している[3]。しかしながら、權肅寅の研究では彼女が調査した事例は一事例のみであり、それ以外の在日朝鮮人に関しては先行研究に依存している。

　また、李洙任の研究では玄順任氏と李玄達氏の2人の西陣織産業に従事した在日朝鮮人の労働観と民族的アイデンティティについて言及している。玄順任氏の場合、西陣織産業へ就労する際に、彼女には同産業への憧れがあったという[4]。同時に、「西陣の職人に生まれたくて生まれたのではない。しかし、織ることが自分の人生そのものであった」という西陣織の職人に気質は、玄順任氏の生き方そのものであるとして、彼女の生き方には国籍や民族が介入できない超越性や強靭性が存在したことを論じている[5]。李玄達氏の事例では、着物販売を生活の手段と割り切り、伝統を担うとか守るという考えはなく、「人間らしく生きたかった」という意識を強調している[6]。

　李洙任の研究では近年まで西陣織産業に携わっていた在日朝鮮人の二事例について、彼らの労働観を扱っているのであるが、戦後から現在にかけて同産業に携わった在日朝鮮人が、どのような過程を経て在日朝鮮人の民族的アイデンティティと労働者の意識を同時に持つようになったのか、そうした意識の変化について分析されていない。そして、權肅寅と李洙任の研究に共通する点として、彼女らが扱った事例は西陣織産業に携わった在日朝鮮人の事例のみであり、京友禅産

3　권숙인 (權肅寅)「일본의 전통 , 교토의 섬유산업을 뒷받침해온 재일조선인 (日本の伝統、京都の繊維産業を支えてきた在日朝鮮人)」『사회 와 역사』第 91 輯 (한국사회사학회 2011) 361-364 頁。

4　李洙任「京都西陣と朝鮮人移民」李洙任編『在日コリアンの経済活動——移住労働者、起業家の過去・現在・未来』(不二出版 2012) 48 頁。

5　李洙任 前掲書 56 頁。

6　李洙任「京都の伝統産業に携わった朝鮮人移民の労働観」李洙任編『在日コリアンの経済活動——移住労働者、起業家の過去・現在・未来』(不二出版 2012) 77 頁。

業に就いた在日朝鮮人の民族的アイデンティティについて分析されてこなかった。

これら先行研究に留意しつつ、本章では在日朝鮮人が京都の繊維産業（西陣織産業、京友禅産業）で労働する中で持った民族的アイデンティティを考察する。具体的に、これら産業で就労する中で在日朝鮮人の民族的アイデンティティがどのように現れ、民族的な活動へと繋がっていくのかを扱う。また、ある在日朝鮮人の事例より、民族的アイデンティティがいかに形成されていくのかを検討する。

また、京都の繊維産業の中で、在日朝鮮人らがどのような名前を使って生きていたのか、各産業に置かれた彼らの状況とともに分析する。その中で、どのような民族的アイデンティティが表出するのかを読み解く。京都の繊維産業に携わった在日朝鮮人が民族的な意識を持ちながら、これらの産業での労働に対して、どのような思いを持ったのかを考察する。

第1節　民族的アイデンティティから民族的活動へ

(1)「錦衣還郷」

京都の繊維産業に携わった在日朝鮮人の民族的アイデンティティは、どのような文脈の中で、どのように現れたのだろうか。そして、彼らの民族的アイデンティティが、どのような場所で、どのような民族的な活動へとつながっていったのだろうか。本節では在日朝鮮人一世たちの活動が、在日二世三世たちによって描かれていったのか、彼らに関する記録で描かれた事例を中心に見ていく。

3章で1950年代、C1氏が西陣織産業で大きく成功したエピソードを取り上げた。このC1氏は、西陣織産業が斜陽に入ると予感し、いち早くこの産業からの脱却を図った。まず、1962年に韓国の絹製品の日本への輸入を計画し、実際「絞り」製品の生産方法を韓国で指導し、生産を行った。そしてこの事業を1960年代前半に拡大させていく。またC3氏の記録によれば、韓国での絞り製品の生産を他の在日朝鮮人や日本人に勧めたのもC1氏であり、この絞り製品が、韓国から日本への主要な輸出品になったと描かれている。[7]

実際、「日韓絞り貿易協議会」の資料によれば、1962年9月、韓国保税加工貿易視察団が来日したという。その際、染色業者らはその視察団から絞り技術をもつ韓国女性が内職を求めているのを知り、1963年より日韓絞り貿易が行われた。最初は韓国人の組織を使って技能試験を実施し、大邱や江景、黄登、義城、星州

7　C3『時代の先駆者　C1氏の歩み』（大阪学院大学卒業論文 1987）66頁。

写真 7-1　韓国の農村での絞り染めの風景[8]

などから1万人を動員し、経験年数などで4クラスに別けて加工された。そして、1963年6月に韓国絞り製品第1号が日本に輸入されることになった。当初は12万米ドルから始まった加工事業も、1978年には114億ドルと飛躍的に発展したことなどが記録されている[9]。また、韓国での絞り染め製品の加工事業は、京友禅産業の同業者組合『京都友禅協同組合』の資料においても、「一九七二年　韓国から白生地・絞りの輸入顕著[10]」と記されるほどであった。この韓国での絞り染めの製造に関して、安勝澤・李成浩は当時の韓国の農村女性の主要な経済活動の一つであったと指摘している[11]。

こうして戦後韓国での絞り製品の加工事業は、1962年より企画され、1960年代から1970年代、韓国の農村部を中心に大々的に行われたようである。事実、1969年3月の「日韓絞り貿易協議会入会者名簿」[12]や1972年9月の「第2回日韓絞り業者定期懇談会記録[13]」にC1氏の名前や経営する「N商事」が記載され

8　李暢彦（이창언）編集『의생활（衣生活）』『디지털달성문화대전（デジタル達城文化大典）』（한국학중앙연구원（韓国学中央研究院）2016）。編者の李暢彦氏から、本書での写真使用の許可をいただいた。(http://dalseong.grandculture.net/dalseong/dir/GC40800024?category=%ED%91%9C%EC%A0%9C%EC%96%B4&depth=3&name=%EC%95%84&type=titleKor&search=%EC%95%84（2021年11月15日取得))。
9　日韓絞り貿易協議会『日韓絞り貿易協議会記録――創立10周年を迎えるに当り』（京都貿易協会1979）151頁。
10　京友禅史編纂特別委員会『京の友禅史』（染織と生活社1992）271頁。
11　安勝澤・李成浩「開発独裁期における農民の経済的生存戦略再考：資本主義――小農社会の接合の一端」（安田昌史訳）板垣竜太・鄭昞旭編『同志社コリア　叢書3　日記からみた東アジアの冷戦』（同志社コリア研究センター2017）251頁。韓国国内では、この絞り染め作業を朝鮮語で「홀치기（ホルチギ）」と称していたが、「オビ」や「オビ作業」とも呼ばれることもあったという。
12　日韓絞り貿易協議会 前掲書3頁。
13　日韓絞り貿易協議会 前掲書66頁。

ているのを見ると、韓国での絞り染め加工事業にC1氏が大きく関与をしていたと見受けられる[14]。

C3氏に記録によれば、後にC1氏の絞り製品の生産事業は大韓民国外務部長官に表彰されたという。韓国の放送局のインタビューの中で、C1氏は、「私は韓国に生糸があると聞き、京都で織屋をやっているので、そこで学んだ事を、祖国再建の為に、役立てようと会社を設立し、今日までがんばってやって来ました[15]」と語った。このように、西陣織産業でのKC氏が体得した技術や故郷韓国での生糸生産の情報を得る中で、彼の韓国での絞り製品の加工が可能になったことがエピソードで描かれている。また資料の中でKC氏は、韓国で絞り製品の加工事業を始める背景に「祖国建設」に寄与するという思いが存在したと強調している。その後KC氏のこうした活動は韓国国内で高く評価され、1984年に「国民勲章牡丹賞」の「海外同胞叙勲者」に表彰されたことが、韓国の『京郷新聞』で確認することができる[16]。

C1氏は韓国の産業復興に貢献すると同時に、1978年に故郷尚州で1万5000坪の農地を購入し、そこに居住しながら農業を始める。その農業で得られた収益で故郷尚州の化東中学校に「化東面奨学金」制度を設立し、その理事長に就任した。このように韓国経済の他にも、教育面においても故郷に積極的に関与したことがC3氏によって描かれている[17]。この奨学金制度は、1991年にC1氏の名前を冠した「C1奨学金」となった[18]。

西陣織産業からパチンコ産業へ転業したO1氏の事例でも、故郷に対する同様の思いが見られた。O3氏の記録では「故郷に先祖を祭る神社（ママ）を創設する事もできたという。O1氏のかねてからの願望である「『故郷に錦を飾る』という大業は、見事に達せられた」と描かれている[19]。このO3氏記録中の「故郷の先祖を祭る神

---

14 日韓絞り貿易協議会の記録では、戦後の韓国絞りの実情に関して「戦前より京都に在住し、絞りの加工（染分け加工、染色等）に従事し、戦後に於ても引き続き之等の事業経営をしている韓国人業者が故国に帰り、郷里の情況を見、農家及び一般家庭に於ても仕事が無く遊休の人間が非常に多く経済状態も悪く生活もひっ迫しているのを見て戦前に盛んに行われていた絞り加工が出来れば農村及貧困家庭を潤す巨大なる事を感じ、帰京後早々にその再開を懇請された（昭和37年頃）」と記述されている。日韓絞り貿易協議会 前掲書131頁。ただ、この韓国人業者がC1氏と同一人物であったかどうかは分からない。

15 C3 前掲書68–69頁。

16 『京郷新聞』（1984年8月17日）。

17 C3 前掲書75頁。

18 경상북도 상주군 화동면『화동사』(http://blog.daum.net/khaesal4081/5450942（2015年2月1日取得))。

19 O3「西陣織物と在日韓国・朝鮮人」『西陣着物産業と着物文化』（同志社大学文学部社会学科社会学専攻1998）13頁。

社」とは、おそらく、O1氏一族の祖先の神主（位牌）を安置する「祠堂」を指すものであったと考えられる。O1氏が西陣織産業やパチンコ産業で蓄積した財産で、故郷の尚州に祠堂を献上したようである。O3氏の記述から、そうした行動は一世O1氏の「故郷に錦を飾る」という思いによるものであり、それは強い「愛郷心」の一形態としての現れであったと理解できるだろう。

　以上の二事例は、在日朝鮮人一世が故郷、この文脈では1960年代から韓国の地域社会や経済に対し経済的、あるいは文化的に貢献しようとするパターンであった。韓国経済を研究する永野慎一郎によれば、戦後、在日朝鮮人の祖国への貢献に関して、家族を含めて厳しく節約して貯蓄した財産を、故郷や祖国のために寄付することが多く、それは朝鮮人独特の「錦衣還郷（故郷に錦を飾る）」であったと説明している。[21]本章においても在日朝鮮人一世が故郷において経済的、文化的に貢献しようとするのであるが、そうした活動を彼らの孫にあたる三世らが非常に肯定的に捉え記録しているということも共通していた。

(2) 日本での生活基盤の獲得

　その一方、日本国内、それも彼らが居住していた京都において朝鮮人としての民族的アイデンティティを見出し、表出させる事例も存在する。2章で述べたように、1945年の敗戦直後、西陣織産業内では在日朝鮮人の組合を設立しようという動きがあった。戦前から朝鮮人は日本人の織物組合に加盟できないという問題を目の当たりにしたC1氏は、「朝鮮人は朝鮮人同士、助け合って行ける様な基盤となるもの[22]」が必要であると考えた。そして1946年12月創設の「朝鮮人西陣織物工業協同組合」の設立に関与した。

　しかし、組合内での政治的対立を背景に1950年10月、C1氏は「非共産主義者」（ママ）を中心に、朝鮮人西陣織物工業協同組合に非加盟の朝鮮人を集め「相互着尺織物協同組合」の設立にも関係したという。[23]このC1氏の事例より、敗戦直後から1950年代にかけて、政治的対立によって情勢が絶えず変化する中においても、常に朝鮮人の同業者組合を設立しようという試みがあったことを、読み解くこと

20　祠堂は、朝鮮時代に「嘉礼（儀礼）」の実践のため先祖四代の神主（位牌）を安置し、奉祭祀を行う場所として建立された。김미영（金美榮）「유교이념의 구현장소로서 사당（儒教理念の具現場所としての祠堂）」『退溪學과 儒教文化』제56호（慶北大學校退溪研究所 2015）127頁。

21　永野慎一郎「序論」永野慎一郎編『韓国の経済発展と在日韓国企業人の役割』（岩波書店2010）5–6頁。しかしながら永野慎一郎は、在日朝鮮人一世達の韓国の社会経済への貢献に対する、韓国における認識と評価があまりにも低いということも指摘している。

22　C3前掲書32頁。

23　C3前掲書32–33頁。

ができる。また、1950 年代に C1 氏が中心となり金融機関「京都実業信用組合」[24]
を創立し理事長となったことが、居留民団の機関紙『民主新聞』上で報道されて
いる。[25]

　この C1 氏の他にも、2 章で登場し、朝鮮人による朝鮮人のための金融機関を
設立するために尽力した人物がいる。朝鮮人織物組合の初代組合長であった金日
秀氏も、その一人である。西陣織産業を始める上で、工場の土地と建物、運転資
金を合わせて多額の資本投資が必要になった。しかし、多数の在日朝鮮人は「民
族的差別のために疎外された」とし、戦後しばらく一般の金融機関から融資を受
けることが難しかったという。朝鮮人組合理事長の金日秀氏はこの問題を痛感し、
1948 年に組合として金融機関の設立を決議し、京都の商工業者だけでなく日本
全国の朝鮮人に呼びかけた。[26]

　金泰成氏の記録では父金日秀氏の活動を「同胞社会がこのように分裂化した中
で、朝鮮人組合理事長は民団の壁を超えて、西陣と友禅の他に諸々の商工業者を
結集した統一金融機関にまとめあげたのであった」として評価をしている。[27] そ
して、1951 年、この統一金融機関の設立は京都では固まりつつあった。しかし、
朝鮮戦争が長期化する中で、中央の東京で思想をめぐる政治的対立が深化し、結
局、統一金融機関を設立しようという動きは失敗してしまったことなどが息子の
金泰成氏の記録中で描かれている。[28]

　しかしながら、これから 2 年後の 1953 年 1 月、朝鮮人連盟の後身である在日
朝鮮統一民主戦線系の朝鮮人の西陣織産業者と京友禅業者や染色業者が中心と
なって、「商工信用組合」[29]が設立された。その商工信用組合の本部は、朝鮮人織
物組合が所在した上京区笹屋町通浄福寺西入に置かれ、金日秀氏は商工信用組
合の理事を務めることになった。[30] また、朝鮮人織物組合と商工信用組合は、1958
年に「京都朝鮮中・高級学校」の校舎が京都市左京区北白川に新築される際、京
都の他の在日朝鮮人の組織と並んで寄付を送っている。[31]

24　京都実業信用組合は本店を壬生の下京区五条通大宮西入に、支店を西陣の上京区五辻通千本西
　　入に置いたようである。『民主新聞』1955 年 9 月 1 日、1958 年 1 月 1 日。
25　『民主新聞』1958 年 1 月 1 日。
26　金泰成「『西陣織』と『友禅染』業の韓国・朝鮮人業者について」『京都「在日」社会の形成と
　　生活・そして展望』（第三回　公開シンポジウム資料）『民族文化教育研究　KIECE』（京都民
　　族文化教育研究所 2000）39–41 頁。
27　金泰成 前掲書 41 頁。
28　金泰成 前掲書 41 頁。
29　この商工信用組合は京都の朝鮮人の金融機関であると同時に、全国組織「在日本朝鮮人信用組
　　合協会」にも加盟していた。『解放新聞』1957 年 6 月 29 日。筆者訳。
30　『解放新聞』1954 年 8 月 26 日。筆者訳。

金融機関設置と同じ 1953 年、金日秀氏自身も「京都朝鮮中学」の設立に関与した。金日秀氏は「理事発起人」という役職で、「学校法人京都朝鮮教育資団」という法人名称の団体を組織し、京都府知事の蜷川虎三に学校設置の認可申請を行っている[32]。この法人の目的として「一．朝鮮中学校[33]」の設置経営を掲げており、校地と校舎には「中京区西ノ京両町十三番」所在の旧朝連西陣小学校を充当した。発起人には、金日秀氏以外に朝鮮人西陣織物工業協同組合の役員 2 人が含まれていた[34]。

これらの記録からは、朝鮮人に対する制度的な制限の中で在日朝鮮人一世がとった朝鮮人独自の同業者組合や民族金融機関、民族学校を設立しようという思いと活動が浮かび上がってくる。そして、これらの活動は日本での在日朝鮮人の生活基盤を確立しようとする部分で通底していたと考えられる。

本節の事例から、在日朝鮮人一世たちが行った活動からは、祖国復興のために経済的・文化的に貢献しようという思いと、日本における定住外国人としての生活基盤を獲得しようという二つの方向性が見えてくる。換言するならば、ここでの彼らの民族的アイデンティティが活動として表出する場所は、彼らの故郷である朝鮮半島と、活動や労働の場となった京都の西陣であったと解することができる。

そして、それらが実際の活動として展開される場所は、彼らの朝鮮の故郷や、また、彼らが居住していた京都でもあった。朝鮮近現代史家の梶村秀樹は、1945 年以降、国境で隔てられながらも、なおも国境を超える在日朝鮮人の家族形態や生活実態を「国境をまたぐ生活圏[35]」であると指摘した。7 章において、とりわけ C1 氏は、まさに「国境をまたぐ生活圏」の典型例であったといえるだろう。

第2節　再構成されるアイデンティティ

しかし、前節の在日朝鮮人一世らとはまた異なる形で、自身の民族的アイデン

31　『朝鮮民報』1958 年 4 月 8 日。筆者訳。

32　松下佳弘『朝鮮人学校の子どもたち　戦後在日朝鮮人教育行政の展開』（六花出版 2020）384–390 頁。典拠資料は京都府立京都学・歴彩館所蔵行政文書「学校法人京都朝鮮教育資団の設立について」簿冊名『学校法人設立』、簿冊番号（昭 30–0018）（京都府知事 1953）。

33　法人設立申請書中の「京都朝鮮中学校」の「校」の文字が「＝」（二重線）で削除され、「京都朝鮮中学」に修正されている。このことに関して、松下佳弘は「行政手続き上では、一条校としての「中学校」の認可申請はなかったことにされた」と指摘している。松下佳弘 前掲書 392,399–401 頁。

34　松下佳弘 前掲書 388 頁。

35　梶村秀樹「定住外国人としての在日朝鮮人」（梶村秀樹著作集刊行委員会・編集委員会編 1985）『梶村秀樹著作集　第 6 巻　在日朝鮮人論』（明石書店 1993）18–19 頁。

ティティを語る在日朝鮮人二世が存在する。3章では、引退するまで西陣織工場で労働者として働き続けた在日朝鮮人女性 L2 氏を事例として取り上げた。2008年、筆者は彼女の家族史についてインタビューを行った。ここでは、彼女が持った「在日朝鮮人」という意識を考察する。

(1)「ダブル」という意識

朝鮮人の父と日本人の母を持つ在日朝鮮人二世である L2 氏は幼少期に母と、16 歳の時に父 L1 氏と死別した。L2 氏は父について、以下のように語る。

> 何とはなしに、アボジ（父）は母親の家族と違うというか、母方の家族から、そん時は、理由は分からんかったんやけど、アボジ、ひどく嫌われてて。親戚中に、母はアボジのせいで死んだとか思われてたんかな。で、そのうちに、アボジは日本人ちゃうって、分かるようになってきて。日本人やない、朝鮮人やって。アボジは日本人かなって思われるくらい、本当に日本語が上手な人やった。そのせいで私、ハングルを覚えることもできなかった。[36]

父 L1 氏が、母方の家族と何か違うということを、L2 氏は幼い頃から気づいていた。そして、やがて彼女は父が日本人ではなく、朝鮮人であると確信するようになったという。だが、L2 氏は父 L1 氏が朝鮮でどのような生活をしていたのか、なぜ日本に渡り京都まで来たのか「分からないことだらけ[37]」と付け加えた。

L2 氏の姉は民族学校へ通うのだが、家庭の経済的事情により L2 氏は日本の公立の小中学校に通うこととなった。姉は民族学校に通っていたのであるが、L2 氏は自身が民族学校に通わせてもらえなかったことに不満を覚えた。しかし、当時父 L1 氏が病気がちであったために、朝鮮学校での就学は諦めるしかなかった。[38]

彼女が 16 歳になった 1966 年、父 L1 氏は他界する。[39] 同年 L2 公立中学校を卒業した。同年、L2 氏は西陣織産業のある工場で労働者として就労するようになり、その後、何軒かの西陣織工場で 20 年以上働いてきた。L2 氏は「（在日朝鮮人）二世というか、日本人とのダブルという意識がどうしてもあってね」と自身を振り返りながら、母が日本人である L2 氏は在日朝鮮人社会の中で「純粋な在日朝鮮

36　L2 氏へのインタビュー（2008 年 10 月 17 日 京都市北区 喫茶店にて実施）。
37　L2 氏へのインタビュー（2008 年 10 月 17 日 京都市北区 喫茶店にて実施）。
38　L2 氏へのインタビュー（2008 年 10 月 17 日 京都市北区 喫茶店にて実施）。
39　문옥표（文玉杓）『교토 니시진오리（西陣織）의 문화사 – 일본 전통공예 직물업의 세계（京都西陣織の文化史——日本の伝統工芸織物業の世界）』（일조각 2016）190 頁。

人」として生きることへ葛藤を覚えたと語る。

> 私たちの世代はどこの在日の組織に所属しているかだけで、北やら南やら思想のことでバラバラにされてしまうところがあって…（中略）…言葉、しゃべれへんっていうのもあるけど、そういう運動の中に没頭する人間には、どうしてもなれへんて思って。[40]

上記の回想のように、イデオロギー対立に翻弄されることを嫌ったL2氏にとって、在日朝鮮人の各種組織との関わりは多くはなかったという。

(2)「日本人扱い」を受けるということ

彼女は西陣織工場で働く中で、在日朝鮮人としての民族的な感情と相似した、自身が「日本人ではない」という感情が「ふっと表れることがあった」と語る。

> たまに工場の中で、些細なことかもしれんけど、「あんた、日本人でしょ」とか「日本人やったら、それくらい」みたいな話題になってん。で、その時「私（L2氏は）日本人ちゃうねん」って、そこで大きく言って、それで周りを驚かせたりもしたわ。[41]

彼女は以上のように回想する。労働者が「日本人である」ということを前提として捉えられることが多い西陣織工場の中で、L2氏は「日本人」として彼女自身が扱われることに違和感を持ったという。戦前戦後を通して西陣織産業に多数の在日朝鮮人が携わってきた歴史があるにもかからず、同じ工場で働く日本人がこの歴史を全く知らないのか、あるいは知らないふりをしているのか、L2氏は正直分かりかねるという。しかし、彼女がここで持った違和感というのは、そうした日本人と同じ「日本人」として、L2氏自身が同一視されていくことへの抵抗に近いものでもあったとも語る。[42]

1980年代末にL2氏は工場で作業中に事故に遭い、そのケガによって西陣織の仕事を完全に引退することになった。それから10年後、時間的な余裕ができた彼女は、在日朝鮮人に関する歴史を勉強し、朝鮮語の勉強会にも参加するように

40　L2氏へのインタビュー（2008年10月17日 京都市北区 喫茶店にて実施）。
41　L2氏へのインタビュー（2008年10月17日 京都市北区 喫茶店にて実施）。
42　L2氏へのインタビュー（2010年12月30日 L2氏宅にて実施）。

なった。また、2010年からは、父L1氏が朝鮮でどのように生活し、なぜ日本へ渡って来たのかも独自に調べるようになった。

2013年に筆者が再びL2氏へインタビューを行ったとき、「自分の父がどこからきたのか知りたい」という問いへの答えと、「親戚探し」、また自身の「ルーツを探す」という作業は簡単でなかったいう。だが、父L1氏に対する思いについて整理することができ、これらの活動を通じ彼女は自身が朝鮮人の父と日本人の母を持つ「在日朝鮮人二世」であると思えるようになったとも語る[43]。そして、L1氏の故郷である尚州を訪れ、父方の親戚にも会うことができた[44]。

L2氏が在日朝鮮人としての民族的アイデンティティを持つにいたる出発点は、西陣織の仕事で就労する中で彼女が「日本人扱い」を受けたことにあった。西陣織の仕事からの引退後、特に2008年から2014年にかけ、筆者はL2氏とインタビューを重ねる中で、彼女なりの民族的アイデンティティを探す活動を通じ、L2氏が民族的アイデンティティを先の一世たちとは異なる「在日朝鮮人二世」として、具体的に再構成させる事例が見られた。

第3節　民族名で生きるのか、日本名で生きるのか

2章で、新聞記事にもとづいて敗戦直後から1950年代にかけて、西陣織産業において在日朝鮮人を取り巻く状況には、「ヤミ」製品の問題や、「第三国人」という扱いなど偏った認識や、ネガティブなイメージが混在していたことを説明してきた。京友禅産業においても、蒸水洗工程に携わる在日朝鮮人経営者や労働者は多数であったが、彼らの存在が大々的に取り上げられることは多くはなく、在日朝鮮人は西陣織産業と同様に「見えない人々[45]」であったかもしれない。このように在日朝鮮人への風当たりが厳しい状況の中で、在日朝鮮人はこれら産業に従事しながら、自身の名前をどう表記したのだろうか。ここでは現在、個々人が京都の繊維産業で就労する際、どのような名前を使って生きてきたのかを考察し、業界で在日朝鮮人がどのような民族的アイデンティティを持って就労してきたのかを論じる。

43　L2氏へのインタビュー（2013年12月29日L2氏宅にて実施）。
44　洪里奈「序章 出会い」『ルーツのある子供たち 民族学級という場所で』（クレイン 2022）17-19頁。同書では、著者の洪里奈がL2氏の父L1氏の死亡証明書や戸籍の写しなどをもとに、L2氏の韓国での「親戚探し」「ルーツ探し」に協力したことが描かれている。
45　飯沼二郎『見えない人々 在日朝鮮人』（日本基督教団出版局 1973）9頁。

(1) 民族名を出すことの難しさ

　2章1節で論考した通り、1959年より西陣織の公的資料『西陣年鑑』の中で朝鮮人織物組合の名称が表記されるようになり、織業者や賃機業を経営する朝鮮人の名前と居住地、電話番号が掲載されるようになった。ただ、朝鮮人織物組合による朝鮮人経営者名の掲載は1976年までであり、次号の1978年版の『西陣年鑑』から西陣織工業組合の傘下にあった朝鮮人織物組合は、その加盟者を公表しなくなる。

　そして、朝鮮人織物組合の名前が掲載されるのも2003年までで、次号の2008年版からは、この朝鮮人織物組合の名称も『西陣年鑑』には現れなくなる。その理由として西陣織産業自体の縮小とともに、加盟者が減少した朝鮮人織物組合は『西陣年鑑』の編集や、上部組織の西陣織工業組合の運営に関与しなくなったからかもしれない。しかしながら、少なくとも1959年から2003年までの44年間、西陣織産業の公的記録『西陣年鑑』に朝鮮人織物組合の存在が記録されていたことも事実である。

　この事実を踏まえ筆者は、2015年11月、この朝鮮人織物組合の関係者で現在も西陣織工場を経営するKY氏にコンタクトを取り、インタビューを行った。KY氏はかつての朝鮮人織物組合とその活動や、過去の組合長について筆者に明朗に述べた。それにもかかわらず、KY氏は彼の実名や日本名、彼の経営する織屋の屋号が筆者の論文中に出ないよう「匿名表記」するように求めた。彼の個人情報が公になることに抵抗があるという。そこで筆者がKY氏に『西陣年鑑』において2003年まで朝鮮人織物組合が記載されていたこと、また、1976年まで加盟した朝鮮人業者名や、その他の個人情報も掲載されていたことについて聞いたところ、KY氏は以下のように答えた。

　　客（取引先）はこっちが在日ってバレると取引やめるんちゃうかな。日本人業者同士の取引の中で、おたく、実は朝鮮人と取引してますねんでって。そういう素性の分からん業者と取引してるって、やっぱりマイナスやし。そういう恐れがあって、本名（民族名）を名乗ってはできないって思ってて。この業界は、やっぱりそれだけ古いというか旧態然としたところなんです。そういう意味で、あの当時から在日の組合があって、そこでみんなで助け合ってたとは思うんやけど。…（中略）…

　　それでも組合に加盟してたとしても、やっぱり素性を知られるというか、

在日なんかがバレることを嫌がる織屋は多かったんちゃうかな。そら『西陣
年鑑』をパッと調べたら在日かどうかなんか、はっきり分かるんやろうけど
ね。[46]

　このように KY 氏は西陣織産業で、自身が日本人ではない朝鮮人であることを
日本人の取引先に知られてしまうと、その後の自身の織屋の経営に問題がある
と考え、彼の個人情報や経営する織屋の屋号が公開されることに抵抗があるとい
う。実際に日本人業者が、取引先に朝鮮人が存在したとして、取引をやめたかは
不明である。もしかすると日本人業者は、取引先が朝鮮人業者であったとしても、
まったく気にしなかったかもしれない。
　それでも、彼は西陣織産業の中で自身が朝鮮人であるということを日本人に知
られると、取引先や取引関係に影響が出るのではないかと危惧するという。また、
彼の語りからは朝鮮人織物組合に加盟したとしても、やはり自身が朝鮮人である
ことを日本人業者に隠す朝鮮人が多かったのではないかということを示唆的に
語っている。そして、KY 氏は在日朝鮮人として西陣織産業に携わり続けること
の難しさについて、以下に述べる。

　　そら H さん（C1 氏の日本名）や金日秀さん（金泰成氏の父）らのところは、
　今になってこういう記録残したりできてええなと思うけどね。西陣辞めはっ
　てから、もうだいぶと経つから、昔、西陣でこんな大きなことしたとか、な
　んか偉いもん作ったとか、今になって言えはるんやけどね。そういうの書
　いてくれるなとは言わんけどね、そらそこの勝手やから。でも、うちなんか、
　まだこうやって、やってるでしょ。生活かかってるわけやから。だからイン
　タビューとかも受けんようにしてた。[47]

　この事例より、朝鮮人であることを全面的に出して西陣織産業の経営を行うこ
との難しさを語るとともに、これまでインタビューを受ける機会を極力避けてい
たという。
　2 章で西陣織産業における朝鮮人の組合を扱ったとき、筆者は 1959 年に朝鮮
人織物組合の名前が『西陣年鑑』に掲載されたとき、ようやく朝鮮人の存在が

46　KY 氏へのインタビュー（2015 年 11 月 23 日、京都市 KY 氏自宅にて実施）。インタビュー当時、
　　KY 氏が朝鮮人織物組合の組合長を務めていた。
47　KY 氏へのインタビュー（2015 年 11 月 23 日、京都市 KY 氏自宅にて実施）。

西陣織産業でも可視化されるようになったことが画期的であったと論じた。また、日本社会では戦後 72 年もの時間をかけて、社会的偏見や法的に不平等な取り扱いなど、在日朝鮮人を取り巻く状況は改善されてきた。

　しかし、それでも KY 氏の事例より、西陣織産業において民族名で従事することに難しさを感じる在日朝鮮人が存在していた。時代背景として 2000 年代に入り、朝鮮民主主義人民共和国による日本人拉致問題やミサイル発射や日韓・日朝関係の冷え込み、そして、それを受けて在特会が登場するなど、日本社会全体が急速な保守化へと進行している。そうした状況下で KY 氏は、西陣織産業内で自身の民族名が出ること、また、彼自身が朝鮮人であることを他業者に知られてしまうことを、経営上のリスクになると考えているのかもしれない。

　自身の出自を隠しながら生きる人々の典型例として、1920 年代のアメリカの黒人女性小説家ネラ・ラーセンの『白い黒人』を挙げておく。この作中では、白人と見分けがつかないほど肌の白い黒人が、人種の境界を越境しながら生きる姿が描かれている。人種の境界を越境しながら生きるといっても、彼らにとって自身が「黒人である」ということを隠しながら生きることであり、白人社会の中で秘密を悟られないよう常に緊張を強いられながら生きてきたことが描写されている[48]。ここで扱った KY 氏の事例も、自身が「朝鮮人である」ということを隠しつつ日本人との社会関係を築きながら、つまり、日本社会と在日朝鮮人社会を越境しながら、西陣織産業に携わり続けた在日朝鮮人経営者の事例であるのではないか。時代変化を受けながらも、そこには「朝鮮人であること」が明らかにされることへの緊張感が現在でも存在していると考えられる。

(2) 民族名で「伝統工芸士」認定を受ける

　一方、京都の伝統産業の世界において民族名で「伝統工芸士[49]」の認定を受けた者も存在する。京友禅産業の事例であるが、本書 4 章から 6 章で登場した M の経営者家族の KC 氏は、2002 年から京友禅の伝統工芸士の「仕上部門」に認定されることとなった。

48　ネラ・ラーセン『白い黒人』（植野達郎訳）春風社 2006。
49　「伝統的工芸品産業の振興に関する法律（伝産法）」（昭和 49 年法律第 57 号）第 24 条 8 号「伝統的な技術又は技法に熟練した従事者の認定を行うこと」により伝統的工芸品産業振興協会が行う認定試験を通過した者が得られる資格である。5 年に一度、講習会を受講する義務がある。伝統的工芸品産業振興協会『伝統的工芸読本　現代に生きる伝統工芸』（伝統的工芸品産業振興協会 1998）62–63 頁。

その頃（2002 年）ね、ちょうどアボジ（KW 氏）が亡くなって M の仕事も上手くいかんなってことが分かってて、なにか他したいなってことで。で、ちょうど M にあった「型」でよその染工場で製品を作ってもらって、それを俺が運ぶっていうブローカーみたいな仕事って言うてるやけど。…（中略）…まぁ、そういう仕事、俺だけじゃなくて日本人の業者の人もやってた人多くて、その人らの紹介でそういうのやり始めようってなって。

それにね、俺が伝統工芸士の資格を取って伝統工芸士のシール[50]を貼って問屋に売りに行く。あれ貼ってあったら、ある程度の付加価値が付いて売れんねん。まぁ「資格認定」っていうけど、そんな難しいもんちゃう[51]。

このように KC 氏は M の廃業直前から京友禅産業の蒸水洗工場の運営を断念し、他の事業を模索する。日本人の染色工場の経営者の紹介で、M の「型」を用いて他の染色工場で製品を製造し、KC 氏がそれを流通させながら販売するという仕事を見つけた。その際、伝統工芸士の認定を受けることで、彼の製品に「伝統証紙」を貼ることができ、一定の付加価値をつけて製品を販売できると考えたという。

そして、彼は民族名で伝統工芸士の認定を受けたことを以下の通り語る。

もともと、蒸水洗って京友禅の中でも下請けってことで京友禅ではなかったんやけどね、そうした部分に俺ら在日がようけいてて。で、時代が変わって、それまで「下請けや」って言われてきた部分も含めて京友禅やってことになって、伝統工芸士の認定もされるようになった。やっぱり「下請けや」って言われ続けてきて、見下されてるような感じやね。

でも、目に見えない部分で、在日が居てて、そういう友禅の上の方のきらびやかな部分を支えてきたってたんやでってこと言いたかったんやろな。伝統工芸士も初めはどうんやろって思ったけど、KC（KC 氏の民族名）で登録することにして[52]。

先行研究において、京友禅産業の蒸水洗工程は委託加工であることが多いと考

---

50 「伝統証紙」のこと。「伝統的工芸品産業の振興に関する法律」により経済産業大臣が指定した伝統的工芸品につけられる証紙。伝統的工芸品産業振興協会 前掲書 64 頁。
51 KC 氏へのインタビュー（2017 年 8 月 5 日、京都市 KC 氏自宅にて実施）。
52 KC 氏へのインタビュー（2017 年 8 月 5 日、京都市 KC 氏自宅にて実施）。

えられており、KC 氏自身も蒸水洗工程が「下請け」であり、京友禅産業の一部[53]
として「見なされてこなかった」と語る。彼は、そんな蒸水洗工程の作業に多数
の在日朝鮮人が携わっており、京友禅産業の煌びやかな部分が在日朝鮮人の労働
によって支えられてきたことを伝えたかったともいう。KC 氏自身が民族名で伝
統工芸士認定を受けることで、京友禅産業の中で朝鮮人の存在を明らかにできる
と考えた。KC 氏は当初、躊躇するものもあったと語るが、伝統工芸士認定に申
請し、2002 年、ついに民族名で伝統工芸士認定を受けることとなった。

　また先述した西陣織産業において朝鮮人であること、民族名が表に出ることに
抵抗を持つ KY 氏の事例を KC 氏に説明したところ、以下のように回答した。

　　西陣の織屋さんの気持ち分からんでもないな。そら俺なんか、年金もあっ
　て、その時分はがむしゃらに働かんでいいの分かってたし、余裕ある中で伝
　統工芸士の認定受けて、そういう仕事して。そこは、今でもやってて、もう
　何代も家業みたいになってたら、在日ってことを隠して働かなあかんっての
　は十分に理解できる。…（中略）…
　　でも、それって寂しいことやないかな。友禅でも西陣でも在日がそうやっ
　て目に見えないところで働いてきたのに、それを言えへんなんて。京都の奇
　麗で煌びやかな歴史の中に、俺ら在日の、そら大変やった歴史が埋もれてし
　まうみたいやし。[54]

　このように民族名を出すことに抵抗を持つ KY 氏の事例を、現在でもその仕事
で生活しているから、朝鮮人であることを前面に出すのは難しいと KC 氏は理解
する。現在のように、年金など他の安定した収入があるからこそ、KC 氏は民族
名を出しつつ京友禅産業に携わることができているとし、M の経営に携わって
いる時であれば、それは躊躇われることであったという。[55]　その一方で、KC 氏に
とって、朝鮮人であるということを隠して、京都の繊維産業に携わることは、京
都の繊維産業の歴史の中に、在日朝鮮人の労働の記憶や歴史が埋没してしまうよ
うで、「寂しい」とも語る。

53　三戸公「友禅業における階層分析」『同志社大学人文科学研究所紀要』2 号（同志社大学人科
　　学研究所 1958）58 頁。
54　KC 氏へのインタビュー（2017 年 8 月 5 日、京都市 KC 氏自宅にて実施）。
55　KC 氏へのインタビュー（2017 年 8 月 5 日、京都市 KC 氏自宅にて実施）。4 章で扱った M の
　　厚生年金台帳で、KC 氏の名前は一部分で日本名が登録されていることから、KC 氏も日本名
　　で就労していた時期があるようである。

いずれにしても、民族名で生きるのか、それとも日本名で生きるのかは、現時点で彼らが置かれた経済的状況に依るものが大きいのではないか。現在でも西陣織産業の織屋を家業にし、それを生活の基盤にしている KY 氏にとってこの産業界において、民族名で就労するのは難しいと語る。他方、年金受給などで生活がある程度安定した KC 氏にとって京友禅産業の仕事は副業的要素が強く、そこで失敗しても彼の生活にとって大打撃にはならないと考えたのかもしれない。だからこそ、KC 氏は民族名で働くことが可能なのかもしれない。

2章では西陣織産業においては「朝鮮人」を名称に冠した組合が複数誕生したが、京友禅産業においてはそうした組織は生まれなかったと言及した。その意味で、KC 氏が 2002 年に民族名で京友禅の「仕上部門」で伝統工芸士の認定を受けたことは意義深い。同業者組合として朝鮮人の存在を京友禅産業の中で可視化されることはなかったのであるが、日本の伝統工芸士に民族名で認定を受けることで、京友禅の歴史の中に朝鮮人の名前を刻むことができたのではないだろうか。

第4節　労働者のアイデンティティと民族アイデンティティの交錯

では、京都の繊維産業に携わった在日朝鮮人が民族的な意識を持ちながら、これら産業で就労することに対して、どのような思いを持ったのだろうか。ここでは3人の事例からではあるが、京都の繊維産業に携わった在日朝鮮人が民族的な意識を持ちながら、これらの産業での労働に対してどのような思いを持ったのかを見ていく。

⑴「生」そのもの

『在日一世の記憶』では、在日朝鮮人が受けた差別の事例として、玄順任氏のエピソードが紹介されている。戦後、玄順任氏が「賃織募集」の張り紙を見て、ある西陣織工場を訪ねたとき、「良い人が来てくれた。——が来たらどうしようと夜も寝られなかった」という言葉が彼女に投げかけられたという[56]。このエピソードで描かれるように、西陣織産業でも在日朝鮮人に対する偏見や日常的差別が存在していた。しかしながら、玄順任氏がこうした偏見を体験しても、なお、西陣織と彼女の労働に対して誇りを感じると語る。

56　成大盛 前掲書401頁。

「この年まで頑張って仕事してる」とほめられるけど、仕事は正直いって
きついです。こんなんで一生終わらなあかんのかと思っていますが、家族を
養ってきた自分の仕事には誇りを感じています[57]。

　この語りの前半部分で玄順任氏は、西陣織産業に就労し続けることは肉体的に
過酷であり、また、一生をこの仕事に費やしたことに口惜しさを感じているとい
う。しかし、後半部分より、彼女の労働によって家族が生活できたということに
強い自負心を抱いていたことを読み解くことができる。玄順任氏は、実質14歳
から82歳で引退するまでの68年間、西陣織を織り続けた。そのような玄順任氏
にとって、西陣織産業での労働は、まさに、彼女の「生」そのものでもあったと
考えることができる。
　また、職業選択が大幅に制限されていた在日朝鮮人であっても、西陣織産業に
就業し、家族の生活を支えてきた現実を彼女は数多く見たであろう。実際、玄順
任氏もそうした在日朝鮮人の一事例であり、西陣織に携わりながら家族を養って
きた。こうした文脈からも、玄順任氏は「西陣は朝鮮人に差別しなかった[58]」とし、
西陣織産業を肯定的に評価するとともに、そこでの労働に矜持を持ったのではな
いだろうか。

(2)「人間らしく生きる」ために

　続いて、李洙任の研究で扱われた李玄達氏の事例を再び取り上げる。李玄達氏
は朝鮮戦争勃発による徴兵を避け、1950年、21歳の時に渡日し京都へ来た。そ
して、彼の親戚が経営する西陣織工場で丁稚奉公として就労しながら、ビロード
織の技術を学び、後には西陣織の技術を習得した。より専門的な繊維の知識は、
彼は京都工芸繊維大学で学んだという[59]。その豊富な経験と技術、知識を活かし、
1955年から李玄達氏は着物製品の流通と販売業を始める。このように李玄達氏は、
西陣織だけでなく着物のエキスパートである。そんな彼は、以下のように西陣織
や着物を語る。

　　大切な商品とは思いますが、私たちは所詮朝鮮人です。自分の妻には、着

57　成大盛 前掲書 401 頁。
58　李洙任「京都西陣と朝鮮人移民」李洙任編『在日コリアンの経済活動──移住労働者、起業
　　家の過去・現在・未来』(不二出版 2012) 55 頁。
59　李玄達氏へのインタビュー (2008 年 7 月 5 日、京都市北区の飲食店にて実施)。

物を着せなかった。朝鮮人が着物を着ても似合わないと割り切っていた。作
法もやはり朝鮮人とは異なりますし、あくまでも着物販売は生活のための手
段です。[60]

　李玄達氏が語りの中で彼は妻に「着物を着せなかった」と語るものの、実際の
ところ、彼の妻は着物を着たことがないのかどうかは分からない。しかしながら、
李玄達氏の回答からは、着物の販売は生活するための「手段」と割り切ってい
たようである。そして、彼自身が生活の手段である着物販売と「在日朝鮮人であ
る」という民族的な感情とを明確に区別しながら、西陣織産業に携わってきたこ
とを感じることができる。また、西陣織産業に従事しているという事実や着物文
化に関して、李玄達氏は以下のように語る。

　　伝統を担うとか、守るとかそのような考えはまったくありません。なにし
　ろ、人間らしく生きたかったです。日本人のように人間らしく生きたかった。
　それだけです。[61]

　58年もの間、西陣織産業に従事し着物について詳しい李玄達氏であるが、
2008年時点で日本の伝統を担うという意識はないと語る。それ以上に、彼がこ
の語りの中で強調したかったのは、朝鮮人が民族的差別や制約を受けながらも
「日本人のように人間らしく生きたかった」という思いであり、西陣織産業に
従事し続けたということではないだろうか。

⑶ 織ることの喜びと、完成した着物

　上記の玄順任氏とは異なる形で、繊維産業への思いについて語る者もいる。
2008年、L2氏は西陣織での労働と彼女の家族について語る中で、以下のように
答えた。

　　自分の織っているのは、それはそれで、きらびやかな帯やけど、自分の子
　どもたちにそんな綺麗な着物を買ってあげたいとは思わない。それは着物が
　うんと高いから。西陣で働く人なら皆、同じやと思う。でもね、それでも上

60　李洙任「京都の伝統産業に携わった朝鮮人移民の労働観」李洙任編『在日コリアンの経済活動
　　移住労働者、起業家の過去・現在・未来』（不二出版 2012）76-77頁。
61　李洙任 前掲書 77頁。

手に織れたらやっぱり嬉しいですね。[62]

　また文玉杓の記録において、L2氏は自身が織った製品は、見れば「すぐ分かる」とし、そんな着物を誰かが着用していると思うと「誇らしい」とも語っている。[63]これらL2氏の語りより、西陣織の技術を学び着物を製造する中で形成されていく、いわゆる西陣織の「職人」としての自負心とともに、完成された製品に対する愛着が伺える。それらは労働を通して専門家になっていく部分と、技術を習得することに喜びを覚えるという部分で、労働者としてのアイデンティティの一部を成すものである。

　ただ、それでいてL2氏は完成された帯や着物などの製品が高額なゆえに、彼女を含めた全労働者が着物製品を「気軽に買うことができる商品ではない」という。[64]この彼女の語りから、西陣織産業の労働者は自身の作った着物を気軽に着ることはできないという、労働者とその労働による製品との一種の「疎外」が浮かび上がってくる。そして、それは在日朝鮮人特有の問題ではなく、西陣織工場で就労する日本人労働者にも共通的な問題であったことを示唆している。ただ、その疎外感を日本人以上に意識した労働者は、異民族でありながら日本人の伝統産業である西陣織に携わり続けた在日朝鮮人であった可能性もある。

　京都の繊維産業で就労することに、在日朝鮮人がどのような思いを持ったのか、本章において一言で説明できない。強いて言うならば、これら産業に携わる在日朝鮮人は、自身の働く産業に対して各個人が多様な感情を抱いていた。ある者はこの産業で働くことと獲得した経験に対し誇りを持ったと語り、ある者は「人間らしく生きる」ために、必死に働いてきたと語る。また、西陣織産業での労働を素直に評価することができないと語る在日朝鮮人女性の事例もあった。これら違いの中で、共通的に浮かび上がるのは、在日朝鮮人が生きるためにこれらの繊維産業で必死に働いてきたという認識と、そこでの労働を通して生まれる労働者としてのアイデンティティであったのではないか。

小括

　第7章では、在日朝鮮人が京都の繊維産業（西陣織産業、京友禅産業）で労働す

62　L2氏へのインタビュー（2008年10月17日 京都市北区 喫茶店にて実施）。
63　문옥표（文玉杓）前掲書192頁。
64　L2氏へのインタビュー（2008年10月17日 京都市北区 喫茶店にて実施）。

る中で持った民族的アイデンティティを扱った。ここでの在日朝鮮人の民族的アイデンティティとは、当事者らによる1950年代から2010年代にいたるまでの、半世紀を超える長い語りでもあった。

　西陣織産業や京友禅産業など京都の繊維産業の中で、在日朝鮮人としての民族的アイデンティティは、各自様々な形で表出していくのをみた。ある在日朝鮮人一世らの事例より、祖国建設のために故郷の経済や社会再建に尽力する者が存在した。同時に、西陣織産業での在日朝鮮人の組合や民族金融機関の創立を試みるなど、日本での生活基盤の獲得のために尽力するという活動も見られた。そして、彼らの民族的アイデンティティが活動として表出する場所は、彼らの故郷である朝鮮半島と、活動や労働の場となっていた京都であった。

　その一方、日本人の母親を持つ在日朝鮮人二世の女性は、幼少期より自身が日本人でもなく朝鮮人でもない「ダブル」として生きてきたと語る。西陣織産業で就労する中で、日本人から彼女自身が「日本人扱い」を受けたことに違和感を覚えたと語る。この違和感が彼女自身を「日本人」ではなく、「在日朝鮮人二世」として民族的アイデンティティを再構成する出発点にもなっていたと解することができるだろう。

　また、在日朝鮮人がどのような名前で京都の繊維産業で生きていくのかという事例も見てきた。現在、西陣織産業で生計を立てている者は、自身の朝鮮名が公になることに抵抗を持つと語った。一方で、京友禅産業に朝鮮人が携わってきたことを証明するために、あえて民族名で伝統工芸士の認定を受けた事例も存在する。民族名で生きていくのか、それとも日本名で生きていくのかは、現時点において当事者が置かれた経済的、あるいは社会的な状況に左右されるのではないだろうか。

　最後、在日朝鮮人のもつ京都の繊維産業に対する意識について論じた。ある者は、この産業で働くことと獲得した経験に対し誇りを持っていた。別の在日朝鮮人は「人間らしく生きる」ために、西陣織産業で必死に働いてきたと語る。また、就労することで着物が完成し、そのことを喜びとする一方で、労働者が努力しても着物を簡単に購入できないという状況を語る在日朝鮮人二世も存在した。これらの違いの中で在日朝鮮人は、京都の繊維産業で就労する中で民族的アイデンティティを持ちつつも、同時に労働者としてのアイデンティティを持つようになったと言えるのではないだろうか。

終章

　本書では京都の在日朝鮮人の労働を通じて、彼らが就労してきた産業と在日朝鮮人の関係に注目してきた。一般的に日本社会の中では、実際に在日朝鮮人は存在するのにもかかわらず、日本人にとって彼らは「見えない人々」[1]であった。ここで扱ってきた西陣織産業や京友禅産業に在日朝鮮人が従事したのであるが、これらの産業が「日本の伝統産業である」という認識によって、在日朝鮮人は見えない人々として扱われてきたと考えられる。本書では、京都の繊維産業においてそうした「見えない」と考えられてきた在日朝鮮人の労働を描こうとした。

　終章では、1章から7章までの研究を整理する。そして、西陣織産業と京友禅産業にそれぞれ従事した在日朝鮮人の生活するために行った労働を見ることで、何が明らかになったのかを考察していく。また、西陣織産業と京友禅産業に置かれた在日朝鮮人がどのような部分で共通していたのか、あるいは異なっていたのかを論じる。同時に、「見えない人々」であった在日朝鮮人を通じて見る西陣織産業と京友禅産業での労働とは、何であったのかを考察する。最後に、この研究を進める中で新たに見えてきた研究の課題を提示する。

(1) 各章の要約

　1章では、戦前、京都の繊維産業に就労した朝鮮人を論じた。1945年以前の西陣織産業における朝鮮人について先行研究や各種統計をもとに考察した。先行研究より、西陣織産業と朝鮮人の関係は、韓国併合前から染織学校で学ぶ留学生として登場したのが最初である。先行研究においては、渡日初期の朝鮮人は不良住宅地区近隣の西陣織や京友禅などの中小零細工場へ「自己申し込み」を行い、先駆的就労者となったと指摘されてきたが[2]、本書では在朝日本人の仲介で西陣織工場に就労した朝鮮人の事例を、朝鮮人の西陣織産業への参入パターンの可能性の一つとして提示した。

1　飯沼二郎『見えない人々　在日朝鮮人』（日本基督教団出版局 1973）9頁。
2　河明生『韓人日本移民社会経済史 戦前編』（明石書店 1996）71頁。

1920年代より西陣織産業に従事する朝鮮人は増加していくのであるが、そうした朝鮮人の増加を警察側は重大視していた。1920年から1922年、朝鮮人増加を受けて西陣織産業では「京都朝鮮人労働共済会」が誕生した。この京都朝鮮人労働共済会は警察や京都府知事や京都市長などと連絡しつつも、朝鮮人同士の親睦や相互扶助を目的とする団体で、朝鮮人に貯蓄の奨励や知識啓発なども行った。

　続いて1945年以前の京友禅産業における朝鮮人について論じた。新聞に掲載された犯罪や各種事件に関する記事より、1910年代後半から京友禅産業において朝鮮人が登場し始めたことが確認できる。1920年代に入り、京友禅産業で働く朝鮮人は急増していったと考えられる。また、1928年の京都府調査や1935年の京都市調査において、京友禅産業に就労する朝鮮人の数は土木建築業に就く者に次いで多かった。工事期間のある土木建築業とは違い、年間通じて生産可能な京友禅をはじめとした繊維産業での就労が、朝鮮人に京都への定住を促した。

　戦前の京都の繊維産業における朝鮮人について、京都市資料ではあくまで低賃金労働力として歓迎すべき対象として認識されていた。一方、警察側資料において朝鮮人や彼らの組織は、監視・管理の対象として、登場することが多かった。そして、1930年代中葉、西陣織産業と京友禅産業に従事する朝鮮人の動向が、『東亜日報』や『朝鮮日報』などの朝鮮語新聞で報道されていた。これら新聞を通じて、京都の繊維産業に就く朝鮮人の動向を、朝鮮に住む朝鮮人たちも、ある程度知ることが可能であった。以上、1章は本書の主題となる戦後の京都の繊維産業における、在日朝鮮人の各事例の「前史」にあたる章であった。

　2章では、西陣織産業と京友禅産業に誕生した在日朝鮮人の同業者組合について論じた。個人の記録などによるものであるが、西陣織産業内において原料である生糸の配給権獲得を目的に、1945年の日本の敗戦直後から朝鮮人連盟を中心に朝鮮人の同業者組合設立の機運が高まり、1946年に朝鮮人織物組合が結成されたことが描かれている。続いて、新聞の広告から1947年に第二組合が設立されたことを確認した。1950年の朝鮮戦争勃発後、朝鮮人織物組合内で思想的な対立が激化する。ここで朝鮮人織物組合の運営方針に批判的な朝鮮人業者が脱退し、彼らを中心に1950年代に相互着尺組合を結成したことが確認できる。

　新聞紙面上で確認できる朝鮮人織物組合が行った活動として、日本の自然災害被害への義援金集めや業界でのエネルギー節約運動や「労働基準法」の知識普及などであり、朝鮮人織物組合を筆頭に朝鮮人の組合は日本社会に対して協調的であったと言えるだろう。日本人社会への融和姿勢を通じて、西陣業界内での朝鮮人の地位向上を目指したのではないだろうか。1950年代後半からは、西陣織産

業の同業者組合一本化の中で、朝鮮人織物組合や相互着尺組合は、またしても日本人の組合に対して協力的であった。こうした協力姿勢のおかげで朝鮮人の二組合は、業界での上部組合であった「西陣織工業組合」での地位を、確固なものにすることができた。

京友禅産業内においては、戦前から存在した「京都繊維染色蒸水洗業組合」を引き継ぐ形で1948年に、「京都友禅蒸水洗工業協同組合」（蒸水洗組合）が設立された。蒸水洗組合の主要な活動は他工程の業者や問屋との交渉、原材料の共同購入、組合加盟の工場で働く労働者の厚生年金台帳管理などであった。その中でも象徴的な活動として、1953年の労働者・経営者を含めた組合総出のストライキをしたことがあげられる。この蒸水洗工場の操業停止によって、京友禅産業の生産全体がストップしてしまうなど、蒸水洗組合は京都の繊維産業界に大きな影響を与えた。

蒸水洗工程では、労働者としても経営者として就労する者のほとんどが在日朝鮮人であった。換言するならば、西陣織産業において在日朝鮮人は数的にマイノリティーであったのに対し、京友禅の特定一工程である蒸水洗工程では在日朝鮮人は数的マジョリティーであったのである。よって、蒸水洗工程でどのような同業者組合を作ったとしても組合加盟者の大多数が朝鮮人となる。本章で取り上げた蒸水洗組合は、多数の朝鮮人と少数の日本人によって運営される同業者組合であった。それゆえ、京友禅産業界に朝鮮人を代表する同業者組合を、作る必要がなかったのではないだろうか。

3章では、西陣織産業における在日朝鮮人の位置を7人の事例を考察した。まず、日本への渡航の理由として植民地朝鮮の故郷での生活の困窮化という問題を挙げる者が多かった。その背景には、朝鮮総督府による土地調査事業や産米増殖計画があった。また、故郷での生活苦と同時に、内地での経済的成功を夢見て日本へ渡航する者も存在した。西陣織産業へ参入する際、職業の選択肢が大幅に制限されていた在日朝鮮人は生きるため、この産業に就労することになった。本章で調査対象となった在日朝鮮人では、同郷の朝鮮人を介して西陣織産業で就労するようになった者が多かった。その一方で、西陣織での労働に対する憧れがあり、この産業に就労するようになった事例もあった。西陣織産業に関する技術の習得について、在日朝鮮人は生きるために技術を必死に獲得する事例が多かった。

戦前から西陣織産業で労働者として働きながら資金を蓄積し、1945年以前より経営者として独立する事例が見られた。そして、1950年代から1960年代半ばまでの戦後の西陣織産業の成長期に規模の大きい経営者が、新しい製造方法を開

発したり、大規模な工場を持ったりするなど、経済的・社会的に「大きく成功した」という「逸話」が見られた。一方、零細な経営者や労働者の場合、「成功例」と考えられる記述や語りを得ることはできなかった。とりわけ、一生を通じて西陣織産業に労働者として携わった者は「成功する人は一部のお金持ちのところだけ」と語るように、すべての人々が経済的に成功するわけではなかった。

そして、1960年中盤以降、西陣織産業の成長停滞期から斜陽へと向かう時期、経営規模の大きい在日朝鮮人経営者は、不動産業や空調設備の設置業などの他産業へ転業する者が存在した。特に先行研究で韓載香が指摘したパチンコ産業への[3]転業が、本書でも見られた。しかし、規模の小さい経営者や労働者の場合、筆者のインタビュー当時において、西陣織産業に継続して従事する者や、同産業から引退後も他産業で就労することのない者も存在した。まさに、これらの在日朝鮮人は、一生涯を通して西陣織を織り続けた人々であった。

西陣織産業に続いて、4章から6章まででは、京友禅産業に従事した在日朝鮮人を扱った。4章では、2006年まで操業していた蒸水洗工場Mの在日朝鮮人労働者の事例をもとに、彼らの就労形態を考察した。Mには経営者家族を中心とした家族労働者と、在日朝鮮人同士の情報を通じて、この工場Mに就労するようになった者がいた。後者の中には、日本の一般企業での就職が難しい在日朝鮮人や、韓国から日本に「密航」した者などが含まれる。彼らの場合、最初の職場がMであることが多く、就労期間が10年以上と比較的長期間就労する者が多かった。一方、「流れ」と呼ばれる労働者達も存在し、彼らは職人気質である者が多く、京友禅に関する技術と知識に秀でていた。また、Mでの就労期間が半年から3年と短いのも流れの労働者の特徴である。

1950年から、Mの創業開始を経た1960年代中盤までは、経営者KW氏の家族が中心となって、工場の運営が行われていた。当時、韓国から日本に「密航」した者や、日本人に比べて一般企業への就職の機会が大きく制限されていた在日朝鮮人にとっては、蒸水洗工場での労働は過酷ではあるが、一定した収入を確実に得られる職業でもあった。このMへの就業を紹介する朝鮮人同士の人間関係と、その人間関係を通して得られる情報は、彼らの生存にとって非常に重要な資源として機能した。

京友禅産業界では1960年代後半から1970年代初頭にかけて、効率的に、また大量に製品を生産することが求められた。そのため工場に機械が積極的に導入さ

3　韓載香『「在日企業」の産業経済史 その社会的基盤とダイナミズム』（名古屋大学出版会 2010）101頁。

れ、労働集約型の作業工程は漸減する。結果、1970年代の初頭に工場の労働者は徐々に減少していった。だが、同時期からある一定の技術を持つ流れの労働者が重宝されるようになる。

京友禅産業の不況が深刻化する1973年以降も繁忙期の労働力不足に対応するため、即戦力を持つ流れの労働者は重宝されるようになった。流れの労働者の中には、在日朝鮮人と日本人の双方が存在していた。1980年代後半からの京友禅産業の長い不況の中で、流れの労働者が雇用されることも少なくなり、Mは経営者の家族と就労期間が長い古参の労働者によって運営されるようになった。最終的に2006年、工場Mは廃業する。

5章では、約40年間、工場Mの経営者家族として、また、労働者として就労した在日朝鮮人女性LW氏のライフヒストリーを通して、京都の在日朝鮮人の労働と生活を論じた。まず、彼女は経営者家族との結婚を契機に京友禅産業の蒸水洗工場で就労するようになった在日朝鮮人女性の一事例であった。1970年に初めて工場Mに来た時、彼女は他の労働者の衣食住生活を助ける補助的な労働を家族労働者の一員として担うことになった。

1970年代中盤以降になるとMの経営は刻々と難しくなり、工場の労働者数を減らしながら対応した。このためMでは、労働力確保が不安定な状態が生じ、労働力が不足する際にLW氏のような経営者の家族が労働力として扱われることになる。このように本来は、工場の経営者家族として労働者の生活を補助する要員であった彼女も、京友禅産業全体の不景気が深刻になると工場の最前線で肉体労働に従事するようになった。

女性労働者の労働を規定していた「労働」に対するジェンダーの視点を通して見た場合、LW氏は工場で行っていた食事準備や炊事などの補助的な作業は、まさしく賃金が支払われることのない「アンペイド（unpaid）」な労働力であった。LW氏が工場経営者の家族の一員であったため、賃金が支払われないまま、これら補助的労働を継続的にすることになった。LW氏が初めて工場Mを訪れたとき、そこには厳然たる性別役割分業という秩序が存在していた。しかし、京友禅産業全体の不景気により、彼女も他の男性労働者と同様に肉体的な労働を中心的に行うようになった。

このように、女性の経営者家族労働者の従事していた労働そのものが変化していく過程を見たとき、工場内で存在していた性別役割分業という実態は解消したかのように見えるかもしれない。しかし、彼女が行う労働に賃金は支払われることはなく、相変わらずアンペイドな労働力として扱われていた。ただ彼女のよう

な女性の家族労働者が存在しなければ、工場の経営も、夫KC氏の民族教育活動も成り立たない可能性もあったのではないか。

6章では、蒸水洗工場Mに就労した朝鮮人労働者の「衣食住生活」を論考した。本章の「衣食住生活」とは労働を支える生活であると定義し、工場Mにおける朝鮮人労働者の衣食住生活の実態を分析した。また、朝鮮人は蒸水洗工場での労働を通じて、どのようなものを手に入れようとしていたのかを考察した。

まず「住生活」として1960年の創業当初は、経営者のKW氏家族は工場に隣接する家屋に居住しながら仕事をするという、「職住一体」型の生活様式であった。また、労働者の多くは工場内で生活するか、Mの近隣地域に居住した。続いて、「食生活」である。工場Mの労働者には、福利厚生の一環として昼食が提供されてきた。そうした食事を調理するのは、主に経営者家族の女性の役割とされてきた。「衣生活」としては、労働者らの作業着には蒸水洗工場での労働のために用意されたものはなく、日常的に着用して着なくなった服を着て働く労働者らが多かった。それら作業着は、基本的には個人で洗濯することが多かったが、工場に住み込んで就労する労働者の場合、経営者家族の女性が洗濯することがあった。

また本章で舞台となった蒸水洗工場Mでの労働とは、ある意味で在日朝鮮人労働者が命をすり減らすかのような労働であった。それは大きなケガを負い、その負傷によって長期間の労働が不可能になるかのような働き方でもあった。しかし、そうした生命をも脅かす労働によって得られたものは、他地域の朝鮮人労働者よりも高い収入であり、その先には「日本人並み」に経済的に豊かな生活であった。この工場Mの労働者の衣食住生活を分析することで、労働に関わる部分の変化とともに、衣生活、食生活、住生活も変容するということが見えてきた。このように衣食住生活というのは、「衣生活」、「食生活」、「住生活」というように区分することができず、労働と結びつきながら、互いに関連し合う関係であるということが見えてきた。

7章では、在日朝鮮人が京都の繊維産業で労働する中で持った民族的アイデンティティを考察した。ここでの在日朝鮮人の民族的アイデンティティとは、日本人の繊維産業経営者や労働者にはみられない活動や感情であると定義した。

西陣織産業や京友禅産業など京都の繊維産業の中で、在日朝鮮人としての民族的アイデンティティは、各自様々な形で表出した。在日朝鮮人一世の事例より、祖国建設のために故郷の経済や社会の再建に尽力する者が存在すると同時に、西陣織産業での在日朝鮮人の組合や民族金融機関の創立を試みるなど、日本での生

活基盤の獲得のために尽力するという活動も存在した。その一方で、在日朝鮮人二世の女性は、西陣織産業で就労する中で自身が「日本人扱い」を受けたことに違和感を覚えたと語る。この違和感が、彼女が「日本人」ではなく、「在日朝鮮人二世」として民族的アイデンティティを再構成する出発点になっていたと解することができる。

　また、在日朝鮮人はどのような名前で京都の繊維産業で就労したのかも扱った。現在でも西陣織産業で生計を立てている者は、自身の民族名が公になることに抵抗を持つと語る事例があった。他方、京都の京友禅産業に朝鮮人が携わってきたことを証明するために、民族名で伝統工芸士の認定を受けた事例も存在した。民族名で生きていくのか、それとも日本名で生きていくのかは、現時点において彼らが置かれた経済的・社会的な状況に左右されるのではないか。

　最後、在日朝鮮人のもつ京都の繊維産業に対する意識について分析を試みた。これら産業の中で、彼らは自身の働くこの産業に対して多様な感情を持っていた。ある者はこの産業で働くことと獲得した経験に対し誇りを持ち、別の在日朝鮮人は「人間らしく生きる」ために、西陣織産業で必死に働いてきたと語る。また、着物を作ることに喜びを感じつつも、完成した製品を購入できないなどの問題を語る者もいた。ここで共通するのは、彼らが生きるために京都の繊維産業で必死に働いてきたという思いと、習得する技術への自負などの労働者としてのアイデンティティでもあった。

(2) 在日朝鮮人の「労働」の三類型

　本書における「労働」とは、ある時は経営者として工場を運営するが、ある時には工場で労働者として就労するなど、在日朝鮮人が生活するために何かを生産するという側面を「労働」と定義した。そして、「労働」を朝鮮人労働者が行った生産活動に限定するのではなく、朝鮮人経営者が行った経営活動をも含むものと捉え、京都で在日朝鮮人が生きるために何をしてきたのかについて考察を行ってきた。ここでは、この「労働」を通じて在日朝鮮人の生活を考察する中で、何が明らかになったのか整理しておく。

　3章部分で西陣織産業に従事した在日朝鮮人7人の事例を、4章と5章、6章では京友禅産業における在日朝鮮人の経営者や労働者を論じるために、実在した蒸水洗工場の事例を考察してきた。これらの事例より共通して見えてくるのは、在日朝鮮人は西陣織産業や京友禅産業で、生きるために懸命に働いていたということである。

西陣織産業の中で経営者として成功した後、パチンコ産業や他の産業へ転業した事例であっても、渡日当初は生活するために西陣織産業の職を見出して、労働者として就労を始める者が多かった。京友禅産業の事例でも、朝鮮人は生活のために就労し始めた。戦前から現在にかけて京都の繊維産業が成長、あるいは安定する時期にも、職業の選択が非常に限定されていた在日朝鮮人は、生存するために西陣織産業や京友禅産業に従事した。

韓載香の研究では、京都の繊維産業から全く別の産業として、パチンコ産業に転業した在日朝鮮人経営者の事例が主に扱われている[4]。本書においても、3章で西陣織産業からパチンコ産業に転業した在日朝鮮人経営者の事例が見られた。その一方、転業することなく、西陣織産業に留まり続ける在日朝鮮人の経営者や労働者がいたことを確認した。具体的には、玄順任氏や李玄達氏は経営者として西陣織産業に従事し続けた。また、L2氏は中学卒業後からすぐ西陣織工場で働き始め、ケガが原因で引退するまで20年以上、数ヶ所の西陣織工場で働き続けた。

同様に4章の京友禅産業であれば、工場Mの経営者家族であったKC氏やKG氏はMの廃業後も京友禅産業に従事している。このように本書では、京都の繊維産業から全く別の産業へと転業した在日朝鮮人も存在する一方で、継続して西陣織産業や京友禅産業に就労する在日朝鮮人を確認した。

また、事例より京都の繊維産業においては、労働者と経営者という区分が不明瞭であることが分かった。それは、ある時は経営者やその家族であるが、ある時は労働者として働くという労働形態が一部で見られたということである。3章で取り上げた経営規模の小さい経営者であった玄順任氏の場合でも、織機を織屋から借りて製品を製造する賃織業者であったため、完全に独立した経営者ではなく、その地位は経営者と労働者の中間的存在であった。

4章で考察した京友禅産業の蒸水洗工場Mの事例では、経営者家族であったKC氏はM廃業後にMが所有する意匠（デザイン）と京友禅工場とのネットワークを使い、京友禅製品の流通業の経営を始める。同じく、経営者家族のKG氏は蒸水洗工場を経営しようとするが、その後は他の蒸水洗工場で労働者として就労した。このように西陣織産業と京友禅産業のいずれにおいても、ある時は経営者として工場を運営するが、ある時は他の工場で労働者として就労するという事例が見られた。その一方、3章で考察したL2氏の場合、一生を通じて労働者であり経営者になろうと思ったことはないと語る[5]。

4　韓載香 前掲書 101頁。
5　L2氏へのインタビュー（2008年10月17日 京都市北区 喫茶店にて実施）。

このように京都の繊維産業に従事した在日朝鮮人の労働を、労働者と経営者の区分という観点で見た場合、三つの類型があると考えられる。第一の類型は、経営規模の大きい経営者である。3章で論考したC1氏やO1氏の事例がその典型で、西陣織産業で当初は労働者として就労したが、やがて経営者として独立し西陣織産業で大きく成功した後、他産業へ転出するというパターンである。先行研究で韓載香が、京都の繊維産業から全くの別産業のパチンコ産業へと転業していった在日朝鮮人経営者や、企業そのものを詳細に考察しているが[6]、本研究でもこうしたパターンが見られた。

第二の類型としては、経営規模の比較的小さい経営者である。3章の西陣織産業に従事した玄順任氏や李玄達氏や、4章の京友禅産業の蒸水洗工場Mの経営者家族のKC氏やKW氏である。筆者がインタビューを行った当時、彼らは京都の繊維産業に経営者や労働者として従事する者であった。当初、労働者や経営者家族として京都の繊維産業で働くが、景気動向の良い時には経営者として就労するが、不景気になると他工場で労働者として就労し、他の業者の下請工程を行う。そんな彼らにとって、労働者と経営者との境界線は「不明瞭」なものであった。また、この類型の労働では経営者であっても労働者であっても、彼らが転業する場合、やはり繊維関係の仕事に就くことが多い。なぜなら、それは彼らがそれまで西陣織産業や京友禅産業で培った技術や技能を活かせる産業が、やはり西陣織や京友禅と関連する繊維産業であったからである。在日朝鮮人の労働の第一類型のような別産業へ転業するというのは、難しかったのではないか。

最後、一生を通じて労働者として働き続けた人々である。本書で筆者が直接話を聞くことができたのは、3章と7章で言及したL2氏の事例であるが、そうした経営者になろうとも思ったことがない労働者は、京都の繊維産業に多数いたことが想像される。そうした労働者は、京都の繊維産業において労働者として就労し始めるが、その過程で経営者になることなく、労働者として一生涯就労する。労働者として就労し続けた人々へのさらなる調査は筆者の今後の課題としておくが、京都の繊維産業に従事した在日朝鮮人の労働には、以上の三類型が見られた。

(3) 西陣織産業と京友禅産業に置かれた在日朝鮮人の位相

同時に本書は、全体を通じて西陣織産業と京友禅産業双方の在日朝鮮人の事例を個別に扱ってきた。ここでは、そうした事例にもとづき西陣織産業と京友禅産

---

6 韓載香 前掲書 70-103頁。

業における在日朝鮮人がどのような位置にあったのか、そこでの日本人と在日朝鮮人との関係が、この二つの産業でどのように異なるかを論じる。また、その差異の結果、西陣織産業と京友禅産業において、在日朝鮮人の民族性の展開のされ方の違いに着目して、考察を行う。

　まず、3章で玄順任氏が「西陣には差別はないと思った[7]」と回想するように、在日朝鮮人に対する民族差別が存在する日本社会では西陣織産業では在日朝鮮人と日本人が比較的平等に近い形で就労したというように語られてきた。それは、日本人であっても朝鮮人であっても、技術が確かなら西陣織産業に就労することができるということを意味する。だが、それを換言するとすれば、日本人と朝鮮人との関係は競争をし合う関係に近かったとも表現できるだろう[8]。

　たとえば、経営者であればC1氏の西陣織の製造業者や問屋、O1氏の整理業者、李玄達氏の流通業者のように業界内での信用や本人の努力、優れたアイデアがあれば、ある程度は成功することができた。零細な経営者や労働者でも、玄順任氏やL2氏のように技術と能力、忍耐力、勤勉さがあれば、この業界で労働者として認めてもらうことができたと本人らは語る。こうした西陣織産業における在日朝鮮人の労働を見たとき、西陣織産業において在日朝鮮人と日本人との関係は互いに競争し合い、助け合うものに近かったと推測することができるだろう。そのため、技術を習得する局面において、また技術の指導を受けるときやそれを誰かに指導するとき、日本人、朝鮮人に関係なく技術の伝授が行われたと考えられる。

　他方、京友禅産業では戦前から朝鮮人が蒸水洗工程を占めており、1940年のこの時点で「独占事業の如き観を呈する[9]」と表現されるほどであった。戦後においても京友禅産業の蒸水洗工場を見たとき、経営者・労働者ともに朝鮮人が多数を占めていた。筆者が調査をした2009年、京友禅産業の蒸水洗工場12工場中9工場が在日朝鮮人による経営であった。また、4章で事例として扱った蒸水洗工場のMでは、1967年になるまで日本人労働者は就労しておらず、最も労働者が多かった1969年でも労働者20人中、朝鮮人が17人であった。こうした朝鮮人の特定工程への集中の背景を語るうえで、この蒸水洗工程の労働環境が肉体的に

7　李洙任「京都西陣と朝鮮人移民」李洙任編『在日コリアンの経済活動——移住労働者、起業家の過去・現在・未来』(不二出版2012) 48頁。

8　戦前であれば、西陣織産業では織物の一種であるビロード織の製造に、朝鮮人が労働者として集中的に携わっていた。そうした朝鮮人労働者を中心に、1930年代に二度のビロード工争議が行われたのは、2章で考察した通りである。敗戦直後においても朝鮮人が多数ビロード織製造に携わったが、その後のビロード織の生産の下火により、ビロード織製造への朝鮮人の集中も希釈化されていったと考えられる。

9　京都商工会議所「工程的分業」『京友禅に関する調査』(京都商工会議所1940) 38-40頁。

「きつい」「汚い」「危険」な労働という、いわゆる「3K労働」の問題が存在した。そのため、日本人がこの工程に就くのを避けるようになり、逆に職業の選択肢の少ない朝鮮人が集中するようになったと考えられてきた。

　よって京友禅産業の蒸水洗工程では、経営者として日本人と在日朝鮮人が競争する場面も多くはなかったと推論できる。あわせて、1970年代まで工場内において、在日朝鮮人が日本人と共に働くということも多くはなかった。それゆえ、在日朝鮮人と日本人間で京友禅の蒸水洗工程の技術を教え合うことも少なく、在日朝鮮人同士のみで技術の伝授が恒常的に行われてきたと考えられる[10]。このように、蒸水洗工程で就労する在日朝鮮人を見た場合では、京友禅産業全体では「日本人は京友禅工場、在日朝鮮人は蒸水洗工場」というように、産業的な「棲み分け」（segregation）という現象が見られた。

　西陣織産業と京友禅産業に置かれた在日朝鮮人を比較した場合、西陣織産業では経営者であっても労働者であっても、在日朝鮮人は日本人と競争する必要があった。他方、京友禅産業の蒸水洗工程は労働環境、労働内容ともに肉体的に過酷ではあったが、そこでは在日朝鮮人は日本人と競争する必要がなく、1970年代の半ばまで、ある意味で在日朝鮮人に安定的な労働空間を提供することになったと解せられる。

　この西陣織産業と京友禅産業に従事する在日朝鮮人の位置の違いは、両産業における在日朝鮮人の民族性のあり様、表出のさせ方にも影響を与えることにもなったのではないか。2章1節で論じたように、戦後の西陣織産業においては朝鮮人織物組合や第二組合、相互着尺組合などの朝鮮人だけの同業者組合が複数誕生した。とりわけ、朝鮮人織物組合を中心にして、1950年に京都市長に在日朝鮮人の窮状を直訴する活動や、「労働基準法」の遵守などの活動が展開される。また本書では、「朝鮮人」という名前を冠する組合がこの業界に誕生させたことを「画期的である」と論じた。

　その一方、京友禅産業の蒸水洗工程は、経営者としても労働者としても大多数が朝鮮人であったのにもかかわらず、朝鮮人だけの同業者組合は誕生することは

10　ただ、本人たちはこの人間関係を在日朝鮮人特有のエスニックで閉鎖的な人間関係と認知しなかったようである。京友禅産業の蒸水洗業界において在日朝鮮人が圧倒的に多数であったからであり、どのような人間関係をつくったとしても在日朝鮮人の人間関係となる。そのため、日本人労働者H氏が1968年から蒸水洗工場で就労できたことも、そうした閉鎖的ではない在日朝鮮人の人間関係に依るところが大きいのではないか。この点では、蒸水洗工場での人間関係は在日朝鮮人同士のものではあるが、決して在日朝鮮人だけを対象とした閉鎖的な人間関係ではなかった。

なかった。また、蒸水洗工場の経営者を代表する蒸水洗組合が、1953年に労使一体となったストライキ活動を起こしたが、その際において「朝鮮人」としての民族性を大々的にアピールすることはなかった。その理由として、京友禅産業の中で蒸水洗工程に携わる者たちが大多数朝鮮人であったからではないだろうか。戦後、どの時代をみても、この蒸水洗組合は少数の日本人と大多数の在日朝鮮人によって運営されていたため、日本人もストライキに参加した。したがって、この蒸水洗組合は少数の日本人業者を含むものの、京友禅産業界において実質的に「朝鮮人の同業者組合」として機能していたと考えられる。

　こうしたことを総括するならば、以下の通りである。西陣織産業では経営者も労働者も大多数が日本人で、在日朝鮮人は一般の日本社会と同様に、数的には少数であった。そのため戦後、西陣織産業では在日朝鮮人の経営者を代表する組織として同業者組合が必要となった。このように、西陣織産業の中では在日朝鮮人が数的には少数者であり、自らの主張を日本人業者や日本社会に訴えるために、民族的な運動や組織が必要とされた。そして、西陣織産業の労働では日本人との競争するなかで、彼らは自身が「朝鮮人である」という自覚を持ちやすかったと推測できる。

　他方、京友禅産業の蒸水洗工程では一般の日本社会とは異なり、在日朝鮮人が大多数を占めていた。そのため蒸水洗工程において、どのような組織を作ったとしても在日朝鮮人が多数を占める組織となる。そのため、在日朝鮮人だけの同業者組合や朝鮮人の民族色を帯びた活動が、京友禅産業では逆説的にではあるが見られなかったのではないだろうか。このように両産業における朝鮮人を見た場合、そこでの在日朝鮮人の民族性の展開やあり様も、西陣織産業と京友禅産業では大きく異なっていた。

(4) 「見えない人々」から見る西陣織、京友禅

　序論で、飯沼二郎の言葉を借りながら一般的に日本社会では在日朝鮮人は存在するにもかかわらず、日本人にとって彼らは「見えない人々」[11]であると述べた。西陣織産業や京友禅産業の場合、それらが「日本の伝統産業である」という認識によって、一般の日本社会以上に在日朝鮮人は「見えない人々」として扱われてきたのではないかという問いを立てつつ、本研究では西陣織産業や京友禅産業に従事した在日朝鮮人の労働を論じてきた。ここでは、「見えない人々」であった

11　飯沼二郎『見えない人々 在日朝鮮人』（日本基督教団出版局 1973）9頁。

在日朝鮮人を通して見る西陣織と京友禅とは何であったのかを再考する。

　先行研究では、朝鮮人が日本に居住するようになった経緯に、日本帝国主義による朝鮮に対する植民地支配の結果であったと指摘されてきた。[12]また、朝鮮の故郷で生活できなくなり渡日した彼らが、京都の西陣織産業や京友禅産業の下層労働に就労するようになるのは、京都という都市が産業都市として発展する時期において、当時これらの産業が近代産業として発展する段階にあり、大量の廉価な労働力を必要としていたからである。このように見た場合、日本の朝鮮植民地支配と、戦前期からの京都の都市開発と繊維産業の近代的発展が結びついた結果、西陣織産業や京友禅産業において朝鮮人が就労することになった。

　戦後も同様であった。1949年、GHQによる朝鮮人連盟の解散命令により、在日朝鮮人の生活は大きく混乱する。翌1950年3月、西陣織産業においては朝鮮人織物組合が中心となって、京都市長に朝鮮人の生活の窮状を直談判するということがあった。また、1950年6月には朝鮮戦争が勃発する。朝鮮戦争をきっかけに朝鮮人織物組合の中でも左右の思想対立が起こり、右派系の経営者らは朝鮮人織物組合を脱退し、彼らを中心メンバーに相互着尺組合を結成した。このように朝鮮戦争の勃発が、西陣織産業における在日朝鮮人の同業者組合が分裂する引き金となっていた。

　解放後の朝鮮半島では経済的困難や、アメリカとソビエト連邦の分割占領による政治不安が続き、朝鮮半島へ帰還した朝鮮人が日本へ「密航」という方法で再渡航する状況となった。1960年代半ばまで、韓国から日本へ家族ぐるみで生活の場を求めて「密航」するケースや、日本に居住する親族との同居を目的として「密航」するケースが多かった。[13]本書においても、「密航者」として渡日し京友禅産業の蒸水洗工場で就労する労働者を扱った。彼らは、日本の法律上は「違法」に渡日してきた者であったため、工場内での地下生活を余儀なくされた。在日朝鮮人労働者であれば得られた収入で「日本人並み」の生活ができたが、「密航」してきた者の場合、日本人や在日朝鮮人と同等の生活や娯楽も難しかったかもしれない。

　日本による植民地支配や戦後の冷戦など、世界史的事件の影響を受けた在日朝鮮人の個々の事例は、数えれば際限がない。戦前から戦後にかけて、在日朝鮮人を通して西陣織産業と京友禅産業を見た場合、京都の伝統産業といえども決して

12　呉圭祥『在日朝鮮人企業活動形成史』（雄山閣出版 1992）19頁。
13　小沢有作「密航」頁　伊藤亜人・大村益夫・梶村秀樹・武田幸男監修『朝鮮を知る事典』（平凡社 2000）402-403頁。

世界史的な動きと無関係ではなかったと言えるだろう。特に、戦前までの日本に
よる植民地支配と戦後の冷戦構造が、京都の繊維産業に従事する在日朝鮮人の労
働と生活に大きな影響を与えていた。以上のように、西陣織産業と京友禅産業に
生きた在日朝鮮人の歴史は、「京都市」や「京都府」といった行政地域、あるい
は「日本」といった国家の枠組みで語りきれるものではなく、常に世界史的な出
来事と連動するものであった。日本の「伝統産業」と思われてきた西陣織や京友
禅といえども、これら世界の動きと無関係ではなかった。

　以上、終章では本研究の各事例が世界史的な出来事といかに密接に関連してい
たのかを論じてきた。それと同時に、この研究が筆者にとって在日朝鮮人の労働
を描き出す作業でありながら、京都の「地域史」や「地域研究」の編集という性
格を有していた。序章の先行研究の検討の部分において筆者は、京都の繊維産業
に関する研究自体がかつてほど活発に行われていない状況を指摘した。だが、在
日朝鮮人を始めとした「定住外国人」のパースペクティブを通じて、再び「地
域」を分析することで、地域の産業や地域史、地域研究において、これまでの歴
史とは異なる新たな一面が見られるのではないだろうか。こうした「地域」を取
り巻く研究に関して、本書が新たな可能性を提示することを期待する。

(5) 今後の課題

　本研究では、在日朝鮮人の労働を分析することを目的に、京都の西陣織産業や
京友禅産業に従事した在日朝鮮人を事例に扱ったのであるが、その過程で見えて
きた課題は多い。以下、列挙しておく。

　1章部分では、西陣織産業と京友禅産業への朝鮮人参入の黎明期を扱ったが、
韓国併合前後、これら京都の繊維産業にいかに朝鮮人が参入したのか判然としな
い。被差別部落の住民を媒介とした朝鮮人労働者の京友禅産業への参入を巡る河
明生と高野昭雄の議論では、京都市の洛北の養正地区が議論されただけであり、
京友禅産業全体でどうであったのかが解明されたわけではない。同様に、西陣織
産業にどのように朝鮮人が参入したのかは、河明生が「自己申し込み」による参
入を提示[14]しているが、本書1章では藤井彦四郎という在朝日本人が仲介となって
参入するパターンを示唆的に例示した。しかし、それさえも可能性の一つに過ぎ
ない。今後、新たな資料の発掘によって、戦前の京都の繊維産業における朝鮮人
の参入過程を明らかにする必要がある。

14　河明生『韓人日本移民社会経済史 戦前編』(明石書店 1996) 77頁。

2章で論じた朝鮮人の同業者組合、朝鮮人織物組合が誕生した背景として、インタビュー調査より原糸の供給を合法的に受けるためといわれてきた。しかし、敗戦直後において食料などは統制が行われていたが、生糸の供給にどのような統制が行われたのかがはっきりとせず、この組合の結成の理由もはっきりと分からない。同じく京友禅産業でも、戦前、蒸水洗組合の原形となる「京都染物水洗業組合」、「京都蒸業組合」及び「京都繊維染色蒸水洗業組合」が、どのような経緯を経て誕生し、戦後に蒸水洗組合に引き継がれていったのかも不明瞭である。

　同時に西陣織産業と京友禅産業の共通の課題として、これら朝鮮人の同業者組合が、1950年代後半以降、いかにして上部の同業者組合に包摂されていったのかも分かっておらず、同業者組合の研究としては途中段階であることは否めない。資料の発掘とともに、敗戦直後の朝鮮人の法的地位の変化と朝鮮人が受けた供給統制、その統制を超えて生産・流通される「ヤミ」や警察側の取り締まりなど、当時の朝鮮人が置かれた社会経済的状況の理解を深める必要がある。また本書では、経営者の立場から同業者組合の分析を試みたのであるが、今後はこれらの組織を労働者の立場から再考する余地がある。

　3章から7章まで、京都の繊維産業に従事した在日朝鮮人の各事を分析し論考してきたが、課題として今後さらなる事例研究を行わなければならない。特に、「労働者」として西陣織産業や京友禅産業に従事し続けた在日朝鮮人の事例研究を、積み重ねていく必要がある。研究を通じて、筆者は研究者がこうした人々にどのようにアプローチしていくのかが、いかに難しいかを痛感している。だが、労働者として就労した在日朝鮮人の労働を分析することで、これまで経営者中心に語られてきた在日朝鮮人の経済活動のイメージを豊かにする可能性があるだろう。

　西陣織産業や京友禅産業に従事するが、その途中において労働者として働けなくなった者もいたと推測される。たとえば3章と7章で取り上げたL2氏の場合、ある織物工場内での落下事故によるケガが原因で、西陣織の仕事からの引退を余儀なくされた。このように肉体的に過酷な労働環境ゆえに、労働上でのケガや慢性的な疾病などで職を離れるケースが、頻繁にあったと想像される。だが、そうした労働者として継続して就労することができなかった労働者の事例は、見逃されていいわけではない。今後の研究を経営者中心の「成功者の歴史」にしないためにも、労働者として就労した朝鮮人の事例をさらに増やしていくことが、筆者の課題となるだろう。

あとがき

　筆者は、「なんで、その研究してるの」や「（大学院で）なぜ、そんなこと勉強してきたの」という質問にいつも苦戦してきた。これは、いわゆる研究者や外部の資金団体からの「学術的な問い」ではない。自分の両親や親戚、同年代の友人からの質問である。対研究者であれば、申請書の「研究動機」や「研究背景」といった項目で準備したつもりであるが、それをより広く一般の人に説明するためにどう語ればいいのか。今でも明確な回答が出ないでいるが、ここではそれらをかみ砕きながら、研究にいたるまでの経緯や本書出版までの、いわば「舞台裏」を整理したい。また、お世話になった人々も触れていく。

　この研究に行きつくまでの経緯についてである。大阪生まれで、京都で育った筆者は、京都の文化には、常に他人事であり、どことなく「部外者」として接してきた。例えば、小学校4年の「地域探求」の校外学習で、当時近隣に所在した「友禅会館」に行くのであるが、「京友禅」が何か着物に関する産業という知識でしかなかった筆者は同志社大学文学部に進学した。その当時、よく使っていた新町キャンパスは西陣織の盛んな地域に位置していた。その頃も、着物好きな友人と「西陣織会館」に行った記憶があるが、煌びやかな展示や豪華な着物ショーがあるだけで、自分にとって単調で、あまり興味が持てなかった。大阪の人間から見れば、京都の歴史や文化が「なんぼのもんや」という具合であった。

　大学院の博士前期課程に進むことを決めたのは、大学4年生の夏頃だったと思う。2005 ～ 2006 年当時、いわゆる団塊の世代の退職により、筆者の周囲の就職状況は大変良かったように記憶する。その年の秋まで、当然、就職活動をしていたが、スーツを着て毎日どこかの会社に通勤するという生活に、自分の将来が見いだせなかった。漠然と、「海外で働きたい」とか、「ある程度の収入さえあればいいや」と思っていたのかもしれない。そんな中、JICA（国際協力機構）の青年海外協力隊に応募したが、そこで海外で仕事をするために大学院の修士号が必要などの情報を聞いて、同志社大学大学院社会学研究科に入学をすることを決めた。

振り返ってみれば、非常に受け身的な大学院への進学理由であった。

　大学院入学後、半年間は何をしていたのか覚えていない。英語の移民研究論文や社会学や文化人類学の理論に関する研究書を読みながら、「修士論文」のテーマ探しで、楽に卒業できることばかり考えていたのかもしれない。そんな筆者に、研究する「楽しさ」、学問をすることの「おもしろさ」を与えてくれたのが、本書でも多数引用した高野昭雄氏である。2007年の秋、ある研究会で同氏の報告「京野菜と朝鮮人労働者─京都市上賀茂地区を事例に─」を聞いた。京野菜のすぐき菜の栽培に必要な屎尿汲取業に携わった朝鮮人に関する発表であった。

　当時ぼんやりと移民研究をやりたいと考えていた筆者にとって、フィールドは日本国外であり、後に自分が育った京都を舞台にする研究を行うことになるとは、つゆとも思わなかった。高野昭雄氏の研究では、戦前、京都に居住した朝鮮人に関する労働や生活に関して丁寧に描かれており、「論じる」とは何なのかを強く訴えるもので、筆者の心に響いた。それまで何気なく暮らしている京都という都市も、また京都の伝統産業と考えられてきた西陣織や京友禅と、朝鮮人が密接に関連しているということを考えるきっかけになっている。ふり返って見れば、これら日本の伝統産業を初めて関心をもって見ることができたのである。

　修士論文としては、「伝統産業における在日コリアンのネットワーク：京友禅従事者を事例に」というタイトルのもと、京友禅産業に従事した朝鮮人に関し執筆した。本書の4章から6章で登場する工場Mに関する調査を行った。初め「日本の伝統工芸士」のサイトで、いろいろと在日の方々を探した。その後、民団の右京支部で工場Mの創業者の息子KC氏を紹介してもらったように記憶している。KC氏が主宰する朝鮮語教室に週2回通い、夜9時半過ぎまで、授業とは関係ない工場Mのことや家族のこと学校や野球のことなどを聞き続けた。

　ただ、着想に至るのが遅かったことと筆者の遅筆さ、またインタビューをすることの難しさも相まって、修論完成まで3年もかかってしまった。今となっては、「もっと幅広くインタビュー調査をすればよかった」や、「写真を撮っておけば……」などの思いが交錯するが、当時の筆者の能力的にはそこまで知恵が回らなかった。修士論文の執筆の際、主査の鯵坂学氏や副査の藤本昌代氏と鵜飼孝造氏から、また当時アメリカで在外研究をしていた板垣竜太氏から厳しい批判や助言を受けた。執筆する中で自分なりの発見があり、社会学の考え方とスタンスというのも身に付き、3年かけた博士前期課程には満足している。

　2010年、博士後期課程では同志社大学のグローバルスタディーズ研究科へ進学した。入学当初から指導の太田修氏より、朝鮮史の考え方のレクチャーを受け

た。在日朝鮮人の歴史を考える上で、常に日本の植民地支配の問題を意識しなければいけないという根本姿勢を学んだ。自分の博士前期課程時の研究の未熟さを、見抜かれた気分である。太田修氏は、指導の学生に対して「ああしろ、こうしろ」とは、あまりおっしゃらない。常に背中で語るように、けれども熱意をもって指導してくださった。「太田先生がこうするから」という理由で、筆者を含めたゼミ生達は太田氏の真似をしようとしたが、そう簡単に真似できるものではなかった。結局、ここで在学期間6年と休学2年の計8年間、グローバルスタディーズ研究科の博士後期課程で過ごした。そして大学院卒業後の6年間、これまでの研究結果を整理し調査を追加しながら、ようやく本書の出版にこぎ着けた。

　まず、本研究で調査に協力してくださった方々に感謝を伝えたい。特に、工場MのKC氏家族には大変お世話になった。またKC氏の仲介で、京友禅だけでなく西陣織産業に携わった人々にも知り合うことができた。そうした方々も、筆者の調査に快く協力してくださった。また、筆者が独自に調査を行う過程で、調査に応じてくださる方もいらっしゃった。博士前期課程は京友禅にだけ限定したが、博士後期課程では研究対象に西地織を加え京都の繊維産業とした。おかげで、京都に居住する在日朝鮮人の労働や生活の諸相をより詳細に取り上げることが可能になったと考える。また、そうした方々の話は研究的に興味深いだけでなく、人間的に魅力的であり、時にユーモラスで機知に富むものであった。筆者が京都に居住しながら研究するからこそ出会えた人々であり、今後も話を聞き続けたいと思う。

　大学院時代にお世話になった人々に関し、触れておく。2018年、博士論文の執筆において、主査の太田修氏、副査の水野直樹氏、冨山一郎氏、鄭柚鎮氏、板垣竜太氏は博士論文『戦後、京都の繊維産業における在日朝鮮人の労働：西陣織と京友禅を中心に』を熟読してくださり、細かいところにまで助言や議論の可能性をいただいた。特に研究分野の違いから、主査の太田修氏と副査の冨山一郎氏から、時に相反する（とも感じられる）コメントや指摘を受け混乱することもあった。ただ、そうした一見矛盾するとも取れる見解も、社会科学や人文科学の奥深さを筆者に与えてくれる良い機会になったと今では思う。

　博士後期課程時代、ともに机を並べながら議論を交わした先輩や同期、後輩も忘れられない。西村直登氏、金泰蓮氏、呉仁済氏、大槻和也氏、安昭炫氏、森田智惠氏、中井裕子氏、古屋敷一葉氏、成田千尋氏、洪里奈氏とは、授業時間中はもちろんのこと、授業終わりにも議論を交わした。ゼミ以外では、関智畯氏、影本剛氏、金汝卿氏、西直美氏ともよく議論した。終電近くまで、「研究の意義が

分からなかった」や「理解が足りない」、また「先生は優しすぎる」と言い合う
こともあった。時に指導教授の太田修氏よりも、辛辣な胸に刺さるような言葉を
浴びることもあったが、今となっては筆者の拙いレジュメや原稿を読んで率直に
言ってくれてのことだと思っている。

　20代も半ばになれば、なかなかストレートに感想を言ってくれる「友達」は
はっきり言って作りにくい。そもそも、地元の幼馴染や旧友でも筆者の研究にそ
こまで言ってくれない。そういった意味では、彼らは決して「友達」ではなく、
大学院という空間であったからこそ出会える貴重な人々であったと思う。どこで
あれ、どういう形であれ、彼らには研究を続けてほしいと願うとともに、お互い
に長生きしながら切磋琢磨したいと思う。

　世界人権問題研究センターの「京都の在日コリアン史」研究会では、高野昭雄
氏や水野直樹氏はもとより、李洙任氏や松下佳浩氏、呉永鎬氏、鄭祐宗氏、藤井
幸之助氏、杉本弘幸など、様々な方々と議論を交わした。特に本書で多々引用し
た李洙任氏と松下佳浩氏は、新しい資料を発掘するたびに共有してくださり、新
著が発刊されると筆者に送ってくださった。また、他の研究者を交えて大規模な
シンポジウムを開いてくださったことも、筆者の研究への刺激となっている。

　朝鮮史研究会でも、お世話になる機会が多かった。特に、藤永荘氏や青野正明
氏、坂本悠一氏、庵逧由香氏、河かおる氏、山口公一氏、石川亮太氏、裵姈美氏、
崔誠姫氏、橋本妹里氏、小谷稔氏、李昇燁氏、長森美信氏、外村大氏、谷川竜一
氏らから大変影響を受けた。いつも筆者の研究に関心をもってくださる方々であ
り、筆者以上にこの研究を語ってくださることがあった。研究意識の持ち様から
研究者としての矜持、また研究会の運営の仕方など、様々なところで筆者を助
けてくださった。日常の学校の業務や事務作業などで研究への意欲を失うことも
あったが、月例会や大会に行くたびに新しい発見があり、研究者としての「心の
拠り所」となっていた。こうした研究者の助けを借りながら、本書の出版に至っ
たということに、感謝を申し上げたい。

　2011年、同志社大学からの派遣留学ということで、韓国の慶尚北道にある嶺
南大学校の文化人類学科に一年間留学することになった。留学に行く前、韓国留
学の経験がある研究者から、「なぜソウルの大学院ではなく地方都市の大邱に行
くのか」という質問をよく受けた。京都に居住する在日朝鮮人の多くが大邱や尚
州を始めとした慶尚北道出身であったことと、近現代の韓国の繊維産業において
大邱はその中心地域であったことなどが、大邱行きに影響をしていたのだと思う。

　正確には、一年三か月、大邱の東隣の慶山市に住むことになった。その際、李

暢彦氏が指導教授として筆者を受け入れてくださった。朝鮮語も満足に話せない筆者に、叱咤激励してくださった。韓国人学生も日本人留学生も中国人留学生も、平等に指導するというスタイルであったのだと思う。研究だけでなく、言葉の制約や生活様々な面で筆者を気にしてくださった。特に同氏から、4章で扱った厚生年金台帳とMの労働者から何が見えてくるのかアドバイスを受けた。

　また李暢彦氏に連れられて、韓国農村や都市下層部で踏査（タプサ：文化人類学でいうフィールドワークのこと）をしたのが、今ではいい思い出である。大邱市内の飛山洞や校洞、七星市場、近くでは慶州や蔚山、蔚珍、盈徳、釜山の蓮堤区、遠いところだと江原道の三陟や束草まで同氏の車で行き踏査をした。真冬の江原道は、想像を絶する寒さであった。心境を吐露するなら、韓国の民俗文化に関しあまりに「門外漢」であり、個人的に興味を持っていなっかたと白状する。2月末の三陟の踏査で同氏が、干物業者の調査対象に語った言葉、「両親は、越南者（朝鮮戦争時、朝鮮半島北部から南部へ渡ってきた人）でした。地域のことも、615戦争（朝鮮戦争のこと）までの韓国のことも分かっていなくて、こうやって調べています」が印象的であった。李暢彦氏にとって、韓国の文化や歴史は自明なことではなかったのである。それは、研究を始めた当初の筆者が在日朝鮮人に対して持った疑問のように。「初心忘るべからず」である。研究にいたる経緯は人それぞれであるが、研究対象に対する純粋な問い、それへの研究者が向き合うべき真摯な態度を再確認したような気がした。

　嶺南大学校で留学していた時分、特に朴承柱氏と崔範洵氏には大変お世話になった。二人とも日本文学の研究者であったが、嶺南大学校で日本語教育や日本語文化に尽力している方々だ。植民地期の大邱に関する日本語・朝鮮語資料の講読会を開き、やがてその集まりが「대구 읽기 모임（大邱読書会）」になり、日本とこの地域を結ぶ重要な結節地となっている。留学期間中の筆者の研究や生活の細部まで気にしてくださったのはもちろんのこと、両氏がその後の韓国の大学機関での就職に大きな役割を果たした。

　2018年3月、筆者は大学院博士課程卒業、同志社大学のポスドク研究員をしていた。一定の給与を得ながら、自身の研究を進めつつ就職の準備をするという仕事である。いずれ、この研究をまとめて本として出版しようと思っていた時期でもあった。同年6月、朴承柱氏から連絡があり、大邱の啓明大学校で日本人教員を募集しており、応募してみないかという話である。仮に筆者が応募する場合、大邱読書会のメンバーが強く推薦してくださるということであった。

　正直なところ、教員としての就職が上手くいくとは思っていなかったので、あ

らゆるところに研究機関の就職に応募していた。啓明大学校の場合も、ダメもとで応募した一校であったが、一次審査に通過した。ただ二次審査の面接で韓国に行くとき、研究者としてのキャリアの中でブランクになるかもしれないと考え、大きく戸惑った。太田修氏に板垣竜太氏に何度か相談し、研究が続けられなくなる恐れがあることなどを指摘された。同時に、ソウルや首都圏の大学でそのように「助教授」として採用する学校はほとんどないと聞いた。就職をめぐってのこの時期、大きく戸惑ったのであるが、それでも大邱と自分の研究との奇妙な「縁」を感じ、啓明大学校に行くことを決意した。

2018年の秋、不安と期待を感じつつも啓明大学校に着任した。そこで与えられた日本語や日本文化に関する授業は、大変なこともあったが、それなりに楽しかった。学生らの日本語の発音指導や作文添削、また演劇祭の準備など、大学生に戻った感覚でいたのだと思う。予想通り、多忙でありながらも楽しい学園生活は、筆者から研究を進めようという意欲を遠ざけた。「一日中授業や準備をして忙しかっただから、自分の研究作業が進めないのもしょうがない」というマインドになっていた。韓国であっても、資料収集やインタビュー調査はできたかもしれないが、研究者としては怠惰な時間が何学期か続いた。

そんな中の2020年、コロナウィルスの蔓延と社会の混乱という「コロナ禍」が起こった。韓国では真っ先に大邱でコロナウィルスが流行し、医療機関や学校、交通機関などの閉鎖が相次ぎ、まさに「都市封鎖」の様相を呈した。この時、日本や韓国から多くの応援を受け、「自宅待機」を命じられた筆者にとって大きな励ましになった。

大学は1か月ほど休講になった後、春学期は完全オンライン授業になった。当然のことながら、以前のように日本へ戻ることもできず、帰国したとしても自由に聞き取り調査や資料収集ができないという状態が2年間続いた。このあたり、多くの人文系研究者は同じ状況であったと思う。特に、文化人類学や社会学の分野では、いかにフィールドに出ず、研究を進めるかが課題とされた。韓国での就職後、研究が満足にできず「いずれ帰国しなければいけない」と考えていのであるが、2020年のコロナ禍が啓明大学退職という決心に拍車をかけた。

それでも啓明大学校には、4年間勤務した。楽しくも多忙な韓国生活の中で、特にお世話になった方々にも謝辞を述べたい。まず、学科長の金明洙氏である。学問的な分野では、同氏が経済学者ということもあり、植民地期の統計資料の読み方に関してアドバイスをくださった。また筆者の研究に関しても興味をもってくださり、韓国国内で共著を出版する機会も与えてくださった。私生活で

は、特に食生活を心配してくださり、筆者は頻繁に同氏から肉の焼き方の「レクチャー」を受けた。今なら、誰よりも肉を美しく焼く自信がある。

同じ啓明大学校に在籍し、在朝日本人を研究していた李東勲氏にも大変お世話になった。資料共有はもちろんのこと、在朝日本人研究と在日朝鮮人研究は一部分で類似点があるなど、興味深い示唆を与えてくださった。李東勲氏の著書に関し書評を書いたことも、筆者にとって大変勉強になったと思っている。また大邱読書会では、植民地期の日本語新聞の読解チームで文字起こしをしたことが記憶に残っている。

他にも啓明大学校では、様々な人にお世話になった。李炳魯氏、洪珉杓氏、李盛煥氏をはじめとした「心のお父さん」とも呼べる先生方の日々の努力によって、啓明大学校の日本学科が守られきたと思う。呉允禎氏、朴承賢氏らも、文化史や文化人類学の分野から筆者の研究を温かく見てくださった。また教歴が浅かった筆者は、魚秀禎氏、松原嘉子氏、松崎遼子氏、堀田ななえ氏らから日本語教育の教授法や専門知識、クラスの運営方法に関する手助けを受けた。これら諸氏以外にも書ききれないが、こうした方々のおかげで、筆者は韓国でくじけることなく大学勤務と研究が行えたと思っている。改めてお礼を申し上げたい。

啓明大学校の学生らにもお礼を言いたい。日本語教育が専門でない筆者の授業を熱心に、時ににぎやかに受けてくれて、毎日毎日がスペクタクルで楽しかった。本の出版やら研究やらで、授業準備が満足にできなかったことと、また啓明大学校を去る際、十分に挨拶もできなかった。そこは、大変申し訳なく思う。今の彼らの日本語の実力なら、この本が理解できると思うので、感想や意見があればいつでも言ってきてほしい。

また、ご存命中にこの本を贈呈でできなかったこと方々が何人かいらっしゃる。調査に協力してくださった方々や、研究に批判やアドバイスをしてくださった方々に差し上げる際、どんな思いでこの本を手に取られるのかなど、考えながら書いているうちに、出版が遅くなってしまった。戦前の在日朝鮮人研究でお世話になった塚崎昌之氏は研究会では厳しいスタンスをとる人物で、筆者の研究にもいろいろと批判をいただいたが、その後の懇親会ではビールを飲みながら研究上の悩みを笑い飛ばしてくださった。同氏は、惜しくも2023年に逝去されたが、いまだにその実感がわかない。耳元で「安田くん、ビール一杯ね」という声がこだましている。

もう一人、本書を差し上げることができず悔しい方がいらっしゃる。3章と7章でのインタビュー調査でお世話になったL2氏である。彼女はいつも「（自

身が）在日朝鮮人を代表することができひん」と前置きしつつ、軽く2時間程度、その生い立ちや、西陣織工場での労働経験、その時に感じた感情などを語ってくださった。本人は在日朝鮮人を代表していないとするが、その生々しい語りには、日本の朝鮮植民地支配の歴史や朝鮮人に対する差別意識、戦後の冷戦の問題、西陣織産業の労働問題などが色濃く反映されていた。毎年「キムチ忘年会」といって、学生や研究者を呼んで忘年会をしてくださったことも懐かしい。彼女が漬けたキムチをつまみにお酒を飲む会で、筆者が調査を開始した2007年頃からこの集まりも始まった。コロナ禍以降もオンラインで開催してくださっていたが、筆者は参加できずにいた。本書を出版した暁には参加しようと思っていたが、2024年の夏、逝去された。本書を差し上げようにも、それが叶わない方々には、深い哀悼と感謝の意を伝えたい。

　大学院時代から卒業後の韓国での就職や退職など、本研究の過程や本書出版までの道のりはストレートなものではなかった。ある人は、回り道ばかり多くて、「その道のりを短縮できたのではないか」と思うかもしれない。ただその道のりで、筆者が知りたいこと、したいことを全てしてきたと思っている。本書では、そうした紆余曲折した行程と、そこで筆者が抱えた思いを一つ残さず詰め込もうとした。そのせいもあって、各章のバランスが悪いことを認めざるを得ない。また、各章で何を論旨としているのか繋がっていない部分が多々あり、それが本書を読みにくくさせている感は否めない。それらは、筆者の今後の課題としていきたい。

　最後、大学院に進学したこと、突然海外留学に行くと言ったこと、韓国での就職も突然決めたことなど、家族には心配をかけてきたばかりであった。そうした筆者の行動を、小言を言いながらも温かく見守ってきたくれたことに感謝の念を申し上げたい。

　筆者一人の力で出版は到底できなかったものと思う。明石書店の安田伸氏、黒田貴史氏には編集の際、大変お世話になった。また出版助成の際、上田哲平氏がアドバイスをくださった。感謝を申し上げる。

　本刊行物は、JSPS科研費24HP5161の助成を受けたものである。

2024年12月　京都にて

文献一覧 （アルファベット順・発表年度順）

(1) 単著

鄭栄桓『朝鮮独立への隘路　在日朝鮮人の解放五年史』（法政大学出版局 2013）

E.H. エリクソン（Erik Homburger Erikson）『幼児期と社会 1』（仁科弥生訳）（みすず書房 1977）

――――『幼児期と社会 2』（仁科弥生訳）（みすず書房 1980）

韓載香『「在日企業」の産業経済史 その社会的基盤とダイナミズム』（名古屋大学出版会 2010）

Tamara K. Hareven "*The Silk Weavers of Kyoto Family and Work in a Changing Traditional Industry*"（University of California Press 2002）

현대레저연구회（現代レジャー研究會）『전통 당구（伝統撞球）』（太乙出版社 1994）

洪里奈『ルーツのある子供たち 民族学級という場所で』（クレイン 2022）

飯沼二郎『見えない人々 在日朝鮮人』（日本基督教団出版局 1973）

生田誠『阪急全線古地図散歩』（フォト・パブリッシング 2018）

生谷吉男『型友禅の技法』（理工学社 1996）

稲川宮雄『逐條詳解　商工協同組合法』（有斐閣 1947）

板垣竜太『朝鮮近代の歴史民族誌　慶北尚州の植民地経験』（明石書店 2008）

Grame Johanson, Russell Smyth and Rebecca French "*Living Outside the Walls: The Chinese in Prato*"（Cambridge Scholars Publishing 2009）

梶村秀樹『梶村秀樹著作集　第 6 巻　在日朝鮮人論』（明石書店 1993）

河明生『韓人日本移民社会経済史 戦前編』（明石書店 1996）

河合和男『朝鮮における産米増殖計画』（未来社 1986）

菊池嘉晃『北朝鮮帰国事業の研究　冷戦下の「移民的帰還」と日朝・日韓関係』（明石書店 2020）

木村健二『一九三九年の在日朝鮮人観』（ゆまに書房 2017）

金太基『戦後日本と在日朝鮮人問題―SCAP の対在日朝鮮人政策 1945 〜 1952 年―』（勁草書房 1997）

金泰成『同志社とコリアとの交流―戦前を中心に―』（同朋社 2014）

ネラ・ラーセン（Nella Larsen）『白い黒人』（植野達郎訳）（春風社 2006）

クロード・レヴィ・ストロース（Claude Lévi-Strauss）『野生の思考』（大橋保夫訳）（みすず書房 1976）

松下佳弘『朝鮮人学校の子どもたち　戦後在日朝鮮人教育行政の展開』（六花出版 2020）

水野直樹・文京洙『在日朝鮮人 歴史と現在』（岩波書店 2015）

森田芳夫『数字が語る在日韓国・朝鮮人』（明石書店 1996）

テッサ・モーリス－スズキ（Tessa Morris-Suzuki）『北朝鮮へのエクソダス「帰国事業」の影をたどる』（田代泰子訳）（朝日新聞社 2007）

문옥표（文玉杓）『교토 니시진오리（西陣織）의 문화사 - 일본 전통공예 직물업의 세계（京都西陣織の文化史――日本の伝統工芸織物業の世界）』（일조각 2016）

西成田豊『在日朝鮮人の「世界」と「帝国」国家』（東京大学出版会 1997）

呉圭祥『在日朝鮮人企業活動形成史』（雄山閣出版 1992）

折原浩『危機における人間と学問 マージナル・マンの理論とウェーバー像の変貌』（未来社 1969）

朴慶植『在日朝鮮人研究・強制連行・民族問題』（三一書房 1992）

高野昭雄『近代都市の形成と在日朝鮮人』（人文書院 2009）

谷富夫『民族関係の都市社会学――大阪猪飼野のフィールドワーク』（MINERVA 社会学叢書 2015）

外村大『在日朝鮮人社会の歴史学的研究』（緑蔭書房 2004）

辻合喜代太郎・大塚清吾『カラーブックス 504 染織紀行』（保育社 1980）

臼井喜之介・松尾弘子『西陣 カメラ・シリーズ 1』（白川書院 1963）

李東勲（YEE Donghoon）『在朝日本人社会の形成―植民地空間の変容と意識構造―』（明石書店 2019）

(2) 共編著

鯵坂学「京都の伝統産業と『まち』の移り変わり」鯵坂学・小松秀雄編『京都の「まち」の社会学』（世界思想社 2008）

安勝澤・李成浩「開発独裁期における農民の経済的生存戦略再考：資本主義－小農社会の接合の一端」（安田昌史訳）板垣竜太・鄭昞旭編『同志社コリア 叢書 3 日記からみた東アジアの冷戦』（同志社コリア研究センター 2017）

古田睦美「アンペイド・ワーク論の課題と可能性――世界システム・パースペクティブから見たアンペイド・ワーク」川崎賢子・中村陽一編『アンペイド・ワークとは何か』（藤原書店 2000）

E. ホブズボウム（Eric John Ernest Hobsbawm）「伝統の大量生産――ヨーロッパ、1870-1914」（前川啓治訳）E. ホブズボウム・T・レンジャー編『創られた伝統』（紀伊國屋書店 1992（2016 年 第 12 刷発行））

出石邦保「広巾友禅業」宗藤圭三・黒松巌編『傳統産業の近代化――京友禅業の構造』（有斐閣 1959）

――― 「流通構造の分析」黒松巌編『西陣機業の研究』（ミネルヴァ書房 1965）

川瀬俊治「『韓国併合』前後の土木工事と朝鮮人労働者――宇治川電気工事と生駒トンネル工事」小松裕・金英達・山脇啓造編『『韓国併合』前の在日朝鮮人』（明石書店 1994）

金英達「在日朝鮮人社会の形成と一八九九年勅令第三五二号について」小松裕・金英達・

山脇啓造編『「韓国併合」前の在日朝鮮人』（明石書店 1994）

小松裕「肥薩線工事と中国人・朝鮮人労働者」小松裕・金英達・山脇啓造編『「韓国併合」前の在日朝鮮人』（明石書店 1994）

黒松巖「仕入友禅業」宗藤圭三・黒松巖『傳統産業の近代化――京友禅業の構造』（有斐閣 1959）

―――「機械捺染業」宗藤圭三・黒松巖『傳統産業の近代化――京友禅業の構造』（有斐閣 1959）

―――「序章総論」黒松巖編『西陣機業の研究』（ミネルヴァ書房 1965）

李洙任（Lee Soo im）「京都西陣と朝鮮人移民」李洙任編『在日コリアンの経済活動――移住労働者、起業家の過去・現在・未来』（不二出版 2012）

―――「京都の伝統産業に携わった朝鮮人移民の労働観」李洙任編『在日コリアンの経済活動――移住労働者、起業家の過去・現在・未来』（不二出版 2012）

―――「日本企業における『ダイバーシティ・マネージメント』の可能性と今後の課題――『外国人材』活用の現状と問題点を通して」李洙任編『在日コリアンの経済活動――移住労働者、起業家の過去・現在・未来』（不二出版 2012）

前川恭一「生産構造の分析」黒松巖編『西陣機業の研究』（ミネルヴァ書房 1965）

三戸公「誂友禅業」宗藤圭三・黒松巖『傳統産業の近代化――京友禅業の構造』（有斐閣 1959）

宗藤圭三・黒松巖・三戸公「緒論」宗藤圭三・黒松巖『傳統産業の近代化――京友禅業の構造』（有斐閣 1959）

永野慎一郎「序論」永野慎一郎編『韓国の経済発展と在日韓国企業人の役割』（岩波書店 2010）

中条毅「福利厚生施設と労働環境の実態分析」黒松巖『西陣機業の研究』（ミネルヴァ書房 1965）

中谷猛「ナショナル・アイデンティティとは何か」中谷猛・川上勉・高橋秀寿『ナショナル・アイデンティティ論の現在――現代世界を読み解くために』（晃洋書房 2003）

小笹稔「新京阪電鉄（現阪急京都線）の開通と西院村」西院昭和風土記刊行会編『西院昭和風土記』（西院昭和風土記刊行会 1990）

H. トレヴァー＝ローパー（Hugh Redwald Trevor-Roper）「伝統の捏造――スコットランド高地の伝統」（梶原景昭訳）E. ホブズボウム・T・レンジャー編『創られた伝統』（紀伊國屋書店 1992）

笹田友三郎「京都染色業の沿革と地位」宗藤圭三・黒松巖『傳統産業の近代化――京友禅業の構造』（有斐閣 1959）

島弘「労働問題」宗藤圭三・黒松巖『傳統産業の近代化――京友禅業の構造』（有斐閣 1959）

佐々木伸彰「1920 年代における在阪朝鮮人の労働＝生活過程――東成・集住地区を中心に」杉原薫・玉井金五編『増補版 大正・大阪・スラム　もうひとつの日本近代史』（新評論 2008）

成大盛「植民地支配の根性はまだ抜けていません　玄順任」小熊英二・姜尚中編『在日

一世の記憶』（集英社 2008）

谷富夫「民族関係の都市社会学」谷富夫編『民族関係における結合と分離 社会的メカニズムを解明する』（ミネルヴァ書房 2002）

―――「猪飼野の工場職人とその家族」谷富夫編『民族関係における結合と分離 社会的メカニズムを解明する』（ミネルヴァ書房 2002）

야스다마사시（安田昌史）「일본 교토와 대구・경북의 경계를 넘어 일했던 사람 – 재일조선인 1세 CY 씨의 생애사 -（日本の京都と大邱・慶北の境界を越えて働いた人 –在日朝鮮人一世、CY 氏のライフヒストリー)」『대구대학교 인문과학연구소 동아시아도시인문학총서 3 도시의 확장과 변형 – 도시편 -』（學古房 2021）

(3) 学術論文

浅田萌子「一九三〇年代における京都在住朝鮮人の生活状況と京都朝鮮幼稚園 ―京都向上館前史」『在日朝鮮人史研究』No.30（緑蔭書房 2000）

―――「京都向上館について」『在日朝鮮人史研究』第 31 号（緑蔭書房 2001）

鄭喜恵・八島智子「在日韓国人の言語使用とアイデンティティー」『多文化関係学』3（多文化関係学会 2006）

韓載香「京都繊維産業における在日韓国朝鮮人企業のダイナミズム」『歴史と経済』47-3（政治経済学・経済史学会 2005）

橋本みゆき「共に生きるコリアンな街づくり――川崎『おおひん地区』の地域的文脈」『在日朝鮮人史研究』第 43 号（緑蔭書房 2013）

堀内稔「神戸のゴム工業と労働者」『在日朝鮮人史研究』第 14 号（在日朝鮮人運動史研究会）

김미영（金美榮）「유교이념의 구현장소로서 사당（儒教理念の具現場所としての祠堂)」『退溪學과 儒教文化』제 56 호（慶北大學校退溪研究所 2015）

黒松巌「西陣機業史の一断面」『同志社大學經濟學論叢』第 2 巻 6 号（同志社大学経済学会 1951）

―――「西陣着尺機業の産業構造」『同志社大学人文科学研究所紀要』1 号（同志社大学人文科学研究所 1957）

권숙인（權肅寅）「일본의 전통 , 교토의 섬유산업을 뒷받침해온 재일조선인（日本の伝統、京都の繊維産業を支えてきた在日朝鮮人)」『사회와 역사』제 91 輯（한국사회사학회 2011）

松本通晴「西陣機業者の地域生活――とくに西陣機業を規定する地域生活の特質について」『人文学 社会学科特集』第 109 号（同志社大学人文学会 1968）

三戸公「友禅業における階層分析」『同志社大学人文科学研究所紀要』2 号（同志社大学人文科学研究所 1958）

水野直樹「『第三国人』の起源と流布についての考察」『在日朝鮮人史研究』第 30 号（緑蔭書房 2000）

本岡拓哉「神戸市長田区『大橋の朝鮮人部落』の形成―解消過程」『在日朝鮮人史研究』No.36（緑蔭書房 2006）

西野辰吉「在日朝鮮人の歴史」『部落』12 月号（119 号）（部落問題研究所 1959）

高野昭雄「京都の伝統産業、西陣織に従事した朝鮮人労働者（1）」『コリアンコミュニティ研究』vol.3（東信堂 2012）

─── 「京都の伝統産業、西陣織に従事した朝鮮人労働者（2）」『コリアンコミュニティ研究』vol.4（東信堂 2013）

─── 「京都の伝統産業、西陣織に従事した朝鮮人労働者（3）」『コリアンコミュニティ研究』vol.5（東信堂 2014）

─── 「戦後一九五〇年代の京都市西陣地区における韓国・朝鮮人」『社会科学』第44巻44号（同志社大学人文科学研究所 2015）

─── 「京都市の被差別部落と在日朝鮮人──西陣織をめぐって」『教育研究 = The bulletin of education』43号（大阪大谷大学教育学会 2017）

外村大訳「京阪神朝鮮人問題座談会」（『朝鮮日報』1936）『在日朝鮮人史研究』第22号（在日朝鮮人運動史研究会 1992）

安田昌史「書評 高野昭雄 著『近代都市の形成と在日朝鮮人』（人文書院 2009）」『同志社グローバル・スタディーズ = Journal of global studies』vol.1（同志社大学大学院グローバル・スタディーズ研究科 2011）

─── 「戦後京友禅産業における朝鮮人労働者」『朝鮮史研究会論文集』No.52（緑蔭書房 2014）

─── 「西陣織産業における在日朝鮮人──労働と民族的アイデンティティを中心に」『同志社グローバル・スタディーズ』vol.6（同志社大学大学院グローバル・スタディーズ研究科 2016）

─── 「西陣織産業における在日朝鮮人の同業者組合に関する考察──1945年～1959年を事例に」『국제학논총（国際学論叢）』제29집（啓明大学校国際学研究所 2019）

야스다마사시（安田昌史）「일본 교토와 대구・경북의 경계를 넘어 일했던 사람（日本の京都と大邱・慶北の境界を越えて働いた人）」『儒学과 現代』21（博約會大邱廣域市支會 2020）

⑷ パンフレット、学会・研究会会報、資料解説

金泰成「『西陣織』と『友禅染』業の韓国・朝鮮人業者について」『京都「在日」社会の形成と生活・そして展望』（第三回 公開シンポジウム資料）『民族文化教育研究 KIECE』（京都民族文化教育研究所 2000）（配布資料）

─── 「『西陣織』と『友禅染』業の韓国・朝鮮人業者について」『京都「在日」社会の形成と生活・そして展望』（『新島会』2007）（配布資料）

水野直樹「京都における韓国・朝鮮人の形成史」『KIECE民族文化教育研究』（京都民族文化教育研究所 1998）（配布資料）

─── 講演録「戦前の韓国・朝鮮人の京都における生活」『第三回 公開シンポジウム報告 京都「在日」社会の形成と生活・そして展望』（京都民族文化教育研究所 2000）（配布資料）

安田昌史「書評 韓載香『「在日企業」の産業経済史──その社会的基盤とダイナミズム』（名古屋大学出版会 2010）」『朝鮮史研究会 会報』180号（朝鮮史研究会 2010）

————『Japan Center News Letter』19 号（東西大学校日本研究センター 2011）

————「戦後京友禅産業労働者の就労における在日コリアン労働者のネットワークの変容——蒸水洗工場『Ｍ』を事例に」『朝鮮史研究会 会報』192 号（朝鮮史研究会 2013）

————「戦後京都の繊維産業（西陣織・京友禅）における朝鮮人の組合——一九四五年から一九六〇年までを中心に」『朝鮮史研究会 会報』204 号（朝鮮史研究会 2016）

————「書評 木村健二著『一九三九年の在日朝鮮人観』（ゆまに書房 2017）」『朝鮮史研究会 会報』212 号（朝鮮史研究会 2018）

————「資料解説 朝鮮人西陣織物工業協同組合（朝鮮人織物組合）のあらまし」『在日本朝鮮京都府社会科学者協会 会報』21（在日本朝鮮京都府社会科学者協会 2019）

————「書評 李東勲著『在朝日本人社会の形成——植民地空間の変容と意識構造』（明石書店 2019）」『朝鮮史研究会 会報』224 号（朝鮮史研究会 2021）

⑸ 個人記録（自叙伝、回顧録、卒業論文、報告書など）

C3『時代の先駆者　C1 氏の歩み』（大阪学院大学卒業論文 1987）（未公刊資料）

藤井彦四郎傳編纂委員会『藤井彦四郎傳』（藤井彦四郎傳編纂委員会 1959）

KC「아슬아슬한 기억의 고백（息をのむような記憶の告白）」경상북도・인문사회연구소（慶尚北道・人文社会研究所）편집『고향 곁에 머무는 마음，자이니치 경북인（故郷の傍に留まる思い、在日慶北人）』（코뮤니타스 2016）

中谷寿志「小林夫妻の西陣織人生」中江克己編『日本の染織：西陣織　世界に誇る美術織物』第 11 巻（泰流社 1976）

O3「西陣織物と在日韓国・朝鮮人」『西陣着物産業と着物文化』（同志社大学文学部社会学科社会学専攻 1998）

鈴木栄二『総監落第記』（鱒書房 1952）

高山義三『わが八十年の回顧』（若人の勇気をたたえる会 1971）

⑹ 同業者組合、関連機関資料

伝統的工芸品産業振興協会『伝統的工芸読本　現代に生きる伝統工芸』（伝統的工芸品産業振興協会 1998）

原田伴彦「日本経済の動き」西陣織物工業組合編『組合史——西陣織物工業組合二十年の歩み（昭和二十六年～昭和四十六年）』（西陣織物工業組合 1972）

京都繊維染色蒸水洗業組合（蒸水洗組合）『厚生（基礎）年金台帳一覧表』（京都繊維染色蒸水洗業組合 作成年不明）（未公刊資料）

————『蒸し水洗業界のあらまし』（京都繊維染色蒸水洗業組合 作成年不明）（未公刊資料）

京都商工会議所「工程的分業」『京友禅に関する調査』（京都商工会議所 1940）

京友禅史編纂特別委員会『京の友禅史』（染織と生活社 1992）

日韓絞り貿易協議会『日韓絞り貿易協議会記録——創立 10 周年を迎えるに当り』（京都貿易協会 1979）

西陣織物同業協同組合・西陣着尺織物協同組合『西陣年鑑』（西陣織物同業協同組合・西陣着尺織物協同組合 1956）

西陣織物工業組合『西陣年鑑』（西陣織物工業組合 1959）

———————『西陣年鑑』（西陣織物工業組合 1962）

———————『西陣年鑑』（西陣織物工業組合 1965）

———————『西陣年鑑』（西陣織物工業組合 1969）

———————『組合史 – 西陣織物工業組合二十年の歩み（昭和二十六年～昭和四十六年）』（西陣織物工業組合 1972）

———————『西陣年鑑』（西陣織物工業組合 1973）

———————『西陣年鑑』（西陣織物工業組合 1976）

———————『西陣年鑑』（西陣織物工業組合 1978）

———————『西陣年鑑』（西陣織物工業組合 1982）

———————『西陣年鑑』（西陣織物工業組合 1985）

———————『西陣年鑑』（西陣織物工業組合 1990）

———————『西陣年鑑』（西陣織物工業組合 1993）

———————『西陣年鑑』（西陣織物工業組合 1996）

———————『西陣年鑑』（西陣織物工業組合 2003）

———————『西陣年鑑』（西陣織物工業組合 2008）

———————『西陣年鑑』（西陣織物工業組合 2013）

⑺ 民族団体、教会資料

朝鮮問題研究所生活実態調査班「京都西陣・柏野地区朝鮮人集団居住地域の生活実態」『朝鮮問題研究』Vol. III No.2（朝鮮問題研究所 1959）

金守珍『京都教會의 歴史：1925-1998』（在日大韓基督教京都教會 1998）

在日本朝鮮人商工連合会編『在日本朝鮮人商工便覧 1957 年版』（在日本朝鮮人商工連合会 1957）

在日本朝鮮人総聯合会『朝鮮総聯』（在日本朝鮮人総聯合会 1991）

在日大韓基督教京都教會 50 年史編纂委員會『京都教會 50 年史』（在日大韓基督教京都教會 1978）

⑻ 各種省庁、市町村行政資料

朝鮮総督府『朝鮮の人口現象』（朝鮮総督府 1927）

朝鮮総督府農林局『朝鮮米穀要覧』(3)（朝鮮総督府農林局 1935）

朝鮮総督府庶務部調査課『朝鮮に於ける内地人』（朝鮮総督府庶務部調査課 1927）

中央朝鮮協会編『朝鮮産米の増殖計画』（中央朝鮮協会 1926）

外務省「史料 在留者名簿 警視庁ノ調査ニ係ル清国人朝鮮人及革命党関係者調」（外務省
　　　外交史料館所蔵 外務省記録 4-3-1-15、明治 45 年 1 月 23 日）（木村健二・小松
　　　裕『「韓国併合」直後の在日朝鮮人・中国人』（明石書店 1998）所収

――――「外務省記録」7-1-4-5「海外在留本邦人人口調査一件」（未公刊資料）

韓国統監府編『韓国ニ関スル条約及法令』（韓国統監府 1906）

京都府『朝鮮人調査表』（京都府 1928）、朴慶植『在日朝鮮人 関係資料』第 1 巻（三一書
　　　房 1975）所収

京都府方面事業振興会『西陣賃織業者に関する調査』（京都府學務部社會課 1934）第二
　　　部調査統計

京都府立中小企業総合指導所『京都蒸し水洗加工業界診断報告書』（京都府立中小企業
　　　総合指導所 1975）

京都市『史料 京都の歴史 第九巻 中京区』（京都市 1985）

京都市伝統産業活性化検討委員会『伝統産業の未来を切り拓くために――京都市伝統産
　　　業活性化検討委員会提言』（京都市産業観光局商工部伝統産業課 2005）

京都市教育部社会課『不良住宅密集地区に関する調査』（京都市教育部社会課 1929）

京都市民生局『友禅労働者の実態 ―京都市養正地区における調査』（京都市民生局
　　　1958）

京都市社会課『市内在住朝鮮出身者に関する調査』第 41 号（京都市社会課 1937 年）朴
　　　慶植編『在日朝鮮人関係資料集成』第 3 巻（三一書房 1976）所収

京都市商工局『京友禅 (仕入小巾手捺染) の生産と流通――京都商工情報特集号』（京
　　　都市商工局 1958）

内閣統計局『大正九年 国勢調査報告 府縣の部 第二巻 京都府』（内閣統計局 1923）

内務省警保局『朝鮮人概況　第三』（内務省警保局 1920）朴慶植『在日朝鮮人 関係資料』
　　　第一巻（三一書房 1975）所収

――――『社会運動の状況 4 昭和 7 年』復刻版（三一書房 1971）

――――『社会運動の状況』（内務省警保局 1940）朴慶植『在日朝鮮人 関係資料』第 4
　　　巻（三一書房 1976）所収

――――『社会運動の状況』（内務省警保局 1941）朴慶植『在日朝鮮人 関係資料』第 4
　　　巻（三一書房 1976）所収

――――『社会運動の状況』（内務省警保局 1942）朴慶植『在日朝鮮人 関係資料』第 4
　　　巻（三一書房 1976）所収

内務省社会局第一部『朝鮮人労働者に関する状況』（内務省社会局 1924）朴慶植編『在
　　　日朝鮮人関係資料集成』第 1 巻（三一書房 1975）所収

商工省産業復興局振興課編『商工協同組合の解説』（日本経済新聞出版部 1947）

総理府統計局『昭和 45 年国勢調査報告 第 3 巻 その 26 京都府』（総理府統計局 1972）

――――『昭和 45 年国勢調査報告 第 4 巻 国勢統計区編』（総理府統計局 1973）

⑼ 京都府立京都学・歴彩館所蔵行政文書

「商工協同組合設立認可に就て」簿冊名『商工組合』9 の 2 簿冊番号（昭 22-0015-010）（京都府商工課 1947）

「商工協同組合設立認可について」簿冊名『商工組合』記 4、簿冊番号（昭 23-0013-005）（京都府商工課 1948）

「学校法人京都朝鮮教育資団の設立について」簿冊名『学校法人設立』、簿冊番号（昭 30-0018）（京都府知事 1953）

「京都蒸水洗労働争議　労働争議調整開始終結綴」（京都府労政課 1953）、簿冊番号（昭 40-0394-045）（京都府労務課 1953）

⑽ 教育機関資料

京都市立洛陽工業高等学校閉校記念誌編集委員会『京都市立洛陽工業高等学校閉校記念誌』（京都市立洛陽工業高等学校閉校記念誌編集委員会 2018）

⑾ 新聞

『朝日新聞』（朝日新聞社 東京）

『朝鮮民報』（朝鮮民報社 東京）

『朝鮮日報』（朝鮮日報社 ソウル）

『朝鮮新報』（朝鮮新報社 東京）

『解放新聞』（解放新聞社 東京）

『京郷新聞』（京郷新聞社 ソウル）

『京都日出新聞』（京都日出新聞社 京都）

『京都新聞』（京都新聞社 京都）

『民主新聞』（民主新聞社 東京）

『大阪朝日新聞京都版』（大阪朝日新聞社 大阪）

『東亜日報』（東亜日報社 ソウル）

⑿ 辞典

『朝鮮を知る事典』（平凡社 2000）「密航」頁

『日本の伝統染織辞典』（東京堂出版 2013）「西陣織」頁

『社会学小辞典（新版)』（有斐閣 1997）「アイデンティティ」頁

『在日コリアン辞典』（明石書店 2010）「イルクン」頁

⒀ **年表**

『値段史年表　明治・大正・昭和　週刊朝日編』（朝日新聞出版 1988）

⒁ **映画**

原村政樹監督『海女のリャンさん』（桜映画社 2004）

松本俊夫監督『西陣』（京都記録映画を見る会・「西陣」製作委員会 1961）

⒂ **参考ウェブサイト**

디지털달성문화대전（デジタル達城文化大典）（한국학중앙연구원（韓国学中央研究院）2016）의 생활（衣生活）」（http://dalseong.grandculture.net/dalseong/dir/GC40800024?category=%ED%91%9C%EC%A0%9C%EC%96%B4&depth=3&name=%EC%95%84&type=titleKor&search=%EC%95%84（2021 年 11 月 15 日取得））

경상북도상주군（慶尚北道尚州郡）（화동면「화동사」（化東面「化東史」）2014）頁（http://blog.daum.net/khaesal4081/5450942（2015 年 2 月 1 日取得））

부산역사문화대전（釜山歴史文化大典）（한국학중앙연구원（韓国学中央研究院）2014）「（노진현）盧震鉉」（http://busan.grandculture.net/Contents?local=busan&dataType=01&contents_id=GC04200509（2021 年 11 月 17 日取得））

法令データ提供システム「伝統工芸品産業の振興に関する法律」頁（http://elaws.e-gov.go.jp/search/elawsSearch/elaws_search/lsg0500/detail?lawId=349AC1000000057&openerCode=1（2017 年 11 月 3 日取得））

京都市情報館「京都の伝統産業」（http://www.city.kyoto.lg.jp/sankan/page/0000041366.html（2017 年 10 月 26 日取得））

京都市北区「リレー学区紹介——柏野学区」（http://www.city.kyoto.lg.jp/kita/page/0000056220.html（2017 年 9 月 7 日取得））

京都市歴史資料館「文化史一三友禅染」頁（http://www.city.kyoto.jp/somu/rekishi/fm/nenpyou/htmlsheet/bunka13.html（2017 年 2 月 24 日取得））

京友禅協同組合連合会「京都友禅蒸水洗工業協同組合」（http://www.kyosenren.or.jp/union/yuzen-musi.html（2016 年 4 月 19 日取得））

西陣織工業組合「西陣の歴史」（https://nishijin.or.jp/whats-nishijin/history/（2015 年 9 月 26 日取得））

索引

【ア行】

アウトサイダー業者　103

旭丘中学校　99

誂友禅工協同組合　96-99

アンペイド・ワーク　173-174，179，223

飯沼二郎　79, 82, 115, 207, 219, 230

醴泉（イェチョン）　121

意匠　28, 226

衣食住生活　7，23-24，152，158，161，168, 172, 179, 181-182, 185, 193-195, 223-224

李承晩（イスンマン）　170

「一国史」的視点　14

イデオロギー　70, 105, 206

移民　8

イルクン　171-172, 176-177, 180

飲酒　188-189, 194

仁川（インチョン）　31

義城（ウィソン）　126, 199

元山（ウォンサン）　30

宇治川　26, 60

太秦　135

雨天時　185-186, 188

梅津　94, 143, 146, 163, 183

梅津学区　52-55, 61, 108-111, 114

ウリマル　170, 171

運動会　95, 189

映画　135, 143, 177, 192

越境　210

オイルショック　87, 95, 106, 112, 114，148, 160-161, 168, 174, 179

応仁の乱　27

大阪　11-12, 52, 56-57, 79, 142, 153, 177, 185, 190, 192

大阪朝日新聞　29, 32, 38-41

大須事件　101

オートバイ　183

大宮　33-34, 36, 90, 91

大宮通り　156

オーラルヒストリー　18, 181

おがくず　143, 191, 194

帯　70, 82, 216

織部司　27

織物染色協同組合　96-97

【カ行】

外国人登録制度　10

階層性　12, 14

獲得　24, 63, 68, 100, 111, 138, 143, 202, 204, 217, 220-221, 225

可視化　82, 85, 115, 210, 213

梶村秀樹　204

柏野学区　36, 61, 89-91, 113

柏野小学校　70

柏野地区　86, 127

カスリーン台風　75

河川改修　11

型友禅　42

ガチャマン　134

桂川　52-55, 107, 109-110, 114, 144-146

上賀茂学区　33-34, 90-91

川崎　168‐172

河明生　14-16, 25, 30-31, 45-46, 219, 232

韓国併合　16, 25-26, 29, 31, 60, 125, 219, 232

閑散期　159, 185-186

義援金　75, 112, 220

機械化　27, 47, 103, 158-159, 164

帰国事業　85, 105, 112, 170, 172

着尺　70, 74, 82-84

着尺協同組合　82‐83

技術　7-8, 10, 15, 28, 41-42, 57, 95, 99, 120-121, 123, 129, 133, 138-139, 144-145, 152, 154-156, 159, 164, 175, 179, 181, 195, 201, 210, 214, 216, 221-223, 225, 229

北野天満宮　38

吉祥院　161

吉祥院学区　54-55

衣笠学区　34-35, 90-91

技能　23, 50, 118, 152, 154, 199, 227

金日秀（キムイルス）　65, 67, 79-80, 121, 126, 128, 133, 203-204

金公海（キムゴンヘ）　38

キムチ　189

着物文化　20, 119, 215

牛肉　187

給与　40, 50, 120, 154-155, 159

給料日　189, 193

供給　67-69, 76, 95, 233

矜持　99, 214

競争　17, 74, 131, 228-230

京染蒸業組合　58

共同施設　66, 94, 99

京都共助会　39

京都国際学園　176

京都市中央卸売市場　187, 190

京都市長　38, 61, 76-78, 86, 112, 114, 220, 229, 231

京都実業信用組合　203

京都市伝統産業活性化検討委員会　9

京都商工会議所　47, 58-59, 228

京都新聞　22, 64, 70, 72-75, 78-83, 85-86, 92-93, 95-101

京都繊維染色蒸水洗業組合　58-61, 93, 221, 233

京都染物水洗業組合　58-61, 113, 233

京都中央信用金庫（中金）　103

京都朝鮮人協助会　39

京都朝鮮人労働共済会　16, 37-39, 61, 220

京都朝鮮中学校　204

京都朝鮮中・高級学校　203

京都の「伝統産業」　10-11

京都日出新聞　26, 38, 40, 44-45

京都府知事　38, 61, 204, 220

京都蒸業組合　58-61, 113, 233

京都友禅協同組合　94, 96-98, 200

京都友禅蒸水洗工業協同組合（蒸水洗組合）　22, 60, 62, 64-65, 92-107, 109, 111, 113-114, 143, 147, 150, 189, 221, 230, 233

京友禅工場　25, 43-44, 46, 55, 107, 143, 160, 162-163, 185, 226, 229

居留民団（民団）　63, 71, 103-105, 153, 172, 176-177, 180, 203, 236

京畿道（キョンギド）　31

慶尚南道（キョンサンナムド）　31, 143, 169, 187

慶尚北道（キョンサンブクト）　120-121,

123, 125-126, 142, 172

京郷新聞（キョンヒャンシンムン）
　　　201

近代化　　7, 10, 13, 27, 42, 46, 167

權肅寅（クォンスギン）　　19, 117-118,
　　　181, 198

衣錦還郷（クミファニャン）　　199, 202

グローバリゼーション　　8

黒松巌　　10, 12-13

経営者家族　　23, 109, 142, 145, 151-152,
　　　154-156, 161, 164-165, 168, 177-
　　　179, 182, 184-185, 187, 189, 192-
　　　195, 211, 222-224, 226-227

経済活動　　10, 16, 64, 117, 200, 233

経済的成功　　125, 138, 221

京阪京都駅　　53, 54

ケガ　　136-138, 155, 194, 207, 224, 226,
　　　233

喧嘩　　45, 146, 158

絹糸　　30

原糸　　67-69, 83, 233

研修生　　127

乾隆学区　　34-36, 89-91, 113

乾隆学区　　89, 113

高圧ガマ　　182-185

好況　　29, 56

工業組合法　　58

好景気　　162, 168

広告　　63-64, 70, 102, 112-113, 188, 220

向上館　　52, 107

向上館保育園　　107

厚生年金台帳　　23, 95, 113, 142, 147-
　　　151, 162, 183, 212, 221

高度経済成長　　28

神戸　　11, 63, 79

故郷　　32, 57, 117, 120-125, 130, 138,
　　　142, 153-154, 172, 192, 201, 202,
　　　204, 207, 217, 221, 224, 231

国勢調査　　27, 32-33, 65, 88-89, 106,
　　　113-114

国籍　　9, 10, 71, 73, 198

固城（コソン）　　169

国境をまたぐ生活圏　　204

小幅　　46

ゴマ油　　187

娯楽　　231

娯楽産業　　135

高霊（コリョン）　　142

【サ行】

西院　　56, 94, 155, 183

西院駅　　53, 54

西院学区　　52-55, 61, 107-111

山陰線　　183-184

西院第二学区　　107‐111

西院村　　44

在朝日本人　　30, 31, 60, 126, 219

在日大韓基督京都教会　　56-57, 107

在日本統一民主戦線（民戦）　　101, 104-
　　　105

魚　　187

作業着　　157, 173-174, 190-195, 224

祠堂（サダン）　　202

座談会　　56, 67

差別　　72, 74, 129, 131, 138, 157, 203,
　　　213-215, 228

晒職工　　51

三・一運動　　124

３K労働　　146, 158, 163-164, 229

尚州（サンジュ）　　120, 123, 125-126,

201-202, 207

産米増殖計画　124, 138, 221

仕上　28, 135, 211, 213

ジェンダー　179, 223

四月革命　170

しごき　47, 143-144, 155-156, 159, 163,
184-185, 191, 194

しごき場　184‐185

自己申し込み　14-15, 25, 30-31, 46, 60,
219, 232

四条大宮　192

四条通り　54, 107, 110

私生活　192, 194

自転車　108, 183, 193

屎尿　33, 51, 132, 236

地場産業　114

絞り染め　141, 200-201

しめり　143-144, 161, 163, 175, 183,
194

しめり場　183-184, 186, 188-189, 193

下関　142

ジャカード　27-28,

社宅　152, 157, 184-186, 193-195

斜陽　17, 118, 122, 134, 137, 139, 149,
160, 195, 199, 222

砂利採集　33, 55

修繕　186, 194

習得　7, 15, 23, 118, 120-122, 126, 130-
131, 138-139, 152, 155, 181, 214,
216, 221, 225, 228

収入　41-42, 124, 130, 157, 164, 182,
192, 194, 212, 222, 224, 231

重要輸出品工業組合法　58

奨学金　201

商工協同組合　66-67, 92, 94, 103

商工協同組合法　66, 94, 103

商工組合　66-67, 82, 92

商工信用組合　203

職住一体　40, 182, 193, 224

消費不況　28, 87, 117, 161

翔鸞学区　34-36, 61, 89-91, 113

殖産興業　27, 42

食事　40-41, 128, 143, 157, 171, 173-
175, 177, 179, 187-189, 191, 193-
195, 223-224

職人　128, 144-145, 155-156, 164-165,
198, 216

職人気質　156, 164

女性労働者　142, 145, 150, 167, 178-
180, 223

ジョブ・ホッピング　154-155

新京阪線　52

人造絹糸（人絹）　30

親睦　16, 37-38, 61, 64, 95, 114-115,
158, 220

信用　228

図案　28, 43, 44

炊事　128, 130, 143, 162, 177, 179, 194,
223

水質汚濁防止法　43, 106, 114, 145, 160,
168

水洗工程　47, 58, 97, 145, 163

吹田事件　101, 105

朱雀学区　52‐55, 61

朱雀第五学区　107-108, 110

朱雀第三学区　107-108, 110-111, 114

朱雀第七学区　107-108, 110-111, 114

朱雀第四学区　107-108, 110

ステテコ　190-191

ストライキ　60, 95-103, 105, 113, 115,

230-231

棲み分け　229

生活基盤　202, 204, 217

生活苦　138, 151, 221

整経　28, 130, 133

清掃　186

清掃夫　51

成長　7, 17, 118, 131-132, 134, 137, 139, 156-158, 188, 193, 222, 226

性別役割分業　7, 194, 223,

舎密局　42

整理業　43-44, 67, 119-120, 144, 228

石炭　158

石油　132, 158, 161

先駆的就労　15, 25, 30, 46, 60, 219

染織学校　29, 60, 219

洗濯　157, 161-162, 171, 173, 174, 175, 178, 191-192, 194-195, 224

染料　43-44, 95, 144-145, 161, 178, 191, 194

操業　23, 74, 81, 98, 113, 141-142, 162, 181, 187, 193-194, 221-222

創業　30, 120-121, 133, 141-143, 164, 186, 222

綜絖　28

相互着尺織物協同組合（相互着尺組合）　22, 64-65, 71-72, 82-89, 91-92, 104, 112-113, 202, 220-221, 229, 231

相互扶助　16, 22, 38, 61, 111, 220

掃除　127, 157, 173, 175, 194

疎外　203, 216

祖国　101, 104-105, 202, 204, 217, 224

ソルラル　189-190, 193

【タ行】

第三国人　72-76, 99-101

大日本帝国臣民　16

逮捕　101-102, 150

待鳳学区　34-36, 61, 90-91

対立　70-7, 82, 99, 104-105, 112, 202-203, 206, 220, 231

大量生産　7, 10, 27, 103

鷹峯学区　34-36, 90-91

高野昭雄　15-16, 18, 25, 29, 32-33, 36-41, 44-46, 54, 88-89, 130, 141, 232

高山義三　76-78, 112

「ダブル」という意識　205-206, 217

Tamara K Hareven　13

炭鉱　26

男性労働者　26, 145, 150, 167, 173, 190, 192, 223

チェーン・マイグレーション　42, 127

済州島（チェジュド）　153, 164, 185

地縁血縁　42, 126-127

地下水　145

地下生活　153, 231

中腰　145, 146

昼食　187, 193, 224

忠清南道（チュンチョンナムド）　31, 121

長時間労働　14, 81, 177

朝鮮語　42, 56-57, 61, 152-153, 170-172, 176-177, 180, 200, 207, 220

朝鮮人第二西陣織物工業協同組合（第二組合）　22, 64-65, 70-71, 79-81, 83, 92, 112, 220, 229

朝鮮人西陣織物工業協同組合（朝鮮人織物組合）　22, 64-72, 75-89, 91-

93, 104-105, 112-115, 203, 208-210, 220-221, 229, 231, 233

朝鮮人連盟（朝連）　63-67, 69, 71, 72, 75-76, 78, 101, 104-105, 112, 114, 203, 220, 231

朝鮮人連盟京都本部　66, 104

朝鮮戦争　71-72, 75, 101, 104-105, 112, 121, 134, 143, 203, 214, 220, 231

朝鮮総連　63, 69, 71, 104-105, 107, 170, 172, 177

朝鮮大学校　151, 171-172

朝鮮問題研究　86

朝鮮料理　187, 193

朝鮮日報（チョソンイルボ）　56-57, 61, 220

朝鮮民報（チョソンミンボ）　22, 93, 102-104, 113, 204

千舜命（チョン・スミョン）　93-94, 96, 99-104

賃織　13, 16, 20, 34-37, 72, 129, 213, 226

賃機　14, 70, 86-87, 89, 134, 139, 208

綴機　28

定款　66-67, 92-95, 104

停滞　134, 137, 139, 188, 222

低賃金労働力　51, 61, 129, 220

大邱（テグ）　119-120, 123, 132, 199

丁稚奉公　120-121, 127-128, 214

鉄道敷設　11, 26, 60

転業　17, 19, 117, 120-121, 135-136, 139, 201, 222, 226-227

転職　50, 120-121, 155

天神川　55, 110

伝統　7

伝統工芸士　210,-211, 217, 255

伝統産業　7-12, 20, 24, 62, 197-198, 210, 216, 219, 230-232

伝統的工芸品産業の振興に関する法律（伝産法）　10-11, 210-211

転落　86

電力開発　26, 60

トウガラシ　187

東京　11-12, 26, 63, 126, 151, 171-172, 203

同業者組合　20, 22, 26, 57-59, 62, 63-67, 69, 71-73, 79, 82-83, 85, 89, 92-93, 95, 97-98, 102, 104-105, 111-113, 137, 200, 203-204, 213, 220, 221, 229, 230-231, 233

同郷団体　12, 92

冬至　190, 193

統制　68, 73, 83, 86, 233

統制経済　67, 95

利賀村　12

土工　16, 48-49, 51

土地調査事業　121, 123-124, 138, 221

渡日　14-15, 18, 25-26, 31-32, 42, 46, 50, 60, 120-127, 132, 138, 142, 151, 163, 183, 187, 214, 219, 226, 231

土木建築業　15, 27, 32, 48, 50, 61, 127, 169, 220

取り締まり　69-69, 101, 186, 233

取引　17, 43, 98-100, 103, 135, 141

東亜日報（トンアイルボ）　41-42, 57, 61, 220

問屋　14, 43-44, 60, 76, 86, 98, 113, 144, 160, 211,221, 228

【ナ行】

内務省警保局　37, 41, 58-61, 93

内務省社会局　50

長靴　190, 194

流れ　154-159, 162, 164-165, 222-223

名古屋　79, 101

捺染　13, 43, 49, 57, 107

南海地震　75

新潟港　170

肉体労働　145, 158, 160-163, 174-180, 187, 195, 223

西大路　107

西京極　146, 161

西京極学区　52-55, 61, 108-111, 114

西陣織物工業組合　84-85

西陣織物同業協同組合　31, 82-85

西陣絹人絹織物組合　84-85

西陣小学校　204

西陣年鑑　64, 69-70, 72, 85, 87, 91, 112-113, 208-210

西高瀬川　52, 55, 107, 110

日常生活　23, 181-182, 194

日韓絞り貿易協議会　199-201

蜷川虎三　204

日本共産党　101, 104

日本語　95, 120, 125-126, 142-143, 152-153, 171, 205

ニンニク　187

ネットワーク　226

練糸　49

撚糸　12, 28, 31, 49, 67, 84, 92

年少者　127, 128, 163, 178

燃料　95, 106, 114, 160-161

盧震鉉（ノ・ジニョン）　56-57

糊　31, 43, 44, 143-145, 185, 191

【ハ行】

パートタイム労働者　150

配給　68, 78, 83, 95, 111, 220

廃業　23, 143, 147, 153, 162-163, 165, 168, 178, 181, 190, 211, 223, 226

排水　43, 178

夏季学校（ハギハッキョ）　171-172

博打　156, 158, 186

パチンコ　17, 19, 117,120, 135-136, 139, 201-202, 222, 226-227

花見　95, 156, 158-159

バブル景気　28, 106, 114, 162, 168

咸安（ハマン）　143

阪急京都線　53-54, 192

韓載香（ハンジェヒャン）　17, 44, 64, 71, 114-115, 117, 131, 135, 139, 141, 181, 222, 226-227

繁忙期　81, 143, 156-157, 159, 164, 185, 187-188, 223

韓服（ハンボク）　192-193

東九条　39, 44

「非公式な空間」　186-187, 193

被差別部落　15, 25, 45-47, 252

百万遍　130

日雇い　169

日傭　15-16

ビリヤード　184

ビロード織　15, 121, 128, 130-131, 138, 214, 228

ビロード工争議　39, 228

ビロードブーム　16, 130

広幅　13, 46

貧困　123-125, 201

黄海道（ファンヘド）　121

不況　56-57, 77, 106, 145, 161-162, 164-

165, 178, 223

福島県　168-169

福利厚生　187, 193, 224

不景気　178, 179, 223, 227

釜山（プサン）　30-31, 57, 151

藤井彦四郎　30-31, 60, 232

不動産業　120, 135, 139, 222

プラト　8

ブリコラージュ　191, 194

古着　191

フルタイム労働者　150

不渡り　103, 120

解放新聞（ヘバンシンムン）　22, 63-64, 77-78, 80, 82, 101-102, 113, 203

偏見　72-74, 99-101, 114, 131, 210, 213-214

弁当　188

ボイラー　175, 182-185, 192

ボイラーマン　145

奉仕　171, 172, 176

紡績　48-50

ボーリング　120, 135

干し場　144-145, 153, 159, 163, 168, 175-176, 178-179, 183-184, 186, 190

没落　74, 121

堀川　42, 55, 145

【マ行】

マージナル・マン　132

「見えない人々」　7, 9, 14, 82, 85, 87, 115, 207, 219, 230

水元　60

密航　150-153, 157-158, 164, 183,186,

192-194, 222, 231

密航者　150, 152, 157, 183, 186-187, 192-193, 231

密告　152

三戸公　10, 13-14, 44, 145, 173, 178-179, 212

壬生　94, 143, 147, 155, 160-161, 178, 182, 192-193, 203

壬生寺　97

宮崎友禅斎　42

密陽（ミリャン）　169

民主新聞（ミンジュシンムン）　203

民族性　228-230

民族対策部（民対派）　104

民族的アイデンティティ　8, 197-199, 202, 204-205, 207-208, 217, 224-225

無煙炭　120

無計画渡日　15, 46, 125-126, 138

蒸機　144-145, 157-158, 163, 175, 183, 192

蒸工程　47, 58, 97, 145, 163

蒸水洗工程　14, 22-23, 43-44, 47, 58-59, 61, 64, 92, 95-100, 103, 113, 163, 167, 182, 207, 212, 221, 228-230

蒸水洗労働組合　98

蒸箱　144, 145, 158

宗藤圭三　10, 13, 46, 167

紫野　70

紫野学区　89-91, 113

室町問屋　43, 44, 60

文玉杓（ムンオッピョ）　19-20, 122, 127-128, 136, 205, 216

明治維新　7, 42

メリヤス工　14, 120

餅　　190

桃山御陵　　26, 60

【ヤ行】

焼き肉　　190

山名宗全　　27

山ノ内　　94

山ノ内学区　　109, 110, 111

ヤミ　　67-69, 73-75, 207, 233

ヤミ市　　68, 73

友禅流し　　95, 145, 189

養正地区　　15, 25, 45-46, 232

傭人　　16, 34-37, 129

吉田茂　　77

燕岐（ヨンギ）　　121

【ラ行】

ライフヒストリー　　20, 23, 167-168, 177-178, 223

楽只学区　　33-35, 89-91

洛中　　52

洛北　　15, 25, 46, 232

乱闘　　44, 188

李洙任（リースイム）　　8, 18, 117, 119, 123, 127-131, 136, 138, 141, 181, 198, 214, 215, 228

留学生　　26, 29, 60, 219

流通業　　82, 119-121, 132-133, 136, 165, 168, 226, 228

領事館　　153, 176

冷戦　　231-232

連合国最高司令官総司令部（GHQ）　　68-69, 76, 112, 231

労使一体　　95-96, 230

労働　　10

労働基準法　　71, 79-82, 112, 137, 220, 229

労働集約型　　146, 159, 164, 223

「労働」の三類型　　225-227

【ワ行】

枠がけ　　144, 163

〈著者紹介〉

安田昌史（やすだ・まさし）

1984年、大阪府に生まれる。

2007年、同志社大学文学部卒業。

2007年、同志社大学大学院社会学研究科博士前期課程修了。

2018年、同志社大学大学院グローバル・スタディーズ研究科博士後期課程修了、
　　　　博士（現代アジア研究）。

2018年4月〜同年8月、同志社大学研究開発推進機構及びグローバル地域文化学
　　　　特別任用助手。

2018年9月〜2022年8月、韓国・啓明大学校人文国際大学日本学専攻助教授。

2022年9月〜現在、同志社大学人文科学研究所嘱託研究員。

京都の伝統産業に生きた在日朝鮮人——西陣織と京友禅

2025年2月28日　初版　第1刷発行

著　者		安　田　昌　史
発行者		大　江　道　雅
発行所		株式会社 明石書店

〒101-0021　東京都千代田区外神田6-9-5

電話03（5818）1171

FAX 03（5818）1174

振替　00100-7-24505

http://www.akashi.co.jp/

装丁	金子裕
印刷・製本	モリモト印刷株式会社

（定価はカバーに表示してあります）　　　　ISBN978-4-7503-5878-9

JCOPY 〈出版者著作権管理機構　委託出版物〉

本書の無断複製は著作権法上での例外を除き禁じられています。複製される場合は、その
つど事前に、出版者著作権管理機構（電話03-5244-5088、FAX 03-5244-5089、e-mail:
info@jcopy.or.jp）の許諾を得てください。

在日という病　生きづらさの当事者研究
朴一著　◎2200円

「利他」に捧げた人生　ある在日実業家の生涯
永野慎一郎著　◎2800円

秘録・在日コリアンヒストリー　戦後の民族組織結成から芸能・タカラヅカまで
兵庫朝鮮関係研究会編　◎3200円

在日韓国人スパイ捏造事件　11人の再審無罪への道程
世界人権問題叢書112
金祐廷著　姜菊姫・斉藤圭子、李昤京訳　◎4500円

戸籍と国籍の近現代史【第3版】　民族・血統・日本人
遠藤正敬著　◎3800円

韓国福祉国家はいかにつくられたのか　民主化以降における福祉政策と福祉政治
キム・ヨンスン(金榮順)著　金成垣、松江暁子訳　◎4500円

韓国の公的扶助　「国民基礎生活保障」の条件付き給付と就労支援
松江暁子著　◎3800円

韓国の居住と貧困　スラム地区パンジャチョンの歴史
金秀顯著　全泓奎監訳　川本綾、松下茉那訳　◎4000円

移民大国化する韓国　労働・家族・ジェンダーの視点から
春木育美、吉田美智子著　◎2000円

韓国経済がわかる20講【改訂新版】　援助経済・高度成長・経済危機から経済大国への歩み
裵海善著　◎2500円

映画で読み解く東アジア　社会に広がる分断と格差
全泓奎編著　◎2800円

現代韓国の教育を知る　隣国から未来を学ぶ
松本麻人、石川裕之、田中光晴、出羽孝行編著　◎2600円

韓国・基地村の米軍「慰安婦」　国家暴力を問う　女性の声
世界人権問題叢書114
金貞子証言　セウムト企画　金賢善編集　秦花秀訳・解説　◎4000円

日本の朝鮮支配と景福宮　創建・毀損・復元
君島和彦著　◎8000円

朝鮮総督府の土木官僚　植民地支配の社会基盤整備者
広瀬貞三著　◎5400円

朝鮮近代における大倧教の創設　檀君教の再興と羅喆の生涯
佐々充昭著　◎6800円

〈価格は本体価格です〉